觉筑生生

——可持续建筑的人文之道

高云庭　著

东南大学出版社
SOUTHEAST UNIVERSITY PRESS
·南京·

内 容 提 要

本书内容涵盖了从理论到实践、生态到文化、价值到意义、目的到路径、原则到方法、技术到保障等可持续建筑人文研究与设计的各项内容。第一章是基础知识介绍,第二至六章为本书的上篇第一部分(基础理论研究),第七至十二章为本书的第二部分(设计应用研究)。第一部分结合多学科理论和视角,以理论结合实证的方法,探析、梳理和阐述了可持续建筑本身所呈现出来的人文属性,以及现在在理论研究和设计实践中已经涉及的人文内容。第二部分探索了如何挖掘可持续设计所具有的人文潜质并运用到新的设计策略中,在自然和人文的平衡中凸显出人生活的内在价值,让可持续建筑充分而全面地展现人文关怀。

本书是笔者近年来在可持续建筑人文方面的研究、教学和实践的成果集成,全景式地呈现出理论、方法、策略等设计内容,是一本具有实践参考价值的设计理论专著,可作为高校设计学、建筑学、风景园林学等专业的教材,也可为相关领域的理论工作者、研究生、设计师提供参考。

图书在版编目(CIP)数据

觉筑生生:可持续建筑的人文之道/高云庭著.—南京:东南大学出版社,2021.8

ISBN 978-7-5641-9657-8

Ⅰ.①觉… Ⅱ.①高… Ⅲ.①建筑设计—可持续性发展—研究 Ⅳ.①TU2

中国版本图书馆 CIP 数据核字(2021)第 170514 号

觉筑生生——可持续建筑的人文之道
Juezhushengsheng — Kechixu Jianzhu de Renwen zhi Dao

著 者	高云庭	
责任编辑	宋华莉	
出版发行	东南大学出版社	
社 址	南京市四牌楼 2 号 邮编:210096	
出 版 人	江建中	
网 址	http://www.seupress.com	
经 销	全国各地新华书店	
印 刷	南京玉河印刷厂	
开 本	700 mm×1000 mm 1/16	
印 张	16.75	
字 数	300 千字	
版 次	2021 年 8 月第 1 版	
印 次	2021 年 8 月第 1 次印刷	
书 号	ISBN 978-7-5641-9657-8	
定 价	68.00 元	

本社图书若有印装质量问题,请直接与营销部联系。电话(传真):025-83791830

序

可持续是一个几乎已经家喻户晓的概念,建筑是人们从事各类活动的最主要场所。从环境保护的角度来说,可持续建筑在政府、行业、研发三个领域都取得了许多可喜可贺的成绩,并且获得的社会支持的力度也越来越大。在建筑进步的历史长河里,热烈的探索与冷静的思索总是交替作用、相得益彰、共同进化的。二者在两个互渗的维度里都蕴含着各自的力量和智慧,前者更多地主管着前行,后者更多地主管着方向。当可持续探索进行到一定程度时,对它的思索就会介入其中,并且这种影响在时机成熟的时候便会自然发生,直到有价值的认知成为新的实践起点。

前段时间,有一句笑话说:高铁啊,请你慢一点,等等你的人民。我想,这句笑话同样也适用于今天的可持续化进程:可持续啊,请你慢一点,等一等你的灵魂。早年我曾谈论过这类问题,并提出要注意到建筑中可持续性更为宽广的意义,之所以存在这种问题,当然是因为大环境,事物发展的规律总体上还是呈线性推进的,并且这种连续性的力量总是如此之强。如今,对可持续建筑中人文化需求的觉察已经在渐渐地浮出水面,我想,现在应该是到了要认真地开启一些新的工作的时候了。如果我们依然还在因循守旧,这不符合建筑不断蜕变的规律,也不是设计创新的基因所应该有的样子。

建筑是空间的,也是时间的;是感性的,也是理性的;是抽象的,也是具象的;是主观的,也是客观的;是使用者的,也是所有人的……吴良镛先生将之归纳为:建筑本身就是一个广义的概念,包括人本、地理、文化、经济、艺术等属性和含义。罗伯特·文丘里(Robert Venturi)则诠释为:建筑是复杂的和矛盾的。让我们在新的历史环境下,理一理思路,振作一下精神,重新开始正视这种新的综合性、多维性、复杂性和矛盾性吧!

换一个视角,剖析同一事物,以一种新的理念解读建筑可持续性,一定会有更丰富的收获,特别是当我们把建筑发展放到时代发展的背景中来,将之与社会转型的发展要求联系起来时,与快速的城镇化联系起来时,与技术的迅猛发展联系起来时,与人们对幸福生活的向往联系起来时,必定可以有更高更宽广的认识。相信大家可以以积极开放的态度,更深刻、更立体地认识可持续建筑的魅力。

　　不断地推动建筑进步需要一代又一代的接力人,我从建筑学界和设计界前辈们那里收获的实在是太多,对我的工作、行事、生活、交际等各方面都有很大的影响,他们一直是我学习的榜样。本书是对前人研究工作和实践成就的再发展,在诸多前辈们令人骄傲的成绩基础上,继续前行,努力奋进,希望可以尽绵薄之力,为建筑正确顺利的可持续化进程锦上添花,这便是本书写作的根本动力。既然是新的事物,则必然存在进一步完善的空间,一定还有很多未涉及的内容,这都有待我们去探索,去垦拓,去发展。一个人可以走得很快,但不可能走得很远,衷心期望有更多的人关注可持续建筑的全面发展问题,为更美好的生活意义和可持续的未来而共同努力。

　　笔者在分析和写作的过程中,常常会发现,生态和人文本来就是牵涉交织的状态,这不仅仅表现在建筑领域,在其他很多领域亦是如此,所以分析不够确切的可能性总是存在的。坦率地讲,梳理和表达这些问题的来龙去脉、相互关系、个中意义,恐怕很难说是一件容易的事情。我已尽力去收集资料、集思广益、实地调查、认真思考、反复修改,竭力做到准确、客观、完整、明晰,把自己对可持续建筑的浅薄理解、一点思考,以及一些不成熟的论断坦诚地呈现在这里。囿于个人能力、学识、精力和时间,有所疏漏的情况恐在所难免。在这里,我衷心希望专家们、领导们、学者们、设计师们,以及各路有识之士们不吝指正,对书中的疏忽和不全面、不具体、不恰当之处给予批评意见,希望这些批评能够弥补由于笔者之缺漏而带来的遗憾。

　　最后,我要在此感谢我的父母、家人、老师、领导、好友、同事,以及所有在写作、工作、生活、学习上曾给予我帮助和鼓励的人!特别要感谢的是我的领导陈华钢院长一直以来对我学术研究工作的勉励和大力支持!感谢我的导师黄华明教授在拙著创造过程中所给予的宝贵意见!感谢东南大学李倍雷教授开阔了我的研究视野与写作思路!感谢广东省高校重点领域专项项目"可持续人文性乡村建筑的环境营建方法研究"(2020ZDZX1017)、广东省重点建设学科项目"设计艺术学"(粤教研函2012.13号)、广东省质量工程与教研教改项目"环境设计特色专业"(CXQX-ZI201802)三个课题项目组所提供的科研资助和学术资源!这本专著亦是上述各课题的一项成果。感谢宋华莉编辑和出版社诸位同志为编辑、出版所付之辛劳!感谢与诸位有缘人的相遇,感谢你们的无私帮助与付出,这种力量是无比巨大的,没有你们一路的理解、关心、启发和支持,不可能有今天这本专著的问世,衷心地向各位致以最诚挚的谢忱!

高云庭

2021年1月22日拟于广州云梅斋

7月15日修订于荆州藏逸轩

前　　言

建筑的可持续化是未来的必然趋势,目前的许多研究和实践的主要关注点是自然环境保护以及相关问题。如何在可持续化进程中时时保有建筑及其环境的人文内涵,使建筑可持续设计的生态化和人文化在平衡中齐步并进,其归结点能最终不偏不倚地回落到观照和实现人本身这一根本点上,这便是本书所要论述和解释的内容。书名就是应了此两层意含义:一"生"曰"自然",一"生"曰"人文",即自然与人文的统一,生态与人本的协调,在环境和谐的本底之上表达着符合人之本然化审美情感的人居环境之美。一"道"曰"道理",一"道"曰"道路",即需要理论支持和对问题的认识理解,同时也需要实践的动力和方法策略,这样才能打造出性能优异的可持续建筑——一种生生之境的和谐生活之审美环境。

本书在可持续的基调上,从现实主义视角的横向的同类比较,逐渐向深远的方向上移,转向和着人居理想意蕴的纵向的终极比较。自然的"物性"探问,技术的"理性"疑问,建筑的"自性"追问,栖居的"诗性"答问,沿着一种正向考察、发现、总结,到反向施动、挖掘、利用的往复式线性逻辑推进。本书紧密围绕四个方面展开:

其一,关于"人文"。建筑具有怎样的人文属性,人文在可持续建筑中具有何种意义和地位,人文在可持续建筑中是怎样起到作用的,可持续建筑设计的人文目标应当是什么。

其二,关于"可持续"。可持续建筑的完整含义是什么,它的基础是什么,主观性、体验性、意义性与客观性、现实性、生态性之间,在何种范围内存在完美的平衡。如何理解它们交织融合的状态,决定或影响建筑是否健康地走向可持续化的因素有哪些。

其三,关于"现象"。如何理解今天的可持续建筑,人们在可持续建筑的设计中多大程度上考虑到了人文因素,人文属性在今天的可持续建筑中又占到了多少比重,它们的原因何在。以绿色环保和适用性为主要目标价值取向的建筑,在从设计到拆除的整个生命周期中,表现出哪些人文特征和价值。

其四,关于"方法"。现有的价值标准、方法策略,哪些方面可能已不适用于广义的可持续建筑,应该对它们做怎样的调整,如何在建筑设计中设立正确的可持续目标,设计的起点在哪里。如何从模糊逐步推向具体,并最终创造一个感性与理性良性互动的综合性复杂系统。设计各阶段的生成机理和关键点是什么,设计应如何将建筑的可持续化进程导向正确的发展方向。

循着上述问题框架和构思脉络,从时代背景、人文特征、建筑发展趋势三部分内容的整体分析中,不难看出,人文在建筑可持续化过程中具有必要性和极其重要的意义。结合多学科理论与视角进行观察分析和理论研究,以现有设计资源为起点展开对实践路径和操作方法的探索,本书形成了上下两篇共十二章的具体内容。

上篇主要运用理论分析和实证的方法,通过对设计案例和一般观点的剖析,就当代可持续建筑在人文性方面的理论深度、实践状态、发展脉络等若干特征和主要问题进行了阐释,并论证了建筑中可持续设计的人文属性及其应有之意。

第一章对相关的基础理论性问题,以及可持续建筑的历史与现状进行了阐述。

第二章从人文视角评述了今天可持续建筑中存在的问题。

第三章指出了可持续建筑的人文旨归,即应当在可持续思维下尽可能给当代人创造一个诗意栖居的生活环境,并且设计可以为这一人文理想做很多有意义的工作。

第四、五、六章以典型案例结合理论分析的方法,从可持续建筑的自然观念、社会属性、人情表征三大方面探析、梳理和阐述了当前的可持续建筑本身所呈现出来的人文属性,以及现在在理论研究和设计实践中已经涉及的人文内容,这三章的内容呈现了许多可持续建筑所具有的人文内涵。

下篇探索了如何去挖掘可持续设计所具有的人文潜质,以及如何将所有具有人文价值的可持续设计手段整合运用到新的方法策略中,在自然和人文的平衡中凸显出人生活的内在价值,让可持续建筑充分而全面地展现人文关怀。

第七章探讨、归纳和阐释了设计中的六项人文原则,为可持续建筑设计展现人文精神提供了一定的理论参考和设计依据。

第八、九、十章从方法论的层面,重新探索了相应的设计方法体系,在信息收集、设计分析、完善迭代三个阶段对普通设计程序进行了扩充和再调整;阐述了多重方法在设计中共同运用的重要性和方法流程;介绍了主动式技术、被动式技术、高技术和低技术,并从可持续技术的角度提出了支持建筑综合性能的五大技术系统。

第十一章从七个方面探索性地提出了一套切实可行的人文策略,为可持续建筑设计实现人文关怀提供了一些具体的设计参考。

第十二章是评价研究,阐述了可持续综合性能评价的主要方法,并初步给出了一组评价指标体系,以及评级办法。

人文内涵是可持续建筑发展和深化所必须饱含和表现的本质性内容,人文精神、人文价值、人文理想应成为设计的终极指向和评价的根本标尺,包含这些内容和意义的可持续建筑,才具有真正的正确意义上的可持续属性。

高云庭

2021 年 8 月 2 日于广州白云学园

目　　录

绪　论

　　牛顿时代以来的科学思维方式已凸显其弊端,对人类造成了很大的伤害。科学只能告诉我们事物是什么以及我们能做什么,人文才能让我们懂得事物应该是什么以及我们应该做什么。我们可以说,"科学主外,人文主内",或者"人文掌舵,科学发力"。科学手段是人文思想的外延,人文精神是科学技术的内涵,两者缺一不可,人文和科学是人类世界的两大支柱。在建筑领域,人文是一个独立的学科概念,人文内涵以强大的内在生命力影响着建筑设计的发展。新时代可持续背景下,建筑设计的传统人文内涵不能再适应设计的需要,不能反映时代精神,人文内涵必然有新的诠释,但目前对此问题的讨论只是零星地散见部分文献,专题性研究极其罕见,并且均属于理论性内容。本书希望结合当今的可持续发展主题,以及生态文明特征鲜明、多元文化共存共荣、技术支持人类未来等大时代背景,对当代可持续建筑及其环境的人文内涵进行一些研究,并探索一些具体可操作的人文设计方法策略,为该领域人文的深入研究,以及可持续建筑人文化的发展做出一些铺垫。

时代大背景

　　1987年在以布伦兰特夫人为首的世界环境与发展委员会(WCED)发表的报告《我们共同的未来》中,首次提出了可持续发展的概念,后来可持续发展思想在世界范围内得到了共识:可持续发展是一项经济和社会发展的长期战略,主要包括资源和生态环境可持续发展、经济可持续发展和社会可持续发展三个方面。首先可持续发展以资源的可持续利用和良好的生态环境为基础。其次,可持续发展以经济可持续发展为前提。再其次,可持续发展问题的中心是人,以谋求社会的全面进步为目标。21世纪的人文建设是以可持续发展思想为指导,坚持以人为本,本着和谐自然、和谐社会的精神,融生态文明、科学精神、社会文化为一体。可持续发展理念已经是当代人的思想指南,人类所面临的包括资源枯竭、环境污染、生态失衡、精神空虚、人类异化等在内的一切问题,都应该通过可持续发展的观念来思考。可持续是当今一切行为和活动的准则,是我们的根本指导思想。

环境的极大破坏动摇着人类生存的根基,人们开始反思人与自然的关系,矛头指向了人类中心主义,认为它是一切问题的根源。人们转向对生态和自然的研究,成果形成了生态学、生态伦理、生态哲学等新学科。生态价值观发展起来,人们开始认识到人原本就是大自然的一部分,人必须和自然和谐相处,人类开始迈向生态时代,对生态问题的研究越来越深入而广泛。

与之同时,民族和地区之间的文化沟通日渐频繁,交通越来越便捷,网络交流更是拉近了人与人、国与国之间的距离,全球化趋势势不可挡。它也方便了西方文明对世界文化多样性的强势打压。只有民族文化得到认可,一个国家才能立于世界民族之林,各个国家都在竭力弘扬本国的文化,地域文化在全球化进程中依然保有生命力。

在这个人类发展转向的时代,人们已普遍认识到人类未来的出路根植于科技,我们今天的一切成就都有赖于科学技术的进步,当前的问题也只有借助科技发展才有解答。同时人们也认识到如人工智能、物联网、大数据等科学技术能否帮助人类得到救赎,取决于我们对科技的态度。事实上,技术被滥用很大程度地造成了我们今天的困境,正如海德格尔所言:技术使我们在家却"无家可归"。今天的科技发展的宗旨是以可持续发展思想为指导,为当下的人类需求服务,为人类的未来命运负责。

当代人文学科的特征

人文学科从文艺复兴时期开始发展起来,并壮大为与科学并驾齐驱的支柱性学科,一直发展至今。当代的人文内涵是指人类社会的各种文化现象,是人类文化中的先进部分和核心部分,即先进的价值观及其规范。其集中的体现是重视人、尊重人、关心人、爱护人,即重视人的文化。人文内涵不仅是精神文明的主要内容,而且影响到物质文明建设。它是构成一个民族、一个地区文化个性的核心内容;是衡量一个民族、一个地区的文明程度的重要尺度。目前的人文内涵研究明显也必然受到可持续这一时代背景影响,在可持续化的过程中,各个领域的人文属性都生发出新的内容,对其他学科的渗透更加深入,人文内涵正在发生许多显著变化,它包含了更多的生态性和科学性,其文化含意更加的丰富。

建筑设计的发展趋势

建筑是资源消耗和环境污染的主要原因,在生态时代背景下,可持续建筑再次被人们聚焦,它最早的呈现形式是生态建筑。保罗·索勒里(Paolo Saleri)在 1960 年代首次提出生态建筑学(Arcology),标志着可持续建筑以挽救人类栖息生境的姿态,登上历史舞台。伊安·麦克哈格(Ian McHarg)于 1969 年出版的《设计结合自然》,奠定了可持续建筑的理论基础。后来还出现了低碳建筑、节能建筑、绿色建筑等,它们都是从可持续思想出发,所以可以都统摄在可持续建筑的概念中。被寄予极高期望的可持续建筑在当代经过了半个世纪的发展,建筑设计以及与之相配套的室内环境设计、景观设计都取得了一些理论和实践成果,高科技的发展还诞生了智能建筑,运用新兴的信息技术和控制理论,能在满足人类愉悦和环境效益之间达到高度平衡。可持续建筑在国内外总体上已经初步形成体系,并且研究势头呈现出有增无减的趋势,可持续思想已经渗入建筑设计中。有学者指出只有可持续建筑才能被称之为建筑,其他构筑物已不能被看作建筑,可以看出,未来的建筑时代将是可持续建筑的天下,并且人类必然会迎来一个可持续建筑蓬勃发展的春天。在新时代文明影响下,可持续建筑及其环境设计必然趋向生态化和智能化,即技术使建筑走向生态化和情感化。

人文对于可持续建筑的重要意义

保罗·索勒里(Paolo Saleri)在 1960 年代首次提出生态建筑学(Arcology),标志着可持续建筑作为一门学科的诞生,也标志着建筑设计有了新的生命意义。建筑有自己的完整学科体系,人文内涵是建筑文化的主要内容,它在学科体系中有重要地位。设计的原则、方法和技术能告诉我们现在的可持续建筑是什么样,但只有人文思想才能说明可持续建筑应该是什么样子,因为心灵和精神具有宇宙般的无限性,依靠理性、科技以及经验实证的方法来探求人生的终极价值和终极关怀问题是远远不够甚至是徒劳的,要想很好地解决这类问题,就必须研究人文内涵,构建完备的人文理念体系,必须不断地追问人之为人的意义以及人应当具有的精神和心灵的终极关怀,人文与设计实践齐步发展才能保证学科的进步。研究新生设计的人文内涵,补充和淘汰不适应新形势的传统人文元素,对可持续建筑及其环境设计实践具有指导意义和精神鼓舞作用。

在科学技术和社会经济文化高度发达的今天,建筑业在国民经济发展中起着举足轻重的作用。建筑活动的触角已遍及大江南北的每一个角落,涉及社会结构的每一个部门。可以说,建筑活动的水平和导向在很大程度上决定了国家综合实力的提升。科学技术是建筑业不断进步的最根本动力,在这种动力的推动下,人们已经可以建设出前人所无法想象更不能实现的许多伟大建筑工程。科学技术使人类的本质力量发挥得淋漓尽致。但是科学这柄双刃剑的负面影响也在建筑业中得到了体现,科学理性的极大膨胀最终往往是对人本身的遗忘。因此,我们非常有必要从空间环境做起,在建筑设计行业中恢复人文精神,重建评价建筑行为的人文尺度,实现在建筑业中科学精神与人文精神的有机结合。这样才能杜绝房地产开发商纯商业动机的开发行为,阻塞行政官员利用建筑来为自己牟取“政绩”的途径,使建筑的空间环境真正在建筑的使用者和建筑师之间建立起必要的有生命的联系,才能保障建筑及其空间环境在终极关怀意义上的功能性,才能发挥整个建筑业在国民经济发展中的长久的稳固的动力作用。

探索可持续建筑设计的人文涵意,是对建筑设计理论体系的完善,只有人文与设计实践共同发展,才会产生更多更好的可持续建筑设计,使建筑环境有生命活力和文化情感,让人在空间环境中感受到人文关怀。随着可持续建筑设计的蓬勃发展,人们必将对空间环境文化提出更高的要求,随设计技术的发展而生的技术思想也必然催生新的人文思想,这也说明研究人文的未来意义。

人文内涵是可持续建筑设计的精神支柱,像是一面旗帜在召唤着建筑及环境的建设者和使用者。人文精神不仅鼓舞着设计师的激情,还激励着设计师为设计负责。建筑设计与人们的生活十分接近,建筑环境会伴随每个人生活的大部分时间,人文精神能感染处于空间环境中的人,造成强大的社会影响,反过来促进建筑设计行业的发展。

我们不难看出,人文在可持续建筑设计中确确实实是具有至高地位的,人文观念应该先行于设计活动,目前迫切需要人文理论和人文框架下设计方法策略的诞生,本书的探讨和阐述希望能够在此方面略有贡献。

上篇

『可持续——人文』建筑理论之道

第一章 概 论

可持续建筑是人为了适应环境、改善环境而创造的介于人与自然之间的人化自然和自然人化产物,它是人类生存与行为的场所。建筑空间环境营建的根本目的是为人类基本生活、行为活动和发展提供必要的物质及精神环境。传统建筑设计的人本主义观念具有局限性和盲目性,一直以来不太注重自然和环境方面的考虑。工业革命以降,技术的飞速进步带来经济增长和社会繁荣的同时,也在全球范围内破坏了自然环境和生态平衡,人口爆炸、气候异常、臭氧层空洞、热带雨林锐减、土壤侵蚀沙化、水土流失、环境污染、大量生物濒临灭绝等,人类赖以生存的自然环境变得岌岌可危,人与自然的关系日渐紧张,我们的精神家园也因环境问题而受到挑战。这一系列危局促发了人类环境意识的觉醒,人们开始高度关注自己的生活环境质量,迫切渴望改善趋于恶化的地球环境。传统建筑设计活动的行为指针便随之开始转向,将保护环境作为一个重中之重的任务,生态化建筑设计得到了快速的发展,自 20 世纪 80 年代,人们提出了对今天和未来有重要意义的可持续发展思想后,建筑的生态环保性设计便被正式定性为可持续设计。当今的可持续建筑设计就是要让空间环境在具有可持续属性和意义的前提下为人们提供一个功能合理、舒适优美、满足人们物质和精神需求的宜居生活环境,使美好的人居环境与绿色的自然环境和谐共存,让人类与地球各自都能相互安好地得以可持续发展。

第一节 基 本 概 念

一、可持续建筑释义

正在稳步成长的可持续建筑已不是新生事物,它的进步在世界范围内受到广泛的关注和参与,所以有关它的概念界定和内涵阐释,许多专家学者、权威机构、团队组织、著名设计师都给出了说法不一但内容相仿的定义。此处,我们取两个较为全面准确,并较具有代表性的定义,以飨读者。

联合国环境规划署于 2012 年首次定义了"可持续建筑"(SBC)概念:可持续建筑是指建筑在其生命周期内的可持续性能,涵盖设计、材料生产、运输、建设、使用与维护、翻新、拆除与回收等方面。本概念试图对材料、能源、水源和土地的使用,室内空气质量和舒适度,以及垃圾、废水和废气的产生等方面进行优化,并降低其负面影响①。西安建筑科技大学夏云教授用高度精练而确切的语言表述道:"建筑及其环境若能做到有利于:综合用能,多能转换,三向发展,增效资源,自然空调,立体绿化,生态平衡,智能运行,弘扬文脉,素质培养,持续发展,美感、卫生、安全。(12 条,50 个汉字)"这种建筑可称为可持续建筑②。联合国环境规划署的此一定义较为宏观,而夏云教授的定义较为具体化,两者在概念推广和帮助理解上可以互为补充,都非常完整地诠释了可持续建筑在社会、环境、经济三个维度上的内容、任务、价值、意义。

此两个概念同样适用于与建筑密切相关的室内空间环境与景观空间环境,若是在设计、建造、运营直至最终消亡的各个环节,内部空间环境与外部空间环境都能做到上述可持续建筑定义的各项主要内容,在室内和室外的宏观和微观层面上具体体现出可持续建筑发展战略思想,所采用的设计方法使得内外空间环境的功能、组成以及细部元素等所有方面对全球的影响都得到恰如其分的明智处理,即可称为可持续的建筑室内设计或建筑景观设计。

可持续建筑是基于可持续发展观念而提出的,可持续发展观在 20 世纪 80 年代中期被提出,它不仅仅关注"环境-生态-资源"的自然生态问题,其关注范围还大到社会生态、政治生态、经济生态、文化生态、艺术生态、人文生态、生态发展等,小到技术生态、精神生态、生活生态、商业生态、关系生态、情感生态等内容,强调"社会-经济-自然"的可持续发展。只有在建筑从无到有的全生命周期中的每一个设计、每一个动作、每一个阶段、每一个环节、每一个侧面,都表现出涉及自然、社会、经济、人文四个方面的可持续价值,才是真正意义上的可持续建筑。它不仅仅研究生态问题和环境保护问题,还包含了更多对社会性、经济性和人文性的考虑,致力于用对环境扰动最小的方式,实现使用功能、情感观照、社会公平、经济增长、文化传扬等目标。在发展中平衡社会、经济、自然、人文四个相互影响又相互交织的维

---

① 高云庭.基于 3F 和 5R 原则的可持续建筑主空间设计特征研究[J].美与时代(城市版),2018(5):10-11.
② 夏云.生态可持续建筑[M].2 版.北京:中国建筑工业出版社,2013:36.

度,进而使之齐步并进,很难说是一件容易之事,但为了"可持续"的建筑设计,用建筑、空间、环境帮助我们开启可持续的生活,实现可持续的发展,助力于一个可持续的未来,这便是时代赋予可持续建筑的历史使命和全部意义。

二、相关概念及关系

在许多学术报纸杂志、专业书籍等文献上,学术会议等活动中,以及政府文件和宣传、公司业务介绍和广告里常可见到、听到如下诸多较具有专业性的名词:绿色建筑(Green Architecture)、生态建筑(Ecological Architecture)、低碳建筑(Low-carbon Building)、节能建筑(Energy-saving Building)、有机建筑(Organic Architecture)、生物气候学建筑(Eco-climatological Architecture)、生土建筑(Earth Construction)、覆土建筑(Earth-sheltered Architecture)、环境友好型建筑(Environmentally Friendly Building),等等。这些与建筑可持续化属性、指向和意义存在一定关联的学术词语,基本上都早于可持续建筑概念而出现,它们就环境问题的现象和本源各持一说,对建筑设计所能应对的环境问题的认识程度以及解决方案也不尽相同,所涉及的内涵与外延都各有所指,它们表明了不同主体、不同领域、不同观念、不同阶层在不同时期对建筑与环境关系的不同理解和态度。此处,就绿色建筑和生态建筑这两个最为重要、最为与可持续建筑概念接近的专业名词做较为具体的阐释。

保罗·索勒里(Paolo Saleri)在 1960 年代首次提出生态建筑学(Arcology)这一概念。我国《现代汉语词典》中对生态建筑的解释是:"根据当地自然生态环境,运用生态学、建筑学和其他科学技术建造的建筑。它与周围环境成为有机的整体,实现自然、建筑与人的和谐统一,符合可持续发展的要求。"清华大学建筑学院宋晔皓教授更为详细的释义是:"生态建筑就是将建筑看成一个生态系统,本质就是能将数量巨大的人口整合居住在一个超级建筑中,通过组织(设计)建筑内外空间中的各种物态因素,使物质、能源在建筑生态系统内部有秩序地循环转换,获得一种高效、低耗、无废、无污、生态平衡的建筑环境。"在生态建筑的理论研究和设计实践中,关键词是生态、系统、环境,它侧重从"整体"和"生态"的角度,强调把大自然视为一个整体系统,利用生态学方法原理解决生态与环境问题。发展至今,生态建筑的内涵中也产生了社会生态、人文生态等提法,生态建筑开始转向注重社会性、人文性,逐渐地接近于可持续发展的含义和要求。

建设部《绿色建筑评价标准》(GB/T 50378—2006,2006 年 3 月 7 日发布)中的绿色建筑定义是:在建筑的全寿命周期内,最大限度地节约资源(节能、节地、节水、节材①）、保护环境和减少污染,为人们提供健康、适用和高效的使用空间,与自然和谐共生的建筑。西方"绿色"运动的最初目标是维护生态平衡、实现环境保护,它推动了绿色文化,使绿色思想深入各个行业,出现了各种与"绿色"相关的概念和事物,如绿色生活、绿色出行、绿色食品、绿色电器等,这样便自然产生了绿色建筑。"绿色"是自然生态系统中生产者植物的颜色,它是地球生命的颜色,象征着盎然的生命活力。在"建筑"前冠之以"绿色",意在表示建筑应像自然界中的绿色植物一样,应是融生于大自然的一部分,具有和谐的生命运动,能支撑生态系统的演进。在绿色建筑的理论研究和设计实践中,关键词是环保、健康、自然,它提倡3R原则:减少利用(Reduce)、循环利用(Recycle)、再利用(Reuse)。绿色建筑的技术与策略注重低耗、高效、经济、环保、集成与优化,强调用让人身心健康的建筑环境去达到保护环境、和谐自然的目的,实现人的生活与大自然之间的利益共享。

从学术研究的分析角度来看,上述这些名称以及对它们的诠释存在着明显的差异。从实践案例的特征来看,每一种称谓的作品,其设计研究和实践方向及实现目标的手段都各自偏重于某一个或几个建筑的可持续领域,极少看到多维度符合可持续完整内涵的设计,表现出"专而不整""片而不全"的现象(抑或可以说是问题)。当然,它们的发展先于可持续建筑的起步,这便为可持续建筑的发展奠定了基础,提供了多方面的借鉴,这使得对可持续建筑的研究能够更加全面与深入,是有利于可持续建筑研究和设计的良性发展的。上述罗列的与可持续建筑相关的概念,它们之间虽有着本质上的区别,但其建筑设计活动的目标指向是同一的,那就是一面要减少建筑的建造与使用对资源和环境所造成的不利影响,一面也要为使用者提供健康舒适的建成环境②。它们都可以被完全统摄在"可持续"范围内,我们可以说内涵和外延极其广泛的可持续建筑涵盖了以上所有建筑类别,它们是片面的、不完全的、半成品的或未完成的可持续建筑,与可持续建筑构成局部和整体的关系。它反映了可持续设计认识由低层次向高层次的深化过程。可持续建筑是绿色建筑、生态建筑、低碳建筑、节能建筑、有机建筑、生物气候学建筑、生土建筑、

---

① 做到节能、节地、节水、节材的建筑一般被称为"四节建筑",它主要从"节约使用"环保思维出发,合理设计资源的利用方式。

② 这些概念之间存在本质上的区别是因为它们多数都来自不同的观念维度或现实层面,比如,生态建筑源于生态学,它是一门自然科学;绿色建筑源于绿色运动,它是一种社会运动;可持续建筑源于可持续发展观,它是一种发展理念。生态、绿色、可持续,此三者之内涵的呈现及一般运作形式不在一个维度,也不在一个层面,没有可比性。但是当它们介入建筑设计时,在实践中都要实实在在地落地转化为思维、原则、方法、技术、策略、流程。这些设计的具体做法,是具有可比性的,有比较才能有鉴别,才可以帮助我们清晰地认识到可持续建筑的重要价值和存在意义。

覆土建筑、环境友好型建筑等发展旨向的最高级阶段。

第二节　理　论　基　础

可持续建筑作为一种当代的理念和实践,自然拥有自己的理论基础,并且这些理论基础与传统建筑有明显区别。但严格意义上来说,这些新加入的本底式理论都并非原生于本领域。可持续建筑以"拿来主义"借用了许多其他学科理论来完善自我、丰富自我、发展自我,它们指导和推动建筑设计朝着生态化、绿色化、可持续化的方向发展。通过对当前生态文明和可持续社会大背景的解读,结合建筑可持续设计现状和发展态势的内涵特征,不难发现,在观念、科学、哲学、艺术、伦理等多个维度上的理论基础,是建筑向着可持续化发展的根本原因和内生动力。

一、可持续发展观

可持续发展(Sustainable Development)是1980年代提出的一个概念,是人类对发展的认识深化的重要标志。1987年,世界环境与发展委员会在《我们共同的未来》报告中,首次阐述了"可持续发展"的概念。可持续发展是"在不损害未来一代需求的前提下,满足当前一代人的需求"。此概念可作三个方面的分释:首先,可持续发展不否认而是鼓励经济的增长;其次,可持续发展的标志是保护生态环境、永续利用资源;再其次,可持续发展的目标是提高生活质量,谋求社会全面进步。经济、社会、资源和环境保护需要协调发展,既要达到发展经济的目的,又要保护好人类赖以生存的大气、淡水、海洋、土地和森林等自然资源和环境,使子孙后代能够永续发展和安居乐业。

可持续发展观的理论基点是人类社会与生态系统的整体观,它把人类的生存环境视为由自然、社会和经济三个亚系统交织在相互包含、相互关联、相互制约、相互支撑的矛盾运动中形成的一个整体性复杂系统。可持续发展观是超越文化与历史的障碍来看待全球问题的,本着公平性、协调性、持续性原则,将与人类生活密切相关的生存环境问题作为基本问题,将人类的局部利益与整体利益、当前利益与长期利益结合起来,所要达到的目标是全人类的共同目标,即实现可持续的全面发展(图1-1)。目前,可持续发展观成为国际社会的广泛共识,联合国193个成员国于2015年9月在纽约总部共同通过了《2030年可持续发展议程》及其17项可持续发展目标,它为世界提供了一份详细的未来行动清单(图1-2),旨在促成以平衡的方式实现经济增长、社会发展和环境保护的目的。

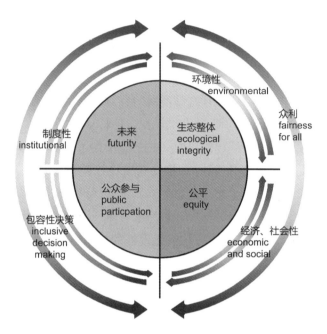

图 1-1　多方面均衡发展的可持续利益关系

图 1-2　2030 年可持续发展目标

可持续发展观作为建筑可持续化的根本指导思想,是目前设计的最高的行动指南,也是现阶段建筑最有效的发展方式,它贯穿于建筑的设计活动、建筑的全生命周期过程和建筑进化革新。可持续建筑可以很好地实现建筑、人与自然的有机结合,最适当地满足人们对生活环境的舒适要求,且不对后人的生活发展环境造成压力。它能够有效地致力于环境、经济、社会的协调发展,助力于三者之间的共赢。可持续建筑在理念与实施、方案与过程、投入与输出、本体与场所等方面都必须(也必然会)表现出自然、社会、人的可持续之丰富含义。

二、生态学

1886 年德国动物学家恩斯特·海克尔(E. Haeckel)首次提出"生态学(Ecology)"[①]的概念:生态学是研究生物体(个体、种群、群落)与其周围环境(包括非生物环境和生物环境)相互关系的科学。它是一门有自己的研究对象、任务和方法的比较完整和独立的学科[②]。生态学是研究关联的学说,即研究有机体之间、有机体与环境之间的相互关系和作用机理,特别是动物与其他生物之间的有益和有害关系。相互关联的有机体与环境构成的生态系统,可以分为人工生态系统和自然生态系统(图 1-3),自然生态系统又由非生物环境和生物环境组成(表 1-1)。生态系统世界由大大小小的子生态系统构成,它们并不完全独立,而是相互交合,相互影响的,地球上最大的子生态系统即地面生物圈。

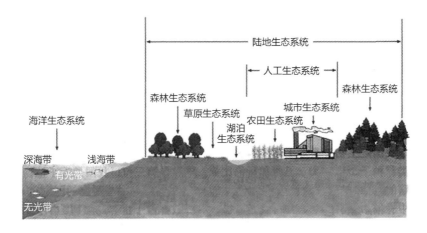

图 1-3 生态系统由各个子生态系统组成

① 生态学(Oikologie)一词是 1865 年由勒特(Reiter)合并两个希腊字 oikos(房屋、住所、家)和 logos(研究、学科)构成,从词源学角度所构拟出的它最古老的形式和意义——研究生物赖以生存的外部环境的学科,可以看出生态学和建筑及室内环境的天然本质性联系。

② 在 1935 年英国的坦斯利(Tansley)提出了生态系统的概念之后,美国的年轻学者林德曼(Lindeman)在对芒都塔(Mondota)湖生态系统详细考察之后提出了生态金字塔能量转换的"十分之一定律"。此后,生态学发展成为一门相对完整而独立的学科。

表 1-1　自然生态系统的四个组成部分

生态系统
- 物质和能量：阳光、热能、水、空气、无机盐等。
- 生　产　者：自供养型生物，主要是绿色植物。
- 消　费　者：动物，包括植食动物、肉食动物、杂食动物、寄生动物等。
- 分　解　者：细菌、真菌等具有分解能力的生物，也包括某些原生动物和小型无脊椎动物、异养生物。

　　生态系统有其内在的规律性，其中最重要的就是生态平衡原理，生物和环境所构成的网络是生态平衡形成的基础，其结构和功能都保持着相对稳定的关系，每个生态系统都有自己的结构及相应的能量流动①（图 1-4）、物质循环（图 1-5）途径以及信息传递方式。无数生态系统的能量流动、物质循环和信息传递汇合成生物圈总的能流、物流和信息流，使自然界在动态平衡演替中不断变化和发展。生态系统具有自动调节恢复稳定状态的能力，调节过程由简单到复杂，由单一到多样，由不稳定到稳定，共生关系由少到多，由高到低，同趋向整体有序这一地球上最基本的运动过程相一致，保证了地球环境的平衡与发展。但是，生态系统的调节能力是有限度的，超过了这个限度的生态系统会因无法调节到生态平衡状态而走向破坏和解体。

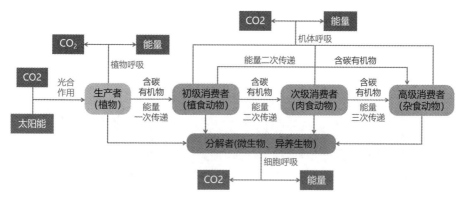

图 1-4　生态系统能量流动图

────────

　　①　依据热力学第一定律和第二定律，能量在从一个营养级向下一个营养级的流动过程中，要么转化为其他类型的能量，要么以废热形式消散在环境中。在自然生态系统中，食物链越长，损失的能量越多，在海洋生态系统和一些陆地生态系统中，能量从一个营养级到另一个营养级，其转换率只有 10%，而 90% 都在流动过程中散失了，这便是林德曼"十分之一"定律，自然界中的营养级一般不会超过 4 级。绿色植物利用光合作用，将太阳能转换为化学能储存于有机物中，随有机物质在生态系统的营养级中传递，能量不断沿着生产者、草食动物、一级肉食动物、二级肉（杂）食动物、三级肉（杂）食动物……分解者等单向逐级流动。

图 1-5 美国环境保护署公布的全球水资源分布及水循环状况

建筑及其环境对原生环境和次生环境有着很大的影响,环境的人为程度越高,人为主导作用越强,自然因素则越少或起到的作用越小。所以我们可以看到,从古至今,随着建筑营建技术的发展,人对自然的控制能力越来越强。建筑环境这一人工生态系统是消费者占主导的系统,因为自然调节能力的不足,这个局部系统事实上是很脆弱的。建筑的可持续设计要在生态学的科学指导下,系统、整体地组织内外环境各种物态因素,使物质、能源和信息在建筑本体与空间环境中有秩序地循环转换,获得一种高效、低耗、无废、无污、生态平衡的建筑环境。

三、中国传统生态智慧

中国古代的先哲们以生命的直觉精神提出了一系列有关尊重生命和保护环境的思想,其中道儒释三家学说的影响最为深远,这些思想尽管带有某种朴素的直观或顿悟的性质,但具有"奇迹般深刻"的生态智慧。道家有"道法自然"的生态智慧,主张物我合一、知常曰明、知止不殆、知足不辱、回归自然、返璞归真;儒家有"天人和谐"的环境伦理意识,主张兼爱万物、尊重自然、以时禁发、以时养发、取用有节、物尽其用;佛学有"尊重生命"的博爱意识,宣扬万物平等的生命意识、普度众生的慈悲情怀、"不杀生"的道德戒律①。(表 1-2)他们的基本观点是"天地人合一"。

---

① 王国聘.中国传统文化中的生态伦理智慧[J].科学技术与辩证法,1999(1):33-37.

"天地"代表大自然,"人"与其他生物又是自然所生,是自然的一部分,这就形成了人、生物和环境等自然现象相互统一的整体,其中的人与天地关系是个别与一般、部分与整体的关系,他们是共生共处的关系,当然应该和睦相待。

表1-2　中国传统生态智慧的含义及各家原文节选

道家「道法自然」的生态智慧	物我合一:人与天地万物相统一的宇宙论	"万物负阴而抱阳,冲气以为和。"(《老子》四十二章)
		"道生一,一生二,二生三,三生万物。"(《老子》四十二章)
		"天地与我并生,而万物与我为一。"(《庄子·齐物论》)
		"旁日月,挟宇宙,为其合。"(《庄子·齐物论》)
	知常曰明:自然规律与道德法则的一致性	"人法地,地法天,天法道,道法自然。"(《老子》二十五章)
		"是以圣人无为故无败""以辅万物之自然而不敢为"。(《老子》六十四章)
		"夫物芸芸,各复归其根。归根曰静,静曰复命。复命曰常,知常曰明。不知常,妄作凶。"(《老子》十六章)
	知止不殆、知足不辱:处理人与万物关系的道德法则	"名与身孰亲?身与货孰多?得与亡孰病?是故甚爱必大费,多藏必厚亡。知足不辱,知止不殆,可以长久。"(《老子》四十四章)
		"是以圣人去甚,去奢,去泰。"(《老子》二十九章)
		"见素抱朴,少思,寡欲。"(《老子》十九章)
		"五色令人目盲;五音令人耳聋;五味令人口爽;驰骋畋猎,令人心发狂;难得之货,令人行妨。是以圣人为腹不为目,故去彼取此。"(《老子》十二章)
	回归自然、返璞归真:道家生态美学思想	"天下皆知美之为美,斯恶已。皆知善之为善,斯不善已。有无相生,难易相成,长短相形,高下相倾,音声相和,前后相随。恒也。"(《老子》二章)
		"大成若缺","大盈若冲","大直若屈,大巧若拙,大辩若讷"。"大白若辱","大方无隅","大音希声,大象无形"。(《老子》四十五、四十一章)
		"天地有大美而不言。""山林与!皋壤与!使我欣欣然而乐与!"(《庄子·知北游》)
		"以神遇而不以目视,官知止而神欲行。"(《庄子·养生主》)
		"忘乎物,忘乎天,其名为忘己。忘己之人,是之谓入于天。"(《庄子·天地》)
		"夫得是至美至乐也,得至美而游乎至乐,谓之至人。"(《庄子·田子方》)

(续表)

儒家"天人和谐"的环境伦理意识	兼爱万物、尊重自然	"仁者以天地万物为一体。"(《孟子·梁惠王》)
		"天地之大德曰生。"(《易经·系辞》)
		"万物各得其和以生,各得其养以成。"(《荀子·天论》)
		"质于爱民,以下至鸟兽昆虫莫不爱。不爱,奚足以谓仁?"(《春秋繁露·仁义法》)
	以时禁发、以时养发	"山林虽近,草木虽美,宫室必有度,禁发必有时。"(《管子·八观》)
		"不违农时,谷不可胜食也;数罟不入池,鱼鳖不可胜用也,斧斤以时入林,林木不可胜用也。"(《孟子·梁惠王》)
		"君者,善群也。群道当则万物皆得其宜,六畜皆得其长,群生皆得其命。"(《荀子·王制》)
	取用有节、物尽其用	"地力之生物有大数,人力之成物有大限,取之有度,用之有节,则常足;取之无度,用之无节,则常不足。生物之丰败由天,用物之多少由人,是以圣王立程,量入为出。"(唐代名相陆贽)
		"天地节而四时成,节以制度,不伤财,不害民。"(《易经·节·象传》)
		"故明主必谨养其和,节其流,开其源,而时斟酌焉,潢然使天下必有余,而上不忧不足。如是,则上下俱富,交无所藏之,是知国计之极也。"(《荀子·富国》)
佛学"尊重生命"的博爱意识	万物平等的生命意识	"以佛性等故,视众生无有差别。"(《大般涅槃经》)
		"一切众生悉有佛性,如来常住无有变异。"(《大般涅槃经》卷27)
		"草木国土皆能成佛","山河大地悉现法身"。(日本高僧道元)
		"不论初入丛林,及过去诸佛,不曾少乏,如大海水,一切鱼龙初生及至老死,所受用水,悉皆平等。"(《景德传灯录》卷二十一)
	普度众生的慈悲情怀	"一切为天下,建立大慈悲,修仁安众生,是为最吉祥。"(《法句经》)
		"大慈与一切众生乐,大悲拔一切众生苦。"(《大智度论》)
		"佛告善生:有四亲可亲,多所饶益,为人救护。云何为四?一者止非,二者慈悯,三者利人,四者同事。"(《善生经》)
	"不杀生"的道德戒律	"若人种种修诸福德,而无不杀生戒,则无所益。""知诸余罪中,杀罪最重;诸功德中,不杀第一。"(《大智度论》)
		"六道众生皆是我父母,而杀而食者即杀我父母,亦杀我故身。一切地水,是我先身,一切火风,是我本体,故常行放生,生生受生。"(《梵网经》)
		"若离杀生,即得成就十离恼法。"(《十善业道经》)

中国传统生态智慧认为世界万物由于运动而不断生出,在生生不息的天道之下,产生包括人在内的天地万物,天地万物都在运动中循环,在循环中进化,人是这生生不息运动中的最重要的一员。我国古代生态思想主张在天地人的关系中按自然规律办事,顺应自然,谋求天地人的和谐,但人与自然的和谐统一是以人为主的,人不是消极地俯首听命于自然,而是在遵从自然规律的前提下采取积极主动的态度和行为。中国古代的先哲们还强调人与自然平等,提倡人们要爱护其他一切自然物和人造物,给予所有事物以完整性,而不去剥夺个体在宇宙中的特殊意义,懂得如何把生命之存在和生命之神圣统一起来,人类既要利用生态资源,又要从道德意识出发去保护生态、更新自然资源,达到永续利用的目标。

在可持续建筑设计中理应视"天地人合一"为解决人居环境问题的基本思想,既要对自然进行适度的改造而使其符合我们人的愿望,又要遵顺自然之规律而不至于形成破坏生态平衡的局面。设计、管理和保护的行动思维和行事方式就是我国传统生态思想在当今文明社会中的体现,面对今天日益严峻的生态环境危机,它们能给予我们的设计智慧与启示非常深刻而又是其他文化无以替代的。我国古代传统生态思想的宏观、整体与和谐的内质具有普遍性和连续性,它不仅是建筑可持续设计之极其宝贵的精神资源,还往往能使可持续建筑环境体现出"天人合一"的诗意超然之空间意境。

四、西方当代环境哲学

吉尔伯特·怀特于 1789 年写成的《塞耳彭自然史》标志着西方生态思想的诞生①。西方自 19 世纪以来,多种环境思想逐渐积累成了丰厚的传统,加之始于1960 年代后期的第三次环境保护运动的推动,当代环境哲学(或环境伦理学、生态伦理学)于 70 年代中期勃然兴起。此后,该领域发展迅速,涌现出众多的流派,形成了多种研究取径。但很多流派并未定型,而是时有创新、变化,各流派之间也多有重叠、交叉。它们主要包括浅层生态学、深层生态学、动物权利论、生物中心论、生态中心论、生态女性主义、后现代环境哲学、社会生态学等分支学说②。

浅层生态学:只有从人类利益(包括未来世代人的利益)与价值出发建立的环境伦理学才是可以成立的。它不是对自然事物本身的关注,而是把自然作为人与人之间义务的中介或工具纳入伦理思考的范围。这种环境伦理学主要是提倡明智

---

① 于文杰,毛杰.论西方生态思想演进的历史形态[J].史学月刊,2010(11):103-110.
② 刘耳.西方当代环境哲学概观[J].自然辩证法研究,2000(12):11-14.

利用资源及创造和维持宜于人类生存的环境。

深层生态学：人类应超越对自身利益与价值的考虑，认识到自然物、自然系统也有其利益与内在价值，值得人们的尊重。人是唯一的道德行为主体（Moral Agent），但非人类生命及物种、生态系具有独立于人的利益与内在价值，因而具有道德行为受体（Moral Patient）的地位。在西方当代环境哲学中，深层生态学对环境问题的根源进行了最深层的追问。

动物权利论①：这种尊重感觉的伦理学将非人类利益与价值定位于感觉能力，认为具有较发达中枢神经系统的动物应受到人类的道德关注。主张解放动物，给予动物平等的权利的同时，也认为平等的基本原则是关心的平等，对不同存在物的平等关心可以导致区别对待和不同的权利。

生物中心论②：所有生物都内在地抵御增熵过程，以保持自己的组织性，维护自身生存，生命具有同一性。维护自己的生存，是所有有机体的生命目的中心，这是有机体的内在价值，是有机体的"善"。虽然不同的有机体，有不同的自组织方式，它们以自身的方式维护生存，都具有同等的内在价值，因而具有平等的道德权利，应当得到道德承认、关心和保护。

生态中心论：物种或生态系这些非实体单位往往被作为道德关怀的对象。"凡趋于保持生物共同体的完整、稳定与美丽的，就是道德的；否则，就是不道德的。"③这句话是生态中心论者所奉行的一句格言。他们相信大自然承载着丰富的价值④，物种作为传承生命遗传信息的基本单位和生态系作为生命的生发系统，都具有重要的、高于生物个体的价值。

---

① 这种理论源自19世纪功利主义哲学家边沁（Jeremy Bentham）的一个观点：动物感受痛苦的能力使它们有权不受人类的任意侵害。在当代，这种基于人道思想的观点以彼得·辛格（Peter Singer）和汤姆·雷根（Tom Regan）为代表。

② 生物中心论秉承阿尔贝特·施韦泽（Albert Schweitzer）的主张，提出我们应将一切有生命之物都视为有价值和值得尊重的。他说："一个有道德的人不会摘取树叶，不会采撷花朵，还会小心翼翼，尽量不踩死昆虫。"当代生物中心论的代表保罗·泰勒（Paul Taylor）强调：一事物只要有一种自己的利益，会因我们的行动而受损，就值得我们加以道德的关注。

③ 这是环境伦理学先驱奥尔多·利奥波德（Aldo Leopold）的名言，生态中心论源于他所倡导的"大地伦理"，他的"大地伦理"认为生物群落（community，也可译作"共同体"）比个体生物更值得人类加以道德的关注。

④ 著名的环境伦理学家霍尔姆斯·罗尔斯顿Ⅲ（Holmes Rolston，Ⅲ）基本属于生态中心论者，他总结了大自然所承载的十四种价值：生命支撑价值、经济价值、消遣价值、科学价值、审美价值、使基因多样化的价值、历史价值、文化象征的价值、塑造性格的价值、多样性与统一性的价值、稳定性和自发性的价值、辩证的价值、生命的价值、宗教价值。

生态女性主义：社会对自然的控制与支配和对女性的控制与支配有深刻的联系，二者皆出于一种男性偏见。女性对自然像她们对他人一样，更多地表现出一种关爱。社会应该赋予女性以更多的权力，让她们来矫正男性的偏见。人们必须对男权制下的社会组织方式与相关的价值观念加以改造，这是从根本上解决环境问题的前提。

后现代环境哲学：它试图从根本思维方式上对现代性进行全面而深刻的批判，并积极致力于从哲学、科学、宗教等多方面寻求解决环境问题的方法与途径。反对二元对立的思维方式，它非常强调整体有机论和内在关系理论的现实性和重要性。主张通过倡导主体间性来改变现代人对自然的占有、统治和控制欲望，复魅人与自然的有机整体关系。

社会生态学：人类对自然采取主宰、征服的态度，跟社会组织方式和等级制度密切相关，因而变革要针对社会体制才能奏效。必须有法律来规限私人和私营企业对自然的破坏。社会契约应有一个自然契约作为补充，人类应将社会共同体视作自然生态共同体的一部分，即"自然主义—人道主义—共产主义"的统一，这是人类走向未来的"绿色道路"。

西方当代环境哲学认为全球性生态危机不仅仅是生态失衡和环境破坏，更重要的问题存在于我们的文化系统对自然的负面影响。它明确地批判人类中心主义的自我局限，把维持和保护生态系统的完整、和谐、稳定、平衡和持续存在作为衡量一切事物的终极尺度，作为评判人类生活方式、科技进步、经济增长和社会发展的根本标准。西方当代环境哲学要求人努力超越自身利益与价值的范围，对非人类利益与价值也加以考虑，即以整个生态系统的利益去思考问题，并以这样的思考限制人类的部分自由，约束人类自身的生活和发展，特别是要放弃追求无节制的物欲满足，把物质需求和经济发展限制在生态系统的承载能力内，其目的是保护生态环境并重建生态平衡，恢复人与自然和谐相处的美好关系。

西方当代环境哲学是可持续建筑最重要的哲学理论基础，它使设计活动能始终以生态伦理责任意识去运用生态技术处理人居环境与自然生态的相互关系。设计中应当以西方当代环境哲学的理论成果为基础，避免纯粹的客观主义价值尺度，系统地探讨包括人在内的广义生态系统的客观规律、人与自然、人与人之间借以协调的生态伦理规范，以及人与自然互动和谐的目标和实现方式，并从生态自然观与技术方法论相统一的高度，深入剖析蕴涵于生态自然观之中的建筑可持续设计理念与方法论，旨在挽救人类日益荒芜的精神家园，重塑我们生活世界的意义。

第三节　建筑可持续化简史

　　早期的建筑设计是依顺自然环境的,在很多方面都是具有今天所谓的生态、绿色、可持续意义。随着技术发展带来的人类自我膨胀,建筑设计和营建开始脱离自然,并欲图大肆改造我们的生存环境,结果是严重地破坏了自然生态。但我们仍可以看到一条"生态—绿色—可持续"的发展线索,这便是建筑可持续化的发展脉络。现代主义时期的生态意识萌芽、生态建筑学的理论与实践以及之后理论的发展、高技术和低技术的分野发展是建筑可持续化发展的四个关键节点。当代的可持续建筑设计在环境危机对人就自然认识的重塑中开始回归于遵顺自然,表现出多学科交融的内在复杂性,以被动式为主、主被结合,追求最适宜当地环境和需求的方法策略。

一、可持续建筑的历史源流

　　世界建筑史的历史长河中不乏"绿色"痕迹,具有可持续意义的建筑设计可以溯源至建筑的出现伊始,最早的穴居和巢居形式都无不体现着与自然的交流,它们都是生态环境的自然产物,是可持续建筑最古老的原始雏形。从欧洲古希腊时期与自然地景相结合的神庙、古罗马时期维特鲁威的建筑三原则中的实用与坚固、中世纪时期与自然相结合的民居建筑、文艺复兴时期的园林别墅,到赤道地区印度尼西亚的高悬挑屋檐民居、非洲厚厚的生土建筑,再到中东的捕风塔民居,再到极地地区爱斯基摩人的半圆形冰屋①(图1-6),再到我国陕北的窑洞、北方的自然与人文巧妙结合的四合院、适应环境的南方吊脚楼,我们都能发现古人在建筑设计中追求"天人合一"时表现出的智慧。

图1-6　因纽特人的半圆形冰屋

---

　　① 建筑表面积最小的半圆形态可减小散热面,不透风的冰封屋面大大减少了屋内外空气对流,作为不良导体的冰能很好地隔热。这样,屋里的热量几乎不能通过冰墙传导到屋外,再点一盏鲸油灯,冰屋内的温度可以保持在零下几摄氏度到十几摄氏度,这相对于零下50多摄氏度的屋外,要暖和得多。

二、现代主义时期的生态探索

(一)大师们的生态设计探索

19世纪末至1960年代之前,开始产生了一些注重生态的设计思想与实践。这些早期的朴素理论和实践主要体现在现代建筑的一些基本设计理念中,在现代主义建筑阶段,弗兰克·劳埃德·赖特(Frank Lloyd Wright)(图1-7)、巴克敏斯特·富勒(Richard Buckminster Fuller)(图1-8)、阿尔瓦·阿尔托(Alvar Aalto)、勒·柯布西耶(Le Corbusier)、瓦尔特·格罗皮乌斯(Walter Gropius)等设计师们已经开始考虑设计场地周边的地理、气候、生态等条件,积极地探索顺应和利用地方自然生态环境的建筑空间形式,并且运用生态策略实现建筑的人本关怀和社会改良,很多成功实施的关于优化建筑的主张和理论被提出。比如:西塔里埃森工作室大量运用木头和石材等自然建材,室内运用木制和竹制家具,以及天然饰物。第一代迪马克西翁住宅(Dymaxion)(1927年)将建筑抬离地面,不扰动场地环境,并试图做到自给自足,不摄取环境资源,也不对环境造成污染。总体来看,这一时期的可持续设计理论已经萌芽,虽然现代主义设计师们只是在建筑本体上做了一些空间环境节能以及与自然环境融合的尝试,其中一些设计想法甚至只能被视为理想化的某种设想,但正是这些不成熟的思想奏起了可持续建筑登上建筑史舞台的序幕曲,它们对可持续建筑的发展产生了深远的影响。此外,这一时期的英国博物学家托马斯·亨利·赫胥黎(Thomas Henry Huxley)和其他生物学家以及设计师一道,呼吁新环境设计工程的出发点是能够为社会和大自然带来新的环境秩序——与大自然之家和谐的理想未来社会,这些观点为后来可持续建筑的人文发

图1-7 西塔里埃森工作室

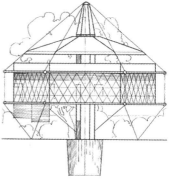

图 1-8 Dymaxion 第一代

展奠定了基础①。维克多·奥戈雅的生物气候设计方法及理论对建筑生态化的日后发展产生了重要影响。

（二）生态建筑学的诞生

1960 年代以来，人类生存和发展面临的种种问题促使人们思考工业发展给自然环境带来的损害，人们开始重视资源消耗、生态保护等关乎环境未来的问题，于是在 1960 年代以来产生了许多绿色运动，致使很多注重生态的建筑设计理念和原则逐渐被关注生态环境、关注可再生能源利用的设计师提出。1960 年代在世界可持续建筑发展史上是一个具有划时代意义的时期，建筑师保罗·索勒里（Paola Soleri）将生态学（Ecology）和建筑学（Architecture）两词合并而创造了生态建筑学（Acrology）的新概念，并在阿科桑底城（Arcosanti）（图 1-9）就他的想法进行了具有开创意义的实践。阿科桑底城是生态建筑的一次实验，城里没有汽车，其空间只

图 1-9 阿科桑底城

① 佩德·安克尔.从包豪斯到生态建筑[M].尚晋，译.北京：清华大学出版社，2012：30.

为步行者而规划,在种植粮草、利用太阳能加热的大型温室附近,建有密度极高可供居住的大型建筑,电力来自风能和太阳能发电厂,以及附近河流的水力使用。这次大胆的试验性工程虽然没有得到普及,但索勒里在可持续建筑发展史上写下的是浓墨重彩的一笔,较之前述的萌芽时期的朴素的生态化设计理念与实践,索勒里的生态建筑学理论和阿科桑底城把建筑的可持续化向前推进了一大步,这标志着可持续建筑的发展在1960年代进入了一个崭新的历史阶段。

(三) 设计学者的"绿色生态"理论研究

在这个可持续建筑发展的关键阶段,人类破坏自然环境的严重程度除了深切地震撼设计师以外,也更为清晰地被生态学家、地理学家和气象学家感受到,社会各方面和各个行业都对环境问题的研究和环境设计产生了兴趣,由此而来的便是各种生态设计原则的提出:深层次生态学理论、舒马赫的中间技术概念、西姆·范德莱·恩的"整合市镇住宅"的概念和建筑模式、戴维·皮尔森倡导的生物建筑运动、詹姆斯·拉乌洛克的盖娅住区宪章(表1-3)等[①]。这些生态化建筑设计概念和思想直接影响了后来的低技术策略在建筑设计中的发展。值得特别指出的是,这些关注环境和生态的设计原则是在一些生物学家、生态学家以及部分哲学家的影响下产生的,所以其中理论研究的分量显得尤为过重。虽然这些理论对建筑可持续化的全面发展做出了重要贡献,但与设计实践存在脱节的空白区,这些设计原则和策略的笼统性和概观性使之并没有成为设计主流。然而我们不能就此否定这次在社会诸多方面从多角度进行的建筑研究和设计探索,实质上为之后可持续建筑的理论和设计发展提供了理论框架,为进一步将建筑生态化的策略研究融合在未来可持续发展的时代背景下做了充分的准备。

表1-3 盖娅住区宪章中的设计原则

为星球和谐而设计 (Design for harmony of planet)	为精神平和而设计 (Design for peace of the spirit)	为身体健康而设计 (Design for health of the body)
• 场地、定位和建设都应最充分保护可再生资源。利用太阳能、风能和水能满足所有或大部分能源需求,减少对不可再生能源的依赖	• 制作与环境和谐的家园——建筑风格、规模以及外装修材料都与周围社区一致	• 允许建筑"呼吸",创造一个健康的室内气候,利用自然方法——例如建材和适于气候的设计来调整温度、湿度和空气流动

---

① 宋晔皓.欧美生态建筑理论发展概述[J].世界建筑,1998(1):67-71.

（续表）

为星球和谐而设计 (Design for harmony of planet)	为精神平和而设计 (Design for peace of the spirit)	为身体健康而设计 (Design for health of the body)
• 使用无毒、无污染、可持续和可再生的"绿色"建材和产品——具有较低的蕴能量,较少环境和社会损耗,或循环利用	• 每一阶段都有公众参与——汇集众人的观点和技巧,寻找一种整体设计方案	• 建筑远离有害的电磁场、辐射源,防止家用电器及线路产生的静电和电磁场干扰
• 使用效率控制系统调控能量、供热、制冷、供水、空气流通和采光,高效利用资源	• 和谐的比例、形式和造型	• 供给无污染的水、空气,远离污染物(尤其是氡),维持舒适的湿度、负离子平衡
• 种植地方性品种的树木和花草,将建筑设计成当地生物系统的一部分。施用有机废物堆积的肥料,不用杀虫剂,利用生态系统控制害虫。设计中水循环,使用低溢漏节水型马桶。收集、储存和利用雨水	• 利用自然材料的色彩和质感肌理以及天然的染色剂、漆料和着色剂,便于创造一种人性化的、有心理疗效的色彩环境	• 居室中创造安静、宜人、健康的声环境氛围,隔绝室内外噪声
• 设计防止污染空气、水和土壤的系统	• 将建筑与大自然的旋律(四时、时令、气候等)充分联系起来	• 保证阳光射入建筑室内,减少依赖人工照明系统

三、当代建筑的可持续化发展

（一）建筑的"可持续"拓展

1973 年中东爆发的石油危机导致了西方各国一浪高过一浪的绿色运动,运动倡导用可再生能源替代传统的自然能源,以保护我们生存所依的地球环境。在这样的背景下,太阳能源被一些西方设计师在住宅设计中广泛开发,减少建筑对传统非再生能源的依赖,早期太阳能利用主要是向室内供暖和供热水。基于太阳能住宅的发展基础,后来出现了将能源利用做整体设计的节能住宅。最早意义上的可持续建筑设计就是由这些太阳能住宅结合生态学思想进而发展起来的。1980 年代以后,全世界的注意力开始逐渐聚焦到"可持续发展"这一共同主题上来,并迅速形成了国际社会的广泛共识。生态学理论也毫不例外地受到可持续发展思想的影响,并在建筑领域得到了充分诠释,查尔斯·凯博特博士于 1993 年提出了"可持续建筑"这一概念,随后不久,可持续建筑的发展进入了一个定性时期,至此,所有的注重生态、环保、节能的建筑及环境设计都很自然地被统摄在了可持续建筑的概念含义之下。

（二）建筑可持续化发展的分野

可持续发展存在两种不同的思想基础：一种是侧重于保护和保存现有的地球资源，另外一种是趋向于寻求高效率利用资源的技术解决方案。因此在可持续建筑设计实践中体现出了两种实现方式：低技术（Low-tech）和高技术（High-tech）。

1. 低技术的发展方向

低技术建筑设计是通过运用、发掘、改良当地传统土技术，合理地利用地方性材料，尽量不用现代技术，以达到建筑可持续化的目的，从而实现对地球自然生态系统的保护，体现建筑空间的地域特征。低技术可持续建筑的设计活动及其发展主要集中于发展中国家，这些地区较强的传统性和不发达的经济是低技术扎根的天然土壤。早在 1940 年代至 1950 年代，一些发展中国家的设计师就开始以气候为主导，并注重地域性，发掘传统本土技术，巧用当地材料，进行低技术可持续建筑环境的设计研究和实践探索。比较有代表性的设计师和作品是：哈桑·法赛（Hassan Fathy）的具有良好地域气候与文脉适应性的住宅（图 1-10）和新高纳村（New Gourna）兴建项目、查尔斯·柯里亚（Charles Correa）的建筑表面开口与内部空间布置有利于自然通风和功能转换的管式住宅（Tube House）（图 1-11、图1-12）等。

图 1-10　捕风塔可以为室内提供良好的自然通风，半圆形突起部分
增加了屋顶面积，有利于屋顶散热，进而降低室内温度

图 1-11 管式住宅的剖面图　　　　图 1-12 管式住宅外景

　　2. 高技术的发展方向

　　高技术建筑设计强调积极地运用一切适宜的高新尖技术来使能源利用率最大化,达到对地球自然生态系统的高效利用,以更主动的方式有效地保护生态环境。高技术可持续建筑大多生成于发达的欧美国家。近年来涌现了一批从事高技术可持续建筑设计的设计师,他们凭借先进的技术和资金的优势产出了许多优秀的设计作品。如尼古拉斯·格雷姆肖(Nicholas Grimshaw)的 1992 年塞尔维亚博览会英国馆,在其顶部的帆布遮阳板上装有太阳能光电转换装置,见图 1-13 所示;英国馆热量控制原理示意见图 1-14 所示。又如诺曼·福斯特(Norman Foster)的德国柏林国会大厦改造项目,公众可以通过内部的两条坡道上到穹顶之中和屋顶之上,穹顶内倒吊着的锥体不仅仅在建筑的能源效率中起着重要作用,而且还是一个奇特的装饰物,见图 1-15 所示;大厦的通风与天光照明见图 1-16 所示。还有未来系统(Future Systems)的 ZED 工程办公楼、伦佐·皮亚诺(Renzo Piano)的联合国教科文组织实验工作室(UNESCO Lab & Workshop)、杨经文的吉隆坡 IBM 大厦、克里斯多夫·英恩霍文(Christoph Ingenhoven)的德国莱茵集团(RWE AG)行政总部大厦(图 1-17)等。其中,德国莱因集团行政总部大厦利用仿生学中的结构和功能原理,从墙体结构、遮阳设施、参数化系统等方面分析大厦的生态模式,做出了"可呼吸"的建筑表皮构造。

　　从两种设计思路和实践作品可以看出,高技术的可持续建筑设计利用自然资源的技术手段不同于低技术(或传统技术)的可持续建筑,这种不同不仅表现在所使用的技术本身,还表现在对低技术原理和方法的利用是建立在科学研究和数据分析的基础之上,并且以先进高效的技术手段来实现。上述两种发展路径都是当今可持续建筑发展的重要组成部分,都是以可持续发展观为指导思想,以生态学原则为理论依据,所营建的一种既能保护生态环境,又能获得社会效益和人情关怀的建筑空间和环境形式。

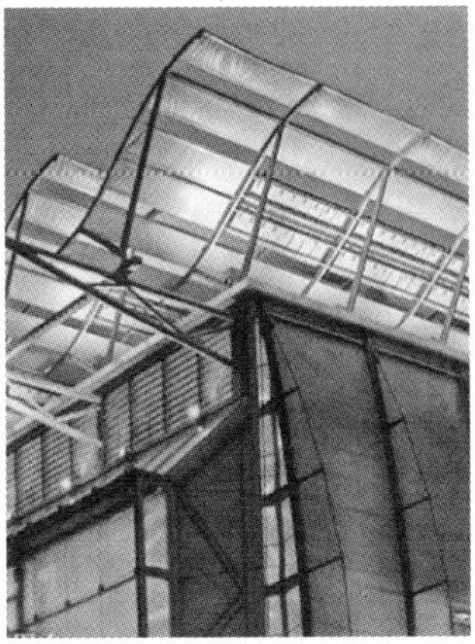

图 1-13　英国馆顶部

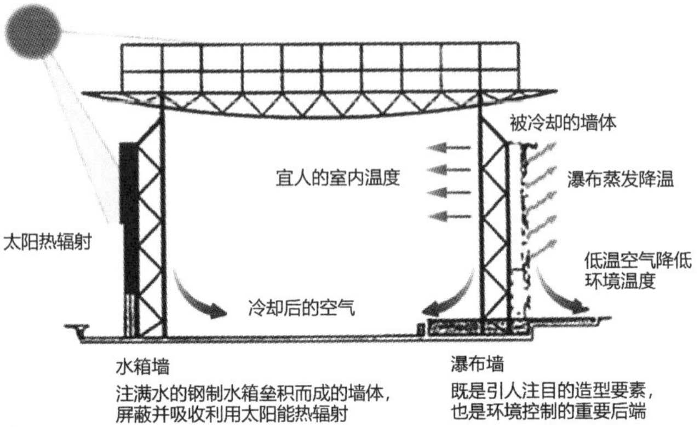

图 1-14　英国馆热量控制原理示意图

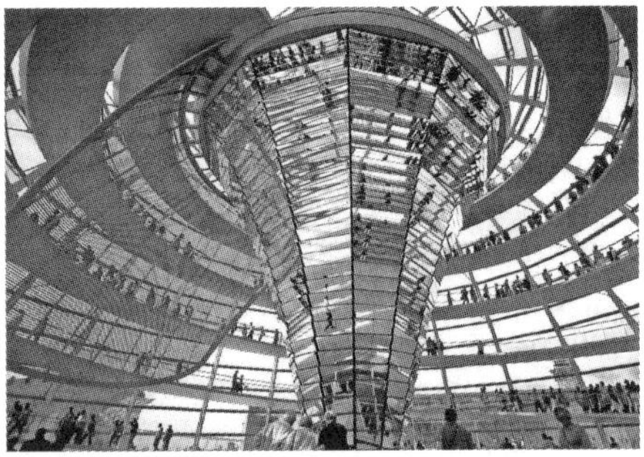

图 1-15　德国柏林国会大厦改造项目

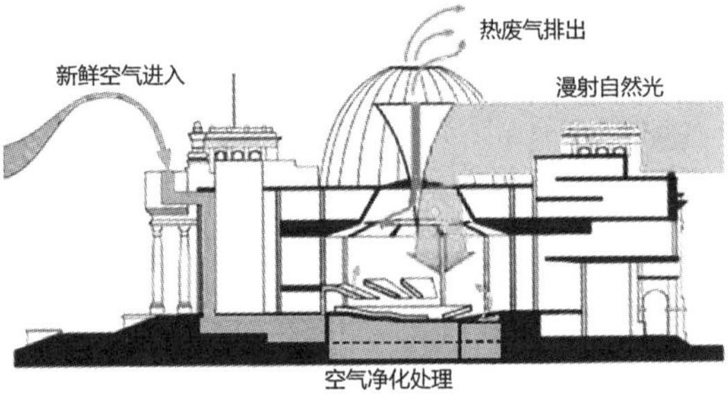

图 1-16　通风与天光照明图示

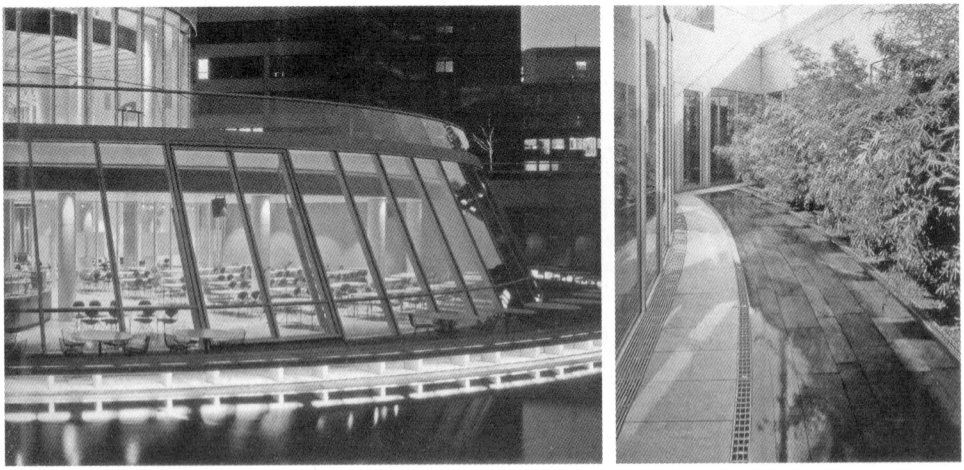

图 1-17　德国莱茵集团行政总部大厦

四、可持续建筑的发展现状

当今的生态时代以传统、科技、城市化三大主题构建其发展思维①,以生态与人文、自然与社会并重为其根本性价值取向。可持续建筑设计的技术已被定位为被动式为主、主被结合的适宜技术,既不一味追求现代高新尖端技术,也不刻意回避传统的土技术,而是针对其作用对象,能与当时当地的自然生态、经济水平和社会人文环境良性互动,并以取得最佳综合效益为目标的技术系统,它多数情况下是被动式的、简单式的技术。适宜技术的形成有利于给正在成长的可持续建筑提供一段相对平稳的发展期,尚处于探索起步阶段的可持续建筑与传统建筑相比,其涉及面已经表现出更为广泛的趋势,显然不能再把它看作某一种新的设计风格,生态绿色的介入需要更多人文情感的平衡,可持续建筑已经是一门综合了人本与自然的,多学科、多门类、多工种交叉的系统工程。它的深化发展不可能仅凭几位孤军奋战的设计师的一些言论和几件作品而实现,必然需要全社会的长期持续性重视和主体性参与。可持续建筑是未来人居环境的发展方向,是以设计师为实践主体的全社会将要为之努力的共同目标。

第四节　当代可持续建筑的特征

当代的可持续建筑以"3F"和"5R"②为设计原则,遵顺场地环境和实际条件,全面考虑空间环境和建筑本体及大环境的多重关系,借助生态化高技术和传统技术手段,以实现满足人居功能需求的建筑与自然生态的和谐。节约资源、环境友好、地域适应、整体设计、生态审美是今天的可持续建筑所表现出的主要特征。

一、节约资源

可持续建筑的建造和使用过程中以减量、重用和循环的方式高效利用能源、土地、材料、水等资源。减量是指尽量减少建筑营建和使用过程中的资源消耗量,包

---

① 詹姆斯·斯蒂尔.生态建筑:一部建筑批判史[M].孙骞骞,译.北京:电子工业出版社,2014:12-14.
② "3F"设计原则是:Fit for the nature(适应自然,即与环境协调原则);Fit for the people(适于人的需求,即"以人为本"原则);Fit for the time(适应时代的发展,即动态发展原则)。"5R"设计原则是:Revalue(再评价、再思考、再认识);Renew(更新、改造);Reuse(重新利用、再利用);Recycle(回收利用、循环利用);Reduce(减少、降低)。

括减少材料、土地、水等的使用量和能源的消耗量。重用即再利用,是指尽可能保证所选用的资源在整个生命周期中得到最大限度的利用,尽可能多次以及尽可能多种方式地使用建材、物资、设备、构件,以及可用的旧建筑等,充分实现它们的功能价值。循环就是选择资源时会考虑到其再生能力,尽可能地利用可再生资源,所选用的能量、原料等要尽量能循环再生利用,废弃物也要尽量可以自行消化分解,在整体环境中能使与建筑及其环境相关的各个系统在能量利用、物质消耗、信息传递及分解污染物等方面形成一个卓有成效的相对闭合的循环网络,以这样的方式提高资源利用效率,节约其消耗量。

二、环境友好

可持续建筑环境领域的环境包含两层含义:其一,设计区域内的环境,即建筑空间内部环境;其二,设计区域的周围环境,即建筑连接的外部环境。对内创造空间环境的宜居品质,对外保护、调节和补偿生态,保障自然生态的稳定性和多样性。设计中要考虑空间环境功能要求及使用者的生理和心理需求,使建筑空间中阳光充足、空气清新、无污染及噪音干扰,努力创造健康、舒适、优美、和谐的建筑空间环境。设计中顺应场地条件,尽可能不扰动场地环境,并适时调节和补偿生态环境;尽量使用清洁能源和可再生能源,从而减少因能源使用而带来的环境污染;选用环境友好的材料和设备,避免使用会产生污染和不易降解的材料;充分考虑如何消除污染源,更多地回收利用废物,并以环境可接受的方式处置残余的废弃物;采用环境无害化技术,包括预防污染的少废或无废的技术和产品技术,同时也包括治理污染的末端技术。

三、地域适应

可持续建筑设计把它的地理时空观——地域适应作为融入文化环境和自然环境的一个基本设计理念,因地制宜地尊重传统文化和乡土经验,特别注意传承和发扬地方的特质文化,保护人与当地环境之间的一种本然的情感联系。设计中还注重与地域自然环境的结合,适应场地的环境特征,设计以场地的自然环境为依据,充分利用场地的天然地形、阳光、水、风及植物等,将这些带有场地特征的自然因素尽可能完全地结合在设计中,同时也充分地利用空气和水的净化,废弃物的降解和脱毒,局部气候的调节等自然生态系统的服务,在人与自然的共生过程与合作关系中实现对空间环境健康性和舒适性的维护。使用当地材料不仅减少材料在运输过程中的能源消耗和环境污染,并且管理和维护成本最低,也可以体现出当地的地域特色,还能防止物种的消失所造成的主要环境问题,设计中会尽量使用最适宜于在当地生长的乡土物种和当地加工生产的材料。

四、整体设计

可持续建筑的空间与环境是伴随可持续建筑的产生而同时产生的,它们互相制约和依赖,建筑是室内外空间环境实现其功能的载体,室内和室外则是建筑结果和目的,体现其主要价值的真正所在,可持续建筑设计是把空间环境和建筑本体视为一个整体来考虑的,在这个基础上进行它顺应周边场地环境与和谐自然环境的整体设计。建筑的可持续属性体现在整个生命周期的各个阶段,所涉及内容的多样性和复杂性具有很大的时空跨度,不仅在设计初期充分考虑并利用所有的环境因素,而且确保施工过程中对环境的负影响最低,使用阶段能为人们提供健康、舒适、低耗、低废的空间,拆除后又对环境危害降到最低,并使拆除材料、设备、构件等尽可能再循环利用。整体设计还体现为设计者是一个完整主体,为了最大化地实现个性化需求,满足个人和公众的兴趣爱好,体现当地的文化,设计主体往往包括设计师、使用者、投资者和一些利益相关者或集团。

五、生态审美

可持续建筑设计认为,无论一个建筑多么符合传统审美标准,如果它不具有可持续属性,那么它一定是丑的。设计中尽可能不用或少用机械设备,而充分利用自然力来实现预期的目的,以此来达到减少人为因素对环境的破坏和融合自然的目的,原生态的、和谐自然的美是可持续建筑设计追求的一种审美意象。生态技术的发展也产生了生态技术美,许多新的生态形式本身就具有一种传统或时代的美感,建筑借助于现代化高科技设备与手段,寻求一种新的、更有利于保持生态平衡的方式,用现代技术和自然智慧相结合的发展途径让原生态的朴野情趣和未来主义技术理想结合,使科技的光芒和自然的色泽互相交汇。可持续建筑及其环境设计体现了生态智慧和科学智慧的互渗中的自然美学和技术美学的相互交融。

第五节 当代可持续建筑的表现形态

建筑的可持续设计经历了从观念发展至初具形制的自我完善过程,其当代意义可以说在物理环境与自然生态两个维度是较为饱满的,在人的心理方面亦具有了一定的关涉度,所具有的多维度价值也将慢慢凸显。当代的可持续建筑形态特征可以总体归纳为太阳能型建筑、覆土式建筑、组织形(仿生性等)建筑三种类别。

一、太阳能型建筑

建筑在对于能源的使用上可以分为开源和节流两种,太阳能的充分利用就是开源的主要路径。就太阳能的能源运用,指的是光能利用和热能利用。光能和热能都可以直接利用和转化利用,它可以直接为建筑环境提供光照,也可以为室内空间直接加热。储存转化太阳能这种利用方式,是太阳能运用技术发展的结果,它是目前太阳能利用的主要方式,如屋面光伏板的建筑一体化,正在可持续建筑设计与建造界快速铺开。从设计原理上看来,利用的是对流、辐射、导热三种传热方式和时间延迟、温室效应、热空气上升三种物理原理。我国地域辽阔,并且多数地区在全年的多数时期需要采暖,所以太阳能型建筑的广泛建造,对我国的可持续建筑发展具有重要意义。

太阳能采暖有主被动两种类型,被动式采暖型建筑是学术界比较关注的一个研究领域,主动式采暖型建筑(图 1-18)依托太阳能采暖技术而发展起来,亦发展迅猛。被动式采暖型建筑是指从太阳光的照射来直接获得热量,热量在室内空间的传递主要是以对流方式自然进行的,这个过程不依赖任何动力设备和机械做功。

图 1-18 中国太阳谷的太阳能建筑

其形式主要有：直接受益型、附加温室型、(屋面或墙体)结构蓄热型、对流环路型。主动式采暖型建筑相较于被动式来说，采暖方式一样，但供暖方式更加灵活、可受控性强。其原因在于它附设了机械装置，可以储存多余的光照，在天气条件不利的情况下，为室内空间持续供热。其形式主要有：(液体或空气)平面式集热器型、(聚集式或热泵式)集热器型、太阳能热泵型。因主动式成本更大，施工也更为复杂，故在设计中一般采用以被动为主、二者结合的方式完成形态设计。

二、覆土式建筑

土壤是一种廉价的建材且取用方便，是非常良好的环境控温材料，可使室内空间具有冬暖夏凉舒适感，好的设计可以使室内环境温度比室外滞后达 6 个月，土壤对湿度也起到一定的调控作用。覆土式室内环境建造和维护费用低、节约能源、节约土地、安全性高、和谐自然环境，还可以起到隔声密闭的空间效果。覆土式建筑形式主要有：屋顶覆土型、横向嵌入型、整体下沉型。覆土形式很早就被运用在建筑的营造中，覆土式建筑在农村和干燥地区更为多见。我国黄土高原的窑洞就是一种非常具有特色的覆土式建筑形式，成本经济、利用方便、适应自然气候、生态环保，并附有地域文化意韵，至今都具有很高的适用价值。

随着落后地区的经济发展，覆土式建筑设计在今天具有更广泛的利用空间，它在传统文化的光辉里彰显着现代气息的生命力。例如，阿尔及利亚沙漠中的覆土民居，以低碳、低成本、低消耗为设计出发点，运用新兴手法充分挖掘了生土材料与当地自然的特性，使之有更现代的表现方式。国外一些设计师针对人为环境的恶化、能源危机等问题，对覆土式建筑进行了改良，即在建筑外表面附加上一层绿色植物，同时，利用现代设备改进了传统覆土式建筑室内环境不便于通风和采光的问题。这一变化首先在视觉上也给人更舒适清新的感觉，并可提供更良好的空气，也可以在心理上减少人们对覆土式建筑室内环境阴暗、幽闭、孤独感、不利于健康等偏见。荷兰代尔夫特理工大学图书馆(图 1-19)就是一佳例，荷兰本土设计机构迈肯努事务所(Mecanoo)在该项目中综合利用屋面覆草形式和现代化辅助机械设备，很好地实现了自然光借用、引导气流、平衡室内温湿度。

三、组织形建筑

组织形建筑是从平立面空间形塑、建筑外形两个方面来实现建筑空间环境的可持续效应的。可持续建筑空间布置的合理性在于能充分利用光、风、水、声、植物等自然要素，提高空间环境微气候质量，节约资源。印度建筑师查尔斯·柯里亚

图 1-19 荷兰代尔夫特理工大学图书馆

(Charles Correa)曾言："形式追随气候。"为了获得更多的自然光和热,且夏季可以减少得热,首先要确定室内空间的开口朝向、大小与角度。就北半球一般而言,在东南、西南采光,不仅可以增加冬季室内的受热面,而且还能依据不同的使用功能的时间需求来控制室温。平面布置要保证足够的通风,交叉风、穿堂风、通风井、高空间等则依据情况而适当组织。例如在印度湿热地区,柯里亚组合了产生对流的剖面形式(夏季式与冬季式①)、内部小气候带、台阶式平台、顶上篷架的平立面组织形式,运用富有鲜明文化特色的空间语汇很好地应对了空间环境采光和通风问题。另外,为了提高空间的生态效率,也可以按照空间使用功能在不同时间的效用而定。

为达到空间环境的良好可持续效应,建筑外形式部分亦会做形态处理,通常会根据环境真实状况和需求,借助自然客观规律、科学的态度、理性分析的综合方法手段,在对人、建筑、环境及其相互作用的深刻理解基础上,设计出模仿自然形态、依循自然规律的建筑类比形式,这种形式往往有时还需要延伸至内部结构。(图1-20)这绝不是仅仅停留在求自然美的浅层行为,而是向自然生态的一次深层次

---

① 夏季式剖面是指建筑内部空间呈现高金字塔形,且开口小,顶端因烟囱效应而产生拔风现象,这适用于夏季的炎热气候。冬季式则是顶面敞开式的,呈现倒金字塔形,较大的开口可得获得很多的太阳光热,此适用于冬季的寒冷气候和温度较低的夜晚。

融合。圆形的建筑外形可以最大地减小建筑空间散热,湿热的湖边便会出现底层
架空的外部形态,它们来源于自然、依托于自然、突显于自然,却又以融入的姿态创
造着自然,某种意义上,这种形式思维才是最为根本地从整体上以大自然为基点,
系统性地体认并利用了自然,是人与自然冲突得以妥善处理的完整雏形。

图 1-20　斯图加特大学计算设计与建造研究所(ICD)和建筑结构与
　　　　结构设计研究所(ITKE)运用新颖的计算机仿真方法设计
　　　　的仿生结构

第二章　人　文　释　义

　　人文不是一个新名词、新概念,古已有之,千百年来,一直浇灌着理性、科学、技术,是建筑设计所追求的完美理想中的非常重要的一极。人文是本书的另一个关键词,是可持续建筑的另一个重心,对可持续建筑在人文意义上的本质性理解,才能开启就人文属性、特征、价值等内容的分析和探索。

第一节　何　谓　"人　文"

　　"人文"一词最早出现在《周易》贲卦(第二十二卦),"文明以止,人文也"。《辞海》中这样写道:"人文指人类社会的各种文化现象。"文化人类学的奠基人英国学者爱德华·伯内特·泰勒(Edward Burnett Tylor)则于1871年在《原始文化》中将人文定义为一种复合体,它包括知识、信仰、艺术、法律、道德、风俗以及作为社会成员的人所获得的其他能力和习惯①。著名德国文化大师吉尔特·霍夫斯塔德(Geert Hofstede)把人文定义为"大脑的软件",就是我们如何思考、行动、认识自我和他人的社会程序,大脑只是运行文化程序的硬件。人文是一个综合的概念,它涵盖了几乎所有的人类特征,包括了影响个体行为与思想过程的每一事物。它是人类或者一个民族、一个群体共同具有的符号、价值观及其规范,具有时代性、民族性、地域性、延续性、普遍性、特殊性等基本特征。人文是一套习得的核心价值、信仰、标准、知识、道德、法律和行为等,为个人和社会所共有,它决定了一个人如何思考、行动、感觉,以及对自己和对他人的看法。人文的内容组成部分包括:语言、宗教、风俗、艺术、教育、幽默感、社会组织等。从某种意义上说,人之所以是万物之灵,就在于它有人文,有自己独特的精神文化。

　　"人文"一词在《大不列颠百科全书》中的定义是:人文,是指人的价值具有首

---

　　① 张建生,张翼.商业文化学[M].兰州:兰州大学出版社,1995.

36

要的意义。人文的集中体现是：重视人,尊重人,关心人,爱护人。简而言之,人文,即重视人的文化。重视人的文化之核心——人文关怀体现为人文精神。人文精神是一种普遍的人类自我关怀,表现为对人的尊严、价值、命运的维护、追求和关切,对人类遗留下来的各种精神文化现象的高度珍视,对一种全面发展的理想人格的肯定和塑造。人文精神的基本内涵确定为三个层次：①人性,对人的幸福和尊严的追求,是广义的人道主义精神;②理性,对真理的追求,是广义的科学精神;③超越性,对生活意义的追求。简单地说,就是关心人,尤其是关心人的精神生活;尊重人的价值,尤其是尊重人作为精神存在的价值。人文精神的基本涵义就是：尊重人的价值,尊重精神的价值。所以人文就必然是人类文化中先进的、科学的、优秀的、健康的部分,即核心的价值观及其规范。它是时代背景下人们的价值观、人性观、时代精神的集中反映。人文作为衡量一个民族、一个地区的物质和精神文明程度的重要评判尺度,发展至今,在与现代技术的结合中呈现出可持续文化特征,形成一股明显的时代性人文精神,推动着人类文明向着更高层次发展。

第二节 可持续建筑之人文评释

因生态环境问题而生的人类社会实践的产物——可持续建筑始终是为人而建,应将人作为根本出发点和归结点,所服务的对象不是抽象的或单纯生理学意义上的人,而是特定社会、历史、文化中需求层次丰富多元的、有情感的、具体的人,可持续建筑必然应该是集人类社会各种文化现象之载体,承载着许多具有人文特征的功能。

一、可持续建筑的人文含义

建筑的可持续化是一个集合自然、文化、经济、精神、伦理与艺术等多重问题的复合概念,其人文意涵是非常丰富的。"诗意栖居"作为人类此在的一种理想化生活境界,自然会是可持续建筑的人文旨归,此一最高境界是可持续建筑设计所要追寻和企及的永恒理想。人类追求的最高价值理想是"真""善""美",如果可持续建筑之"真"是其实现人与自然和谐共息、持续繁荣的技术手段和实用功能,那么可持续建筑之"善""美"即其人文意涵。可持续建筑之"善"包含三方面内容：①对自然之"善",即要尊重自然、敬畏生命、节约资源、友好环境、对地区和地球生态系统的良性循环做出积极的贡献;②对社会、人类之"善",即要有益于人类和人类社会的可持续发展,它涵盖文化、政治、经济、道德、伦理等方方面面;③对人的个体之"善",即要立足于满足所有的社会成员的生存和发展的基本需求,它涉及个人兴趣、情感需求、心理满足等。可持续建筑之"美"是一种自然之美,和谐之美,生态和文明的多样之美,人之关怀的美,生命情感之美,自然美与人性美的融合——可持续之美。

可持续建筑的人文理论基点应当是人类社会与自然系统的整体观,将整个世界视为一个自然共同体,包含地球、宇宙、人类精神和不可企及的神圣为一整体,在这一整体和谐的实现中创造建筑及其空间环境的属人关怀,其人文精神既要有重视人与自然和谐的一面,又要有重视人性及其精神,用人文观照技术和生态的一面,即要让建筑可持续化的所有行动努力都能致力于营造人类现在和未来的美好绿色生活。设计行为所要进行的人文思考应当是在可持续思维下人类何以安居的问题——将人类从脱离自然的迷途中召唤回来,在人类日益散失精神家园的今天重塑我们生活世界的意义,让人的生活重新复归于自然的美好,展现社会生态和人存在的本质状态①。设计中应根据良性"自然—社会—人"复合人工生态系统的基本属性和运行特性来探讨一个属人的可持续建筑,尽可能地把人工的建筑及其空间环境与人、周围环境、自然环境,以及当地的社会文化、传统、经济等相融合,创造一个既和谐生态、保护环境,又适宜人居、满足人们物质和精神生活需求的可持续建筑,在与自然共生共息的背景中叙述我们人类的故事,为我们永续的生存和发展提供美好栖境。

今天的可持续建筑不仅仅是在保护环境方面取得了很多成绩,其可持续化过程中所产生的人文属性体现也较为丰富,可持续性与人文内涵可以说是相互交融着的,人文之中表现着可持续属性,可持续中体现出人文表征。可持续建筑的人文内涵(图2-1)在自然、社会、人三个方面都具体地有所反映。首先,从自然这一方面来看,可持续建筑在朝向、布局、形态等方面的设计充分考虑其周边的自然条件和当地的气候特征,尽量保留和合理利用现有的地形、地貌、植被和自然水系,维护生态平衡,建筑空间环境一旦建成就已经融合为自然环境的一部分,产生的是一种自然审美意境的空间环境。其次,从社会这一方面来看,认同自然价值的可持续建筑还是其周边环境乃至地区的一部分,与外部环境是协调的,并与当地的文化、政治、经济的时代特征是相融合的,具有社会生活与文化等诸多方面的内涵建构,其形式与内容是特定社会形态的缩影。所以可持续建筑必然承担着相应的社会和城

① 苏彦捷.环境心理学[M].北京:高等教育出版社,2016:398.从环境心理学的角度来看,人所身处的周围环境的非物质性一面是非常重要的,人对建筑环境的需求,不仅仅囿于刺激的物理要素,也关乎于这个要素有什么样的意义,人对建筑环境的反应,也不仅仅是对某种割裂的"特质"的反应,而必然是整体的反应。

市功能,以高资源利用率、最小人工维护成本、传承和发扬文化、人本关怀的伦理责任以及适度消费的引导教化等可持续设计思维,共同履行着发展、公平、合作和协调等社会使命,设计行为的和谐性体现在局部和整体、眼前与长远、资源利用和环境保护以及人与人的关系上。此外,从人这一方面看来,存在于人的理解和体验之中的可持续建筑是因为与人建构起生命情感之关联性而达成它的意义。可持续建筑最终是要满足个体人的生理和心理需求,表达个人的情感和志趣,它对空间

图 2-1 可持续建筑的人文内涵

情感的构建不止于传统建筑空间的居住过程中的情感积淀、集体和文化的归属感,以及器物情感等,更多了一层融合自然的物我同境的生命情感体验,这种人和物的同构与超越感召着人去体悟融合自然、自我节制、舒适有度等绿色文明之精髓。可持续建筑及其空间环境的"绿色"人文内涵除了满足一般的生理、心理需求外,还使人能全身心地愉悦于自然本真的超然意境。可持续建筑是一种赋予了可持续精神的上升到更高境界的当代建筑,所具有的人文内涵与传统建筑相比,在对其的扬弃中发生了一些变化,也产生了更宽广的含义,在物质文明与精神文明方面的丰富性综合体现使可持续建筑仍然是人类文化总体中不可缺少的一个组成部分。

二、当代可持续建筑设计的人文缺失

如果技术手段和实用功能是可持续建筑的现实基础,那么人文内涵则是可持续建筑及其空间环境的灵魂。从一定意义上来说,可持续建筑是其人文意涵的物化形式;离开了人文思想的引导,可持续建筑的设计活动、普及推广、衍变进化都不可能健康发展。目前可持续建筑的生态技术生成和落地较快,实践中友好环境、和谐生态的成功案例也在不断产生。然而,人们对可持续建筑的人文含义的研究却较少,在人们的心目中还没有比较成熟的可持续建筑之人文观念体系。脱胎于早期的生态设计而发展起来的当代可持续建筑设计大多仍是用技术堆砌的方法来达到降耗节能的目的,总体上仍然侧重于自然环境和生态伦理。除了少数视野开阔、

有人文情怀的学者和设计师,如学术建筑师西蒙·盖伊(Simon Guy)和从业者/研究员格雷厄姆·法默(Graham Farmer)合作,通过解析可持续建筑话语中的具体修辞方向,并从领域内的明显优势来定位自己的努力目标和范围①。大多数业内外人士仍热衷于重点研究如何保护生态环境又实现健康舒适的生活,如何高效减量地使用材料、物质和水,如何持续性地利用自然能源和新型能源,如何教导我们过一种可持续的生活方式……似乎很好地解决了这些问题,人类便可得以永续地发展和繁荣。目前对可持续建筑的人文含义研究较少,设计对人文关怀的考虑不够也不全面,人文发展落在了和谐环境与生态技术进步的后面,可持续建筑存在自然属性与人文属性略显失衡的问题,可持续建筑的深化和发展应当是技术与人文、生态与人文齐步并行,不可有偏颇,这才能真正体现出可持续的含义。此为笔者在查阅设计资料和进行了广泛调研之后,于2014年10月在一篇研究报告中提出的一个问题。

无独有偶,近年来,在笔者查阅文献资料的过程中,在学术会议上与国内外学者交流的过程中,都发现这样的一个现象:随着可持续设计技术在世界各地不同程度的发展和日益成熟,国内外越来越多的知名设计学者和实践者在转向关注可持续建筑发展的人文缺失问题,并积极呼吁;世界各地也都有少部分研究者和设计师开始在重点关注生态文化、人文生态、社会可持续、均衡发展、社会生态、商业可持续、环境美学等领域。(表2-1)与此同时,在笔者利用寒暑假和工作之余的时间,对国内外许多地区的可持续建筑发展情况进行考察时,也确实可以体察到这种微妙的变化。

表 2-1　世界各国研究者们关于可持续建筑人文问题的典型研究成果

学者	单位	职务	论文/专著	期刊/出版社	时间
克利须那·巴拉西(Krishna Bharathi)	挪威科技大学文化跨学科研究系(欧洲顶尖理工大学)	研究员/知名建筑师	《引入复杂性:绿色建筑设计的社会科学方法》(Engaging complexity: social science approaches to green building design)	《设计问题》(Design Issues)(AHCI, MIT世界顶级设计期刊)	2013年10月

---

① Bharathi K. Engaging complexity: social science approaches to green building design[J]. Design Issues, 2013, 29(4): 82-93.

(续表)

学者	单位	职务	论文/专著	期刊/出版社	时间
大卫·布罗迪 (David Brody)	美国帕森斯设计学院(世界顶级设计学院)	教授	《绿色环保：酒店、设计和可持续发展的悖论》(Go green: hotel, design, and the sustainability paradox)	《设计问题》(Design Issues)(AHCI, MIT 世界顶级设计期刊)	2014 年 7 月
格瑞纳·普拉托维茨 (Grazyna Pilatowicz)	纽约州立大学时装技术学院(世界著名设计学院)	副教授/环境系主任	《室内设计的可持续性》(Sustainability in interior design)	《可持续：实录杂志》(Sustainability: The Journal of Record)(美国可持续专业期刊)	2015 年 6 月
褚冬竹	重庆大学建筑城规学院	教授/副院长	《可持续建筑设计生成与评价一体化机制》	科学出版社	2015 年 6 月
陆邵明	上海交通大学船舶海洋与建筑工程学院	教授	《空间·记忆·重构：既有建筑改造设计探索——以上海交通大学学生宿舍为例》	《建筑学报》(CSSCI,国内顶级建筑期刊)	2017 年 2 月
阿尔诺·施吕特、亚当·雷萨尼克韩冬辰	苏黎世联邦理工学院(世界著名理工大学)、清华大学建筑学院	教授、教授、博士生	《基于下一代可持续建筑的协同系统设计》	《建筑学报》(CSSCI,国内顶级建筑期刊)	2017 年 3 月

关于可持续建筑的人文问题的许多发声,时间上多半晚于笔者,有讲宏观问题的,也有说细节问题的,有讲原则方法的,也有说策略评价的,有讲设计实验的,也有说实际案例的,现将上表中的六个代表性论断详述如下：

（1）世界著名设计学院美国纽约州立大学时装技术学院(Fashion Institute of

Technology，State University of New York）的格瑞纳·普拉托维茨（Grazyna Pilatowicz）[①]所一直坚持的观点，与笔者是完全一致的，她认为："直到最近，致力于建筑环境可持续的努力主要集中在建筑系统性能和保护资源上"，"环保的优良设计决策必须应是基于对人的身体和心理精神需求的理解"[②]。

（2）美国知名执业建筑师克利须那·巴拉西（Krishna Bharathi）同样与笔者持有完全一致的观点，他指出：社会和环境利益一贯鼓励着眼于整个城市，形成设计问题和设计规划的构架，而非认为设计对象的作用范围仅仅局限于建筑本身。很久以来，建筑设计的灵感一直来自对建成环境的追求，同时权衡环境、社会和技术目标。然而，在拥有绿色抱负的现代设计实践中，这些利益往往主要向建筑的技术考量倾斜[③]。

（3）重庆大学建筑城规学院褚冬竹的论断与笔者类似，并且比笔者走得更远，关注的内容更为广泛，他指出："建筑设计程序与生成研究多为传统建筑学科内部的问题阐释，对新学科融入的关注度不够，对新的经济、社会、技术影响缺乏深度剖析，多集于通用性的、普适性的设计研究，针对建筑的地域性、差异性，以及建筑师个体差异性的研究仍显不足"，"绝大部分可持续建筑设计原则、方法将焦点较多地落在环境、节能等要点上，而对于更为广义的可持续性与建筑品质反映不足"，"当前绿色建筑评价体系多为加分模式，功利性强，对系统、平衡的观念难以体现，评价结果与真实状况仍有差距"[④]。

（4）世界顶级设计学院美国帕森斯设计学院（Parsons School of Design，The New School）的大卫·布罗迪（David Brody）以服务设计的视角为切入点，道出了设计所制造的环保与以人为本的冲突问题。他借助大量的访谈资料和实际案

---

① 格瑞纳·普拉托维茨是从事可持续建筑环境研究多年的美国资深学者，早在1995年就独撰出版过专著 *Eco-interiors：A guide to environmentally conscious interior design*。

② Pilatowicz G. Sustainability in interior design[J]. Sustainability：The Journal of Record，2015，8（3）：101-104. "Until recently，sustainable built-environment efforts were mainly centered on the performance of buildings' systems and on resource conservation." "Well-designed healing environments must be determined by an understanding of physical and psychological human needs."

③ Bharathi K. Engaging Complexity：social science approaches to green building design[J]. Design Issues，2013，29（4）：82-93. "Notably，social and environmental interests consistently encourage a framing of design problems and planning on an urban scale，instead of conceptualizing the design objects as functioning solely within the scales of the building." "Architectural building design has a long tradition of drawing inspiration from and aspiring to balance environmental，social，and technical aims in its aspirations for the built environment. However，in modern practice with green ambitions，these interests are often skewed toward primarily technical considerations within the building scale."

④ 褚冬竹.可持续建筑设计生成与评价一体化机制[M].北京：科学出版社，2015：24-25.

例①,具体说明了无心而为的"漂绿"困境对酒店的舒适满意度、工作流程、社会就业、员工福利、酒店与劳工和客户的关系、员工生活方式等造成的影响是非常负面的,并指出这些问题"应该外推到其他领域,那些无可争议的'绿色'实践大旗其实值得怀疑"。"……在需要改变我们的生态观和工作现实之间,……必须充分认识到设计所带来的后果。"②与此同时,他还提出了将可持续建筑的评级系统移植到人文领域的一些设想③。

（5）上海交通大学的陆邵明指出:"国内关于'宿舍''改造'的现有研究成果中,主要关注'节能''网络''结构'等技术关键词,而对于其日常空间意义、文化记忆的关注极少。同时,在大学校园建设与日常运行中,宿舍这一集体记忆场所往往被我们的教育者、管理者、建设者以及设计师忽视。在宿舍日常的维修改造工程中,除了刷涂料、换家具之外,却忽略了宿舍中所蕴含的丰富多样的日常生活、集体记忆及其文化信息。如何在宿舍改造中提升空间的人文品质是一个普遍性的命题。"④

（6）世界最著名理工大学之一的苏黎世联邦理工学院（Eidgenössische Technische Hochschule Zürich）的阿尔诺·施吕特（Arno Schlueter）、亚当·雷萨尼克（Adam Rysanek）和清华大学建筑学院的韩冬辰通过实证研究"验证'3for2'⑤

---

① Brody D. Go green：Hotels, design, and the sustainability paradox[J]. Design Issues, 2014, 30(3)：5-15. 论文中实证研究的重要内容："Auden Schendler, Vice President of Sustainability for Aspen Skiing Company, is very open about the conflicts that arise between green initiatives and hotel labor." "Although many guests embrace these ideas；some, understandably, do not want their vacations interrupted by the guilt that can attend sustainable thinking." "None of the house-keepers intimated a sense of pride in the program's ecological effects. Instead, the message that accompanied their organized action stressed the human-centered aspects of daily work that Starwood ignored during its implementation of a presumed ethical set of practices."

② Brody D. Go green：Hotels, design, and the sustainability paradox[J]. Design Issues, 2014, 30(3)：5-15. "… should be extrapolated into other arenas where the unquestioned flag of 'green' praxis needs to be interrogated." "… between the need to change our thinking about ecology and the realities of work." "… being aware of design's consequences come to life."

③ Brody D. Go green：Hotels, design, and the sustainability paradox[J]. Design Issues, 2014, 30(3)：5-15. 论文中对人文评级系统的设想："Specifically, the union itself could rate its employers and issue a union 'rating' similar to the well known diamond and star systems used by travel providers." "Along these lines, UNITE HERE created its Information Meeting Exchange (INMEX) system, which is a web-based resource that allows conference planners to see the ways in which various hotel properties treat their workers. Tufts wants a similar system in place that would help guests understand just how genuine a corporation is being when it comes to green practices."

④ 陆邵明. 空间·记忆·重构：既有建筑改造设计探索——以上海交通大学学生宿舍为例[J]. 建筑学报, 2017(2)：57-62.

⑤ 阿尔诺·施吕特, 亚当·雷萨尼克, 韩冬辰. 基于下一代可持续建筑的协同系统设计[J]. 建筑学报, 2017(3)：107-109. "3for2"作为新加坡环境委员会（SEC）未来城市实验室正在进行研究的部分内容,是在东南亚联合世界学院（UWCSEA）进行的一项实验项目。它旨在跳出将能源效率作为设计和研究的概念出发点,探索达到更多期望目标的可能性。

概念在高密度人居热带城市的可持续潜力,从而揭示协同系统设计应超出提高能源效率的研究范畴,通过提升空间品质、设计适应性和使用舒适度,实现全生命周期的经济效益。""提供经济杠杆作用和优良建筑品质,来满足实现可持续性的三大支柱内容。"①

当今的可持续建筑设计虽然涉及了地方文化和历史传统的发扬问题,设计中注重文脉设计的观念;同时也诉诸经济节约的设计手段,为社会财富的积累做出了一定的贡献;还有一些设计师在社会弱势群体的居住和人伦关怀问题上有一些探索;并且近年来关于建筑设计美学的主基调也正在转向生态美学、自然美学。但对于建筑的生态美在何种程度上得以真正存在的可能性还未达成一致共识②,关于文化内涵的展现、心理结构的对位、精神情感的反映、伦理道德的构建、经济效益的创造、生活方式的体现等重要问题,建筑的可持续设计策略在这些人文关怀方面所给予的关注还远远不够。毕竟人自身总是物心交融的自然人与社会人合一的,这才是建筑的核心所在,舍此即堕荒谬。如何让出于自然生态考虑的设计策略尽可能地具有创造属人空间场所的意义,可持续化的每一个步骤都能最大化地观照和实现人本身,使可持续设计的自然属性和人文属性同时生长,并最终不偏不倚地回落到人这一原点上,对此问题的认识和设计思路并未完全清晰,人文理念及其表达在可持续建筑中的缺失已是一个亟待解决的问题。

事实上,当代人的生活即面临着人文关怀缺失这一严重问题,生活环境极度恶化,社会现状令人堪忧,人心失所,精神荒芜。可持续建筑具有它丰富的人文内涵,设计要把视野拓展到自然和人文两个领域,不仅要考虑自然资源、自然环境与自然生态问题,还要研究可持续的人文资源、人文环境与人文生态问题,积极去发现和表现出可持续建筑的人文意涵,并将人文尺度作为评判建筑真实价值的根本标准。在设计中运用生态系统的观点和方法妥善处理空间环境与自然环境之间的相互关系的同时,还应关注绿色策略和生态技术的人文生态品质,结合人的生理、精神现状以及理想进行的整体性建筑环境设计,让每一次绿色技术进步和方法创新都伴随一次人文精神的飞跃。可持续建筑所应获得的最佳综合效益即要在生态伦理与属人特质的平衡中展现出更多的人文观照,充分地诠释和呈现出人之生活的内在价值,让人在建筑及其空间环境中体认到更加丰富、立体、全面的生理和精神关怀,为当代人的生活增添幸福感,帮助我们重塑照顾人生活本质的人文关怀。

---

① 阿尔诺·施吕特,亚当·雷萨尼克,韩冬辰.基于下一代可持续建筑的协同系统设计[J].建筑学报,2017(3):107-109.

② Jauslin D. Landscape aesthetics for sustainable architecture[J]. Atlantis, 2012, 22(4): 14-17.

第三章 人 文 旨 归

文艺复兴以来的笛卡尔式线性思维,牛顿力学影响下产生的机械论世界观,技术革命带给我们的巨大信心,这些都助长人类中心主义,人类傲视自然,世界范围内羁绊建筑的伦理观逾千年,人工建筑环境已变成资源消耗和环境污染的主要原因,造成今天的生存环境被破坏,人有被自然剥离的趋势。人们兴奋地沉溺于技术发展,它以摧枯拉朽的迅速使人们迷失了方向,人类自身都被全面异化为价值系统的符号和资源化的工具,历史、传统、文化在技术面前显得如此脆弱,我们痛失精神家园,在家却"无家可归"。资源枯竭、环境污染、生态失衡、精神空虚、人类异化,等等,这一切动摇着人类生存的根基,引发伦理恐慌和道德观的重建,生态伦理学家、诗人、艺术家、哲学家开始批判人类中心论和技术崇拜,寻找人类的未来出路。这些变化正把人类文明推向生态时代,可持续观念已是全世界的发展之道,作为挽救人类栖息地的中坚力量,建筑以可持续的姿态登上历史舞台。它以可持续发展观为思想指导,强调人、建筑、环境三者在和谐的基础上,整体地可持续发展,其人文宗旨即应当是为人们营造诗意栖居的生活意境,谋求人类的美好生活,不但要挽救我们的生存环境,还要重建我们的精神家园。

第一节 当代人的诗意栖居

"诗意的栖居"见于弗里德里希·荷尔德林(Friedrich Hölderlin)的诗句,因马丁·海德格尔(Martin Heidegger)为之赋予哲学阐述而变成一个内涵丰富的命题,成为联系历史又指向未来的愿景构想。而诗意栖居的人居思想可以追溯到中国古代老子的"小国寡民"理想,庄子的齐物与逍遥思想。陶渊明那若现神话般超然洒脱之境界的诗句"采菊东篱下,悠然见南山",可谓描绘诗意栖居意境的千古绝笔。诗意栖居理念在当代受到可持续发展观与和谐思想的影响,它是人成其为人的生命完全展开状态,是真实的自由本真生存,是人与自然和世界的一种诗性融合状态。在生存和精神双重危机的今天,人类需要生活中的终极人文关怀,诗意栖居思想可谓时代痼疾的一剂良药。我们可以从自然、社会、个人三个方面来解读当代人何以诗意栖居。

一、人与自然

人类发展已呈现出未来的不确定性,更糟糕的是环境问题已使人类退守于种种生存危机,有些宗教家和哲学家开始提出以"可持续生存"代替"可持续发展"。生态意识觉醒的人们开始探索自然和人的亲密关系,与自然和谐是诗意栖居的基础。海德格尔认为栖居就是"筑造",他所言的"筑造"除建立建筑物的筑造外,还有保养生态的"筑造",就是保护和关爱意义上的"筑造",诸如耕种土地、养护农作物等,栖居的基本特征就是这种保护。海德格尔认为栖居只发生为聚集天、地、神、人四重整体的保护,栖居的最重要内容就是人与自然的亲和友好,保护自然万物的本真。这要求我们认识到善待自然就是善待我们自己,彻底摆脱人类中心主义,突破物我主客限制,追求人和自然双重解放的道德律令,承认自然万物没有等级优劣的和合之道,才能使我们自觉保护自然。保护自然就是要遵循自然规律,老子认为自然才是存在于道、天、地、人之中的最高准则,所谓"道法自然"就是效法天地自然之规律,"自然"就是自然而然的状态,是自然万物最本然方式的存在和运行规律,它就切实地发生在我们身边,其规律就存在于大自然中,存在于我们每天亲历的真实世界中,我们理应去发现和遵循自然的规律。人若要能从根本上依自然规律而为,则必须深深地融入自然、理解自然、爱上自然,情感上把自己当作自然的一部分,聚集万物而化一,达到天人合一的回归自然之本真境界。我本生于自然,我的存在就是自然的现象,我即自然,自然即我,与自然共发展、协同进化,成为进化过程中的良性酶,利用和调节生态自然进化中的互利共生和竞争排斥等影响,促进生态万物的和谐共生,寻求人类社会与自然之间演化的动态和谐。在这个过程中,人们会认识到融合自然而生的魅力,众生命间的协同关系,在自然中与生境所表现出的演替形式才是生态的美,空气、水、能量在生命过程中相互协调就是自然的美,是万物的灵动创造着美,诗意栖居就是享受与大自然和谐共生的意境。

二、人与社会

技术时代带给我们"无家可归"的命运,我们的历史传统被抽离,人被抛入这个眼花缭乱的物质世界,思想躁动、物欲横流的世界迷惑了我们的心灵,众人像玩偶一样在生活的舞台上表演每一天,追逐物质享受和名誉光环,人的自然神性被湮灭尘封。人在得到所追求的东西后依然很迷茫、很失落,依然活在"荒野"而"无家可归"。"终身役役而不见其成功,苶然疲役而不知其所归,可不哀邪!"(《庄子·内篇·齐物论》)然而社会发展已使人不可能像古人那样真正地诗意栖居于返乡生活,社会人不可能完全免受外物的束缚和牵绊,但今天总是历史的承袭和演变,社会意识总是历史文化的产物,现代社会生活追求乡间本真的诗意栖居本质没有变化。事实上正是民族历史文化使今天的人具有社会认同感,它维护着社会的和谐,我们的社会必须保护和传承历史文化。而面对现代社会中浮华空虚的各种利益诱惑,我们应该少一些虚荣心,少一些功利心,以义统利,见利思义,重义轻利,安于本分,尽心做好分内之事,履行自己的社会责任,正确的道德价值观使我们拥有一颗平常心,不为他人而活,不沉沦在他人的言行中,"安时处顺,穷通自乐"(《庄子·养生主》),处世而保持内心的纯洁、朴实、宁静。这才能保持生命的不落世俗,不落世俗的生命才是真实的生命,这样的社会才能避免人的工具化和符号化。栖居者澄明于天地,诗意之中应有仁爱,关爱他人,以仁爱推己及人,仁爱之心是我们身处社会而心安的法宝。"仁"被孔子推为最高社会道德标准,把"仁"视为人类德性的存在,孝悌乃"仁"之本,即我们应从孝顺父母做起,关爱子女和兄弟姐妹,再到恩惠于身边的人,以仁爱处世,心向他人而与人为善、宽以待人、认同他人,以礼制道德规范自己,心存他人利益,最后到"达则兼济天下",即爱天下人、济世安民。这种高度的社会责任感产生于仁爱之中,安定有序的社会秩序自然形成,这也是社会关系的最高境界。人在充满历史文化和人文关怀的暖意社会中能诗意地完全展开生命,劳绩之心灵得到慰藉,和谐的社会环境俨然已是人的诗意栖居之境。

三、诗意的人

不论生态学和现代哲学如何强调人与自然平等,奥尔多·利奥波德(Aldo Leopold)甚至在《大地伦理学》(1933年)中提出生态中心论,但这些主张的终极关怀依然是在世之人的生存状态,正如生态学家弗·迪卡斯雷特所指出的,只有把人和自然界相互作用的演变作为统一课题来开展研究,才算找到生态学的真正归宿。事实上,只有人才是拯救地球的良性酶,人的正向度改变才能有自然生态和谐,社会和谐进步,人在一定程度上仍有关键性作用。而"人类此在其根基上就是'诗意的'"①,人有着超越有限生命和向诸神亲近的赋性,能将思想重心转向纯化的精神领域而趋向神明。海德格尔认为这种诗意使栖居呈现着和谐与保护的品质,它

① 海德格尔.荷尔德林诗的阐释[M].孙周兴,译.北京:商务印书馆,2000:46.

使人能够成为地球的良性酶。德国思想家歌德认为"期望十全十美是人的尺度",人除了具有自然之子和社会成员的属性,善待自然与和谐社会之外,作为诗意的人这还存在自我的精神追求,生活不是无止境地去填补贪欲的无底洞,这样只会使自己被外物所役,变成一个劳累的陀螺,老子言"见素抱朴,少私寡欲"(《老子》通行本第十九章),人的生活可以清贫,但不能没有诗意。诗意就是我们对人生在世的本质的追求,像旅游、阅读、回溯历史、家族寻根之类的文化活动,具有闲情逸致的业余爱好都能够慰藉我们的心灵,从中认识自我,找寻自己的根,体悟到生命的真谛。看淡眼前的光环,放下纠结的利禄,放慢生活的节奏,忘却现实的累,使心平静,任思绪在时空的来回中自由去寻觅生命的本真、人性的诗意,美丽的精神家园就在我们身边,心安之处便是家园。坦然地接受眼下"无家可归"的不圆满,以尼采那赞美生活的"酒神"精神来接受人生的反复无常,并进入这种无法摆脱又不可以抗拒的困境中辛勤地劳作,争取安逸的生活,既"有所待"亦"无所待",勤勤恳恳、安宁而悠然自得地度过每一天,让自己从沉沦的世俗生活向纯朴本真的日常生活回归。不为外物而累,不为他人而活,"复归于婴儿"般的"葆真"状态,将有限的人生持存于无限的超越,达到心灵的自由境界,使自己的生命得到升华。诗意栖居不仅是我们追求的终点和理想,人生就是这样一次追寻诗意的旅程,在执着的道途中感悟天地之道,此在之意义,使澄明之身无限亲近于神明之圣洁,正是这份诗意使我们栖居在大地上、天空下。

第二节　可持续建筑的终极人文关怀

海德格尔说:"我们通过什么达于安居之处呢? 通过建筑(Building),那让我们安居的诗的创造,就是一种建筑。"①海德格尔认为悉心建造的能展现建筑人文关怀之本真意义的建筑环境就是栖居的途径,它使人在大地上、自然中显现、存在并诗意地生活,而人一生的大部分时间又恰恰是在建筑空间中度过,建筑及其空间环境理应在很大程度上承载起人诗意栖居的生活向往。在时代文化的影响下,今天的建筑已经是可持续性质的,它把人和自然、社会紧密相连,建筑环境是一个联通自然、契合环境、融合人的情感、聚集人文文化元素的场所空间,从展现和谐的时代

---

①　海德格尔.人,诗意地安居:海德格尔语要[M].郜元宝,译.2 版.桂林:广西师范大学出版社,2002:71.

精神、承载民族的历史文脉、寄寓人的生命情感此三个向度来看,当今的可持续建筑具有它的人文属性,可以在不同程度和某种意义上给人以诗意栖居般的终极人文关怀。

一、可持续建筑展现和谐的时代精神

可持续建筑的和谐性是今天时代精神的缩影,它的设计理念体现着保护生态、和谐环境、追求与自然相融合的意境,也考虑很多伦理道德问题,担负着许多社会责任,主张把人类社会和自然生态相结合,这都有利于社会的和谐进步和持续性发展。可持续建筑设计只为满足人的基本需求,强调资源节约高效、无废无污的使用方式,做好节水、节地、节能、节材,减少各种资源的消耗,同时对建筑资源充分利用和回收循环。适度舒适标准节制非必需的感性需求,人机工程学和心理影响方面会特别考虑老人和残障人士等弱势群体,如在医院建筑中,用生态化绿色手段打造令人心情愉悦的环境,抚慰人的情绪,帮助病人尽快恢复健康。建筑设计在非线性整体思维维度中和谐自然,构建不可机械分割的生态环境整体性。因为在任何时段的环境影响都会反映在整体系统的其他部分,设计考虑建筑及其空间环境的全寿命周期,在决策中考虑宏观和微观环境的相互影响,以动态思维把设计面向适应未来的可能,还以开放的姿态请客户参与设计过程;以时空观整体审视建筑,将空间环境开放式地融入自然甚至成为环境部分和自然景观,选材上会考虑物件的原料来自何处,是否破坏了环境,如杀虫剂的使用,甚至关心生产环境的安全性等问题。空间环境把人、空间和环境融合成一个整体系统,一个自组织、自调节的开放系统,一个能量传递和物质转换的循环系统。在物质流、能量流、信息流的交换过程中,运行建筑系统功能,在设计方法上日渐强调有机和再生的自然循环,注重策划和协调空间环境本身在生态环境和社会环境中的适当位置,促使生态系统整体向稳定、复杂、高秩序的低熵方向发展。此间,符合生态规律的美学观自然产生,建筑的语言有了新的美学范式,将在新的语境中审美思维通过人化的自然和自然的人化这一辩证的劳动创造,达到人、空间、环境的和谐,营造着生态美学标准的栖居环境,把美化自然环境和美化人居环境作为倾情自然的本真追求,让人与自然共舞,奏响自然的乐章,抒写生活新的史诗。

二、可持续建筑承载民族的历史文脉

民族的历史文脉联系着今天的文化和当地的历史,民族历史文脉就蕴含在今天的文化中,它是当下社会文化的基因,今天的文化是无数历史的结晶,割断文脉等于毁灭未来,文化的共识是社会和谐的基础,可持续发展高度依赖于历史文化的保护和传承。每个现代人都生活在历史的影响下,我们所有的语言、行为、习惯都是历史沉淀的文化产物,民族历史是我们的根,了解历史才能认清自己,理解现世,使我们感到归宿和安宁。可见历史文脉对我们开启诗意之思的旅程是何等重要。可持续建筑的营造从来就不是个人行为,设计的构思与创意也都不是凭空产生的,建筑有它自己的前世今生,是一段过往文明的载体,历史通过各种不同时代的空间环境呈现出来,建筑及其空间环境不自觉地传承着历史文脉,很多历时性的建筑空间本身就是一个历史和文化博物馆。一座废弃厂房改造成博物馆,仍保留着废旧和工业的气息,这就是一种可持续的历史文脉继承行为。某些建筑环境的空间精神本身就发扬着传统文化,用现代文化形式诠释着复古的历史感。一个分隔又通透、封闭又开敞的空间,或虚或实的围合都能增加开阔感,借廊、台、庭院等过渡性空间,把自然环境引入室内,室内外好似宛自天成的有机整体,这是对中国古代"天人合一"思想的回敬,用自然的生态手段营造"神似"的意境,让在场者感受着中国传统民族文化的魅力。很多传统纹样和饰物常被用于建筑形态设计,作为符号隐喻或是直接作为装饰物,如民族图腾挂件置于内部空间,既有形式美又有文化感。可持续建筑设计要通过实地考察,了解当地历史文化和社会特征,探索地方文化内涵与空间环境的契合点,结合当地社会和生态环境,延续地方文化与民俗。这些文化与环境特点都是日后创意的某些重要元素,当地域特征被完全体现时,建筑形式会自然产生,是当地文化、气候和周遭环境塑造着建筑空间本身①。可持续设计在无意识中已经使建筑承载了民族的历史文脉,给向往诗意栖居的当代人以精神支持,帮助我们展开"回家"的旅程。

三、可持续建筑是人生命情感的寓所

人的生命情感是我们真实感觉和现实经历的抽象化反映,总是要以对象化的方式才能表达出来,作为诗意栖居的载体,可持续建筑不仅为人提供一个生存栖居的空间,它还是人生命情感的对象化体现方式,它蕴含着人类的精神和情感,作为文化产物的同时也具有表达能力。人在空间中就是在和建筑及其环境进行交流,这是一个人将情感建构到环境中,又体验着环境本身的过程。空间环境的精神或氛围就是人诉诸情感的存在方式,我们总是希望建筑环境的营造能融入生活的美

① Fathy H. Natural energy and vernacular architecture: principles and examples with reference to hot arid climates[M]. Chicago: The University of Chicago Press, 1986: 3-5.

好愿望,如家庭美满、吉祥如意、事业兴旺等。生活就是人生命情感的积淀过程,居住就是空间环境之于人生命情感的保藏过程,生活过的房屋就是人记忆发生的场所,建筑空间就是一部生活史书。建筑为我们诠释的或是人的生活阅历,或是人的文化涵养,或是人对艺术的理解,或是人对生命的期许,等等。我们走进一间房屋,空间布置和陈设已经在向我们讲述着主人的故事,透露着主人的品性和志趣。正是诸如此类的文化构建,使空间环境富含了人文文化,寄寓着人的生命情感。我们说一个建筑有情感,就是在说空间的表达能力,它传递的信息引起人的感觉,这种抽象模糊的刺激形成人的感知,这一建筑体验就是一种有意味的空间环境的产生过程,意味提供一种气氛或一种功能暗示,意味的存在使我们真正置身于空间环境的体验中。建筑理论家克里斯蒂安·诺伯格-舒尔茨(Christian Norberg-Schulz)认为正是这种有意味的场所,帮助人们实现栖居。我们在建筑环境中的意味体验,取决于人对空间的情感塑造,也取决于在场者的认知,走进一个不符合我们文化价值观的空间,我们会感到不自在。可持续建筑要求人持守自然的生活方式,唯有以可持续观念的人生情感作为空间环境的大背景,将健康、自然、和谐的价值观融入建筑之中,才会得到积极的建筑情感体验。人在享受舒适、愉悦的空间环境时,还追求不断的超越,即人的诗意所在,渴望感知天地、观照宇宙,将真善美的永恒理想寄情场所空间,走向更高远的生命体验。可持续建筑不论是从形式还是内涵,都是人生命情感的最佳寓所,寄托人的生命情感,给人更宽广的生命情感体验。

第三节　可持续建筑的人文取向

诗意栖居是时代的诉求,也是历史文化的产物,此游走于历史与未来之间的神秘之物在当代社会具有丰富内涵。人与自然和谐、社会人际和谐、自我心性和谐,社会是存在于自然中的人类文化集合体,人、自然、社会是一个整体,人必须是栖居于自然和社会文化认同中的人,一个自由而全面发展的人既是一个自然人也是一个社会人,人的诗意化就是人在理解他人、善对社会,认同自然、融入自然中的自我实现过程,人的归属感和人生追求只存在于整体联系的世界中,"绿色"生活是当代人企及诗意栖居的唯一道途,这就是生态时代的人诗意栖居的图景构想。诗意栖居可能仍然是一个很难企及的绝美境地,就像陶渊明的世外桃源、柏拉图的理想国,但它们都是出于时代困境的忧虑,都是一个时代的宝贵精神财富,美妙的诗意是家园的根基,家园是诗意的寓所,诗意栖居指引着当代的我们构建生存家园和精神家园，走向更为高远的本真生命体验。

可持续建筑遵循着自然生态的规律，并和谐着自然环境，体现着社会责任，也传承着历史并发扬着文化，寄寓和升华着人的生命情感，也是人心灵的归宿，在和谐的时代精神、民族的历史文脉、人的生命情感三个向度上表现出不同程度的人文关怀，可持续建筑以一种融合与聚集的力量处理着了人与社会和自然的三者关系，把平凡之人、社会人文风貌、自然生态环境整合为生活里无所察觉的平常性，使我们的建筑及其空间环境或多或少地透露着自然和人文的亲切感，这都积极作用于人类和自然的协同进化、社会和谐发展以及人的自由全面发展，有利于呈现一个自然、社会、人之间本然和谐的美好生活家园，进而让人得以真正拥有"归家"感。当今的可持续建筑从历史文化到当代精神，从社会到个人，从宏观到微观，体现出许多的（在某些方面甚至是切实入微的）人文关怀，与当代人诗意栖居的理想遥相呼应，使可持续建筑有成为诗意栖居之最佳载体的可能。

诗意栖居是未来生态时代里最高境界的生活方式，栖居内含着诗意，诗意表达为栖居，它是一种归返本真的生命情感体验，追求人类生活的本质，世间万物的亲密关系。可持续建筑的本质乃是人之诗意的栖居，它是对诗意栖居的形象哲思。建筑中的美好生活即人诗意地栖居在家园之中，人在关注空间环境，毋宁说是在关注诗意栖居本身，诗意栖居即可持续建筑的终极人文关怀。随着社会水平发展和环境变化，以及人们对于可持续建筑人文性质认识的加深，自然、和谐、自由、可持续的人文精神会在可持续建筑中日益深化，建筑的营造技术和评价指标体系都会更新和变化，可持续建筑作为人、自然、社会相互和谐之诗意栖居的实践载体，会成为充满诗情画意和自然情趣的生活家园，在天空背景里聚集四周的风景，不只是简单地连接人和周遭事物，质朴的存在贯穿此间，情感精神融入天地与世间自由地游弋，纳万物于空灵之心扉，自由的本真性情在自然之中栖息，建筑及其空间环境集聚世界与人存在的和谐交流之整体，人的生命情感得以归宿，以本真的方式呈现人的诗意、人性的返魅。当然，可持续建筑要真正地实现人之诗意地栖居，路途依然遥远，设计关于自然、社会、人三个方面的许多人文含义还有待发现和认识，同时也有许多的问题和不足之处需要时间去解决和完善，但诗意栖居的最高境界作为一个坐标，一座灯塔，为可持续建筑的设计与发展的未来指明了方向。

第四章　自　然　观　念

　　自然观念是人对自然界的总的看法,是世界观的基础组成部分,它自古以来就是一个内涵博大且外延丰富的哲学性文化主题,其重要性在建筑设计中也一直备受关注。"自然"一词始见于《老子》(二十五章):"人法地,地法天,天法道,道法自然。"有识之士从未间断对客观世界的存在形式、宇宙的运行法则、人与万物的关系、自然之于人的意义的研究。信奉"天-地-人"合一宇宙观的中国文明历来以"天人合一"的思想与自然为友,西方文明对自然的认识经历了人与自然生态系统内部同质的崇拜阶段、以"人类沙文主义"野蛮掠夺自然的征服阶段、人与自然同生共息的和谐阶段,基于人类实践发展形成的现代自然观认为人是自然的一部分,一切认知和行为都是自然的产物,我们满足自我需求的实践活动中必须尊重、依循、保护、和谐自然,自然观念已是人类一切问题的基础。可持续建筑以可持续发展为指导思想,结合现代生态学理论,设计为人创造的是绿色健康理念主导下的亲和自然的舒适生活。可持续建筑的设计自然观①是设计文化观念的最基础组成部分,此部分是可持续设计之根本属性的体现。可持续建筑的设计自然观可高度概括为"与自然互融共生"的最高理想,设计的初衷是以人为本、和谐自然,就像建筑师格伦·马库特(Glenn Murcutt)所形象生动描绘的:"追随太阳,观测风向,注意水流,使用简单材料,轻轻触摸大地。"②设计中尊重、顺应、运用自然规律,保护自然生态、促进生态平衡和循环,使建筑成为自然的一部分。可持续建筑的设计自然观可归纳为随境所宜、少费少污、补偿调节、师法自然四个部分。

---

　　①　可持续建筑是当代人类文化活动的产物和载体,其设计文化分为物质层、实践层、观念层。物质层即指我们可切实触及的建筑本体及其空间环境。实践层的内容是在制度规范中把设计观念准确转化为物质空间的过程。观念层是由政治、经济、伦理道德、艺术、宗教、社会风尚、民俗等文化因素构成的设计意识形态、设计文化心理、设计思维模式。本文所探讨的设计自然观就是观念层中有关自然的部分,这是观念层中最为基础的部分。

　　②　丹尼尔·威廉姆斯.可持续设计:生态、建筑和规划[M].孙晓晖,李德新,译.武汉:华中科技大学出版社,2015:13.

第一节　随境所宜

可持续建筑与其周围环境保有高度一致性,与所处的自然秩序、环境内在机制相协调,设计中主张环境的意义不是脱离功能的东西,而其本身是功能的一个最重要的方面①。这种遵而顺之的自然环境观可追溯到我们祖先的原始氏族时代,他们的庇护所就是遵循自然而制之的结果,蒙昧时代的人们笃信人附庸于自然的整体观念,人的最原始本性就是尊敬自然环境。反观历来具有可持续属性的建筑,如有机自然主义、文脉主义、地域风格等,都体现出建筑积极顺应周遭环境的整体自然观。今天的可持续建筑设计已不再奉行"人定胜天""对立自然"的工业文明世界观,遵循所处自然环境是自然观中的最基础理念,是对自然的首肯态度,是环境共生意识的首要体现。随境所宜、依循自然的设计活动遵循设计与自然生态相结合、新的生活方式与自然环境相结合的原则,以"人与万物为一"的态度正确处理与周边自然生态的和谐关系。

可持续建筑对周边自然环境和谐性的表现形式,根本上取决于它所处的地理位置,这决定了建筑的大气候条件和建筑场地环境的基本属性。建筑的地理方位也会直接对建筑空间产生影响,影响源不多但影响力大且会一直存在。首先,建筑物所处的地理位置决定了其每个表面的四季太阳辐射量(图4-1),进而决定了每日的日照时长以及温湿度变化。以北纬42°为例,南面的太阳辐射冬季最大而夏季较小,屋顶接受全年较多且夏季最大的太阳辐射,东西面在夏季

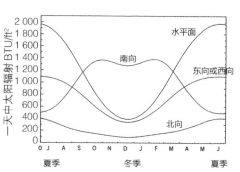

图4-1　纬度42°时,晴天太阳辐射传导量②

有较强太阳辐射,北面的全年太阳辐射最小。其次,太阳方位角和高度角的不同会导致太阳光线入射角度和入射深度的极大差异,进而影响建筑高度和间距、房间朝向、平面布局、窗洞形式、自然采光的方式等(图4-2)。这些自然条件都是可持续建筑设计中一直依循的因素。

---

①　阿摩斯·拉普卜特.建成环境的意义:非言语表达方法[M].黄兰谷,等译.北京:中国建筑工业出版社,2003:5.
②　1 BTU/Hr/ft^2=3.15 W/m^2

气候条件可能是建筑最为重要的影响源。欧美可持续建筑理论在发展初期最早表现出的就是对气候的关注。1963年,维克多·奥戈雅(Victor Olgyay)在《设计结合气候：建筑地方主义的生物气候研究》(*Design with climate：bioclimatic approach to architectural regionalism*)一书中提出"生物气候地方主义"的设计理论(图4-3),认为气候因素是建造设计需要考虑的首要因素;印度设计师查尔斯·柯里亚(Charles Correa)的设计方法论是"形式追随气候"(Forms Follow Climate)。建筑学者一般将环境气候大致分为湿热、干热、温热、湿冷、干冷进行研究①。在不同的气候区,建筑的可持续策略会有所不同,北方保暖,南方遮阳、通风、防潮是可持续策略随地而异的总体表现。首先,设计中会利用全年主导风向、四季缓和的温度变化等有利气候条件来营造舒适宜人的建筑空间。例如,在土耳

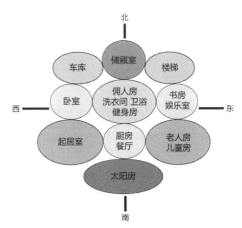

图4-2 建筑(北半球)高效利用太阳能和获得良好采光的布局和朝向

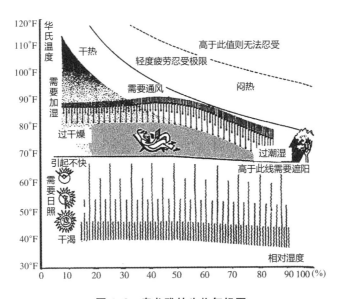

图4-3 奥戈雅的生物气候图

① 刘先觉,等.生态建筑学[M].北京：中国建筑工业出版社,2009：514.

其、伊朗、巴基斯坦一些地区,各家住宅均采用通风塔(图4-4),朝向常年相对稳定的风向促进自然通风,以引导气流进入各户起居空间;在中非、北非一些地区,用通风塔配合装满冷水的水盆或是淋湿的草席,更是一套蒸发冷却系统(图4-5),气流进入房间之前经过水盆或草席使空气冷却且提高湿度。其次,面对一些不理想的气候条件,设计以高度适应性承担起阻挡不利条件进入建筑内部的责任,采用隔离、调节、净化等措施以改善空间环境。如种植地锦类植物的屋顶绿化(图4-6),建筑的隔热性能的提高极大地减少了建筑接受到的太阳热辐射,有效调节了夏季内部空间热环境条件。

图4-4 巴基斯坦东南部信德(Sind)省的通风塔小镇

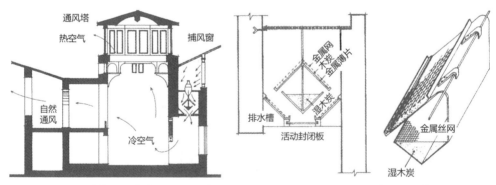

图4-5 哈桑·法赛的别墅通风冷却示意图,通风冷却装置可使室内降温10℃左右

因地域气候的差异,每个地区的建筑都有其独特的建筑构造形态(表4-1)来应对当地的气候条件。在沙漠干旱地区,太阳辐射强、昼夜温差大,如北非、阿富汗及我国新疆等地,此地区民宅设计中的重要问题是减弱太阳辐射的负效应,采用厚重的构造材料如生土、石材来隔热,墙体通常厚达50 cm,开口处配有遮阳设施,庭

院和狭窄的街道能阻挡热沙尘风,而且在聚落布局上使建筑物相互靠近,以利于相互遮阳和阻挡风沙。在热带、亚热带和季风地带的潮湿多雨地区,应遮阳和通风防潮之需产生了干栏式建筑,大尺度的陡坡屋顶和出挑的屋檐使内部空间十分阴凉,并有利于排除大量雨水,脱离地面的屋底面也承担了散热功能。架起的形式和高度随基地条件而不同,在平原地区常为2 m左右;在山地丘陵等坡地上的干栏架空使柱子不等长;在水位涨落的湖泽地

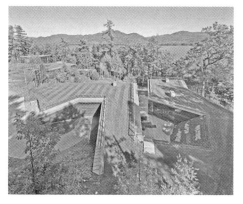

图 4-6　纽约州阿迪朗达克湖滨度假屋的大面积屋顶花园

区,干栏则架离地面较高。这种人居其上的房屋结构还能防御野兽、蛇、虫害等①。在干冷和干热的气候恶劣地区,覆土建筑完全包被于大地环境中,将具有良好的调温功能的土壤覆置于屋顶,土壤表面种植草皮,能减小建筑内环境的温度波动。覆土建筑的室内温度变化较外部环境要滞后15～24周,并且夏天的低温屋顶会吸收建筑空间中的热空气,是一个很好的气候缓冲层和温度调节器。

表 4-1　英国学者斯欧克来的气候分区和建筑形态关系

寒冷气候区	温和气候区	干热气候区	湿热气候区

设计在确定影响建筑的开窗、布局、室内外草坪变化等方案时,会仔细勘察场地情况,包括建筑物的朝向、体块组合、地形地貌、场地气候条件等的综合性研究,做到依循场地特征,尽量少破坏环境原貌。再利用植被树种布置屋顶花园和地面草坪,主要采用适合当地生长的植物,避免非本土的外运产品,并拒绝昂贵的品种。另外,建筑基地周围的生态材料生长于环境中,与环境具有高度一致性,并且运输

① 朱馥艺,刘先觉.生态原点:气候建筑[J].新建筑,2000(3):69-71.

成本非常低,被认为是最为生态环保的建材。例如,日本的木工们普遍相信用当地木材营建的建筑从功能到外观都是最匹配的,职业工匠用这种根植于场所的营建行为将存在和表象完美地合为一体①。当地建材构建的建筑可以说是完全来自自然,统一性由材质到内在机理,这是真正和谐环境的建筑(图4-7)。

图 4-7   Studio 1984 用当地的稻草和木材做成了这个"鸟巢"生态家园

　　建筑是一个开放性的有机系统,作为自然环境整体中的一个部分,无时无刻不在与外界环境进行着交流,自然要素总在以各种形式进入建筑的空间环境之中。可持续建筑设计依据场地的地理、气候、生态等自然条件合理利用自然风、新鲜空气、自然光线、太阳能、水流或瀑布产生的能量等自然资源,这种做法在节约传统能源的同时还能帮助营造自然意境。例如,张永和设计的土宅别墅(图4-8、图4-9),建筑多处运用落地玻璃,并采用开敞式的空间布局,既增加了自然光照的入射量,又可以把屋外的自然景致引入室内,使建筑空间充盈着自然气息,身居建筑中的人与自然有很好的交流和心理对话,整个设计让建筑无时无刻不在接受自然的恩惠。又如,共生建筑事务所(Symbiosis Architecture)设计的一座建筑内庭院(Vegetated Courtyard)(图4-10),用整个立面和顶部的大面积玻璃以获得足够的太阳能量和自然光线,院内布满各种当地植物,并在低处将场地周边的水系引入其中,夏季打开玻璃窗让空气自然流通②。整个庭院完全向外部世界开放,充满各种植物的芳香、流水的潺潺声响、自然生态的气息,这个建筑与大自然之间存在着深刻的联系,它帮助身在其中的人定义了一种融合自然体验的更大限度的场所感。

　　环境信息被感知内化为我们的认知、观念、意识,指引着建筑设计创造以适应自然环境为前提的人性化人工环境。可持续建筑面对自然选择的"保留""淘汰"

---

①　限研吾.自然的建筑[M].陈菁,译.济南:山东人民出版社,2010:12-13.

②　Lee S. Aesthetics of sustainable architecture[M]. Rotterdam:010 Publishers,2011:252,253.

"蜕变"过程,其内部结构、功能不断完善,自身组织不断优化,使之能适应自然环境,更好地利用环境资源,与自然共同进化并趋复杂,有机体从一个内稳态进化至更高的内稳态,以此摆脱旧的秩序而获得新生机。正是因为自然环境的变化,才促使可持续建筑的功能、形式与空间、环境保持在其自身的发展中,实现着不断超越,变得更符合人的需求、更和谐自然环境。应时而动、随境制之,此为设计面对可持续建筑的"境遇"所做出的自然选择。

图 4-8 张永和的土宅别墅小客厅

图 4-9 张永和的土宅别墅

图 4-10 共生建筑事务所设计的一座建筑庭院

第二节 少费少污

生态学家奥德姆(E. P. Odum)认为,生态系统发展的对策与人类的目的是常常发生矛盾的[①]。需要生存发展的人类无论如何也无法做到真正地遵循自然,无

---

① 奥德姆.生态学基础[M].孙儒泳,钱国桢,林浩然,译.北京:人民教育出版社,1981:261.

论我们如何尊重自然,多么小心翼翼地营建我们的人工环境,就目前的发展水平而言,人类活动总是要消耗自然资源,造成环境污染和破坏。而地球的资源和承载能力都是有限的,甘地曾说:"地球所提供的足以满足每个人的需要,但不足以填满每个人的欲壑。"我们的发展必须自我克制地把对自然的负影响和这种改变降到最小。包括空间、环境概念在内的整个建筑是资源消耗大户,尤其是在建筑的运营阶段,其能耗是大得惊人的,建筑对环境的破坏负有很大的责任。并且伴随这种高消耗的反而是建筑综合征、大楼并发症、空调病等建筑空间环境日益恶化的表现,还使人对自然环境的适应能力大不如前,可见依赖大量消耗自然资源的人工环境也并非明智之举。

可持续建筑本着人和自然相协调的持续发展理念,在"少破坏"的前提下尽量"少耗用",而不是征服自然、强索自然,最后把垃圾抛给自然。这是设计利用自然满足人类需求的一项基本原则。它以不豪华铺张、不奢靡浪费的简约生活方式创造舒适优雅的人居环境,把建筑设计和运营维持在环境可承受的范围内,坚决抵制以牺牲环境和消耗资源换取人的舒适生活和发展。少费少污的观念贯穿于材料选择、储运方式、结构功能、施工过程、运营过程、维护翻修、回收循环、报废处理的整个生命周期,全方位考虑资源利用和环境影响及解决方法。零能量住宅(图4-11)100%靠太阳供能,可不需要煤、油、材等传统非再生资源,也不会排放有害废气污染大气,这种自给自足式的太阳能住宅虽然只是生态主义者对居所最高境界的幻想,但它的出现已经证明了可持续建筑设计少费少污的决心。

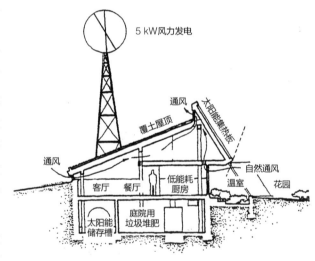

图4-11　美国明尼苏达州欧伯罗斯的零能量住宅

少费少污设计观就是节约使用材料和能源,并且循环使用,少产生污染物,还积极开发和利用可再生性清洁资源,总体表现为节材、节能、节水、节地,包括对可再生资源的高效节约利用,以此设计理念应对资源危机和环境问题的挑战。节约使用是指尽量少用,并从传统的粗放型利用转向高效的集约型利用。循环利用是减少一次性产品的使用量,充分利用现有尚可用的旧建筑、旧材料、旧家具、旧设备等,将其直接或经改造后加以利用,以新的使用价值重新赋予材料生命,减少污染物的产生,这是建筑设计能得以持续发展的基本手段。像风、太阳、雨、水能、土壤的蕴藏能量等自然资源可以说是取用不尽的,无污染、可再生并可以直接利用,设计中会充分运用这些未来时代的主流资源,以减少人类对人工能源和机械系统的依赖。替代性能源和材料的运用将是未来可持续建筑少费少污设计思想的主要体现。可持续建筑设计综合运用自然采光、自然通风和机械通风等通风技术、保温技术、节能照明技术、计算机自动反馈调节的智能技术等现代科技手段,以减少整个建筑的资源消耗。少费少污的高效循环使用资源的方法和措施是综合而全面的,从微小细节和各个角度都能窥见这种设计思想,这里取建筑构成的视角以观之。

1. 外围护构造上,建筑表皮是建筑热散失的主要场所,它是建筑节能的重点处理对象。①建筑墙体构造采用如空心砖、空气砌块砖和复合墙体材料等保温隔热性能好的材料,并尽可能使用水墙、特隆布墙等保温构造形式(图 4-12、图4-13),外墙体结构尽量采用外墙外保温系统来减少热桥,以降低空调降温采暖能耗。②仔细考量门窗等开口的朝向和面积,采用热工性能高的结构和材料,如透光率高且热阻性能好的中空玻璃、Low-e 玻璃(低辐射玻璃)、双层中空 Low-e 玻璃窗、多层 Low-e 玻璃窗等节能玻璃,窗框常采用保温隔热性能较好的塑钢窗和经断热处理后的铝合金窗框等。③屋顶采用轻质高效、吸水率低或不吸水的可长期使用的稳定性保温材料,如苯板、加气混凝土砌块等作为保温隔热层,在一些合适的屋顶和建筑表皮还会用种植绿化来调节空间环境的温湿度、空气质量等。④计算有效的遮阳系统,使用轻便可调的遮阳设备,以抵御夏季太阳辐射对建筑环境气温的影响,也保证采暖季的充足日照,反射板在冬季能让空间环境最充分最均匀地获取太阳热量,并能保证在夏季遮挡大部分太阳辐射,为空间环境提供适量的太阳照射(图 4-14、图 4-15)。

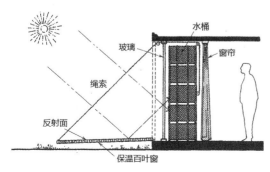

图 4-12 拜尔住宅的水墙剖面

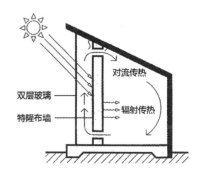

图 4-13 特隆布墙的集热方式示意图

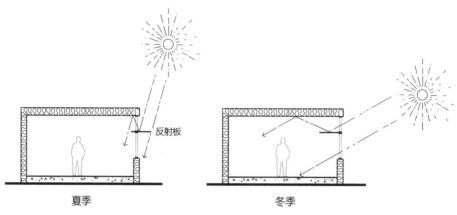

夏季   冬季

图 4-14 反射板在夏季采光遮阳,冬季采光采暖

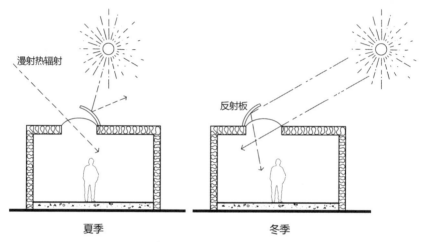

夏季   冬季

图 4-15 同一块板在夏季是遮阳板,在冬季是反射板

　　2. 空间结构上,它对资源的节约方式在生命周期中最具稳定性。①建筑墙体构造和材料选择依据墙体功能而异,综合考虑安全性和保温隔热性能以及通风透气的需要,建筑结构减少热桥,以降低空调降温采暖能耗。②安全性高、保温性好、抗震性能强、施工周期短、布局与造型灵活、维修和翻修方便的木结构常被运用,以降低建筑能耗,它的多重环保属性也低成本地提高了人居环境质量。③空间组织设计呈现出高效使用的功能多元化合理布局,可变换的灵活建筑或空间结构顺应未来的需求变化和改造,以机动性和适应性延长建筑的使用寿命。如琼斯与合伙人事务所设计的布里尔住宅通过机械活动桥和活动屏幕可使建筑空间在私人空间和表演平台之间切换,能分别提供私密性和良好的音响效果,见图 4-16 所示。④结合外部自然生态环境和人性化需求,空间组织上巧用烟囱效应等诱导式构造技术和空间变化,积极利用自然光线和自然空气流通,以节省人工照明和通风及控温的能耗(图 4-17~图 4-19),使室内空间与室外环境联成一个有机协调的整体,形成空间环境融合自然的生态性建筑。图 4-17 是美国国家可再生能源实验室的剖面图,向北抬升的阶梯状剖面和斜屋面使建筑空间得到更多的自然光和太阳热量,图 4-18 是实验室的内部环境。

图 4-16 布里尔住宅

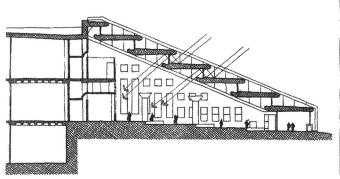

图 4-17 美国国家可再生能源实验室的剖面图

图 4-18 美国国家可再生能源实验室内部环境

3. 设备选择上,设计方案和施工过程中采用的设备具有高能效、循环利用资源、利用可再生能源、智能化的特点。①设备的能量转化率是节能效果的关键,如低温辐射楼板、借用地下热水和蒸汽的地源热泵(图4-20)、建筑室内装修中普遍运用的节能型灯具(图4-21)等的高能效都能起到节约传统能源的效果。②雨

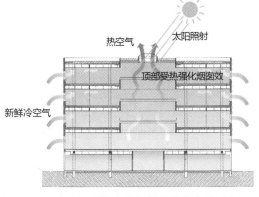

图 4-19 玻璃天顶能为空间提供自然光线,同时太阳照射也能加强空间环境通风降温

水收集器和中水回用系统等循环设备(图 4-22)可以盥洗、浇灌草坪、冲厕,这是对我们岌岌可危的生命之源的有效保护。③建筑设备从输入和输出双向表现出对可再生能源的积极利用,如光伏发电设备将太阳能高效转换为电能供建筑乃至片区的其他设备使用。④智能化控制系统能及时接受环境反馈,调节设备运行以降低能耗,如运行效率高的变水量、变风量、变制冷剂流量等智能系统都能减少资源消耗。

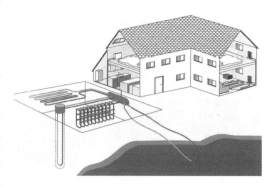

图 4-20　地源热泵的工作原理

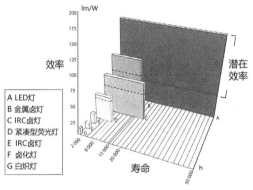

图 4-21　LED 灯的效率和灯泡寿命相比具有明显的节能优势

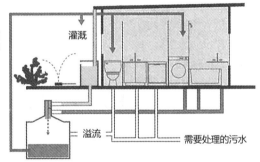

图 4-22　雨水回收和中水处理系统

4. 装饰与陈设上,少费少污的思想主要体现在材料使用方面。①尽量使用可再生的地方性材料,少用非可再生的传统材料,避免使用高能耗、破坏环境、产生重度污染和带有放射性的材料。设计上常用内含能量高的铝材,环保型木材、竹材、藤等。②主动研究旧的建筑材料、构件的重新利用,充分利用工业废弃物和城市垃圾等,通过新技术和创意设计将金属、纸板、木材等废物化腐朽为神奇般地转化为再生资源,减少资源的浪费和对环境的负面影响,墙体可由麦秆压成,地板可由废玻璃制成,桌椅家具可由废旧报纸和黄豆渣制成。无毒涂料、再生壁纸、旧材料做成的板材等建材已经开始被使用于建筑的装饰。图 4-23 是英国的一座由回收纸制成的歌剧院。图 4-24 是北京尚 8 文化创意产业园中用机床改造成的办公室前台和用废弃物料做成的装饰墙。③出于节能考虑,软装饰手法还运用色彩调节人冷暖感受的心理效应,在炎热地区或季节采用冷系色彩,在寒冷地区或季节采用暖系色彩,提高建筑的舒适度以降低空调暖通设备的能耗。图 4-25 是废布料做成的沙发。图 4-26 是乌克兰基辅一座偏僻山上的 HousE 住宅,暖意的色调可提升人的知觉温度。

图 4-23 安德鲁·托德设计的再生纸歌剧院　　　图 4-24 尚 8 园区的办公前台

图 4-25 废布料做成的沙发　　　　　　图 4-26 HousE 住宅

　　少费少污设计观创造的是一种高效、低耗、低废、低污的生态化建筑,它是对富勒的"少费多用"思想的继承,也是对"少就是多"这一曾风靡全球的建筑箴言的再诠释,具有深刻的哲理内涵。可持续建筑通过设计的技术手段和综合措施,将高消耗的社会消费模式改变为低消耗的生活方式,以系统综合效率最优原则控制物质、能量、信息在建筑中有秩序地高效运行和循环转换,对自然环境施加最小的负影响,保护了我们赖以生存的自然环境,也节约了日渐枯竭的宝贵资源。

第三节 补 偿 调 节

　　自然是我们的生命之母,自然界的所有生命,包括我们人类,都在这个生态系统内进行着能量转化、新陈代谢的循环。若这个系统失去了平衡或遭到破坏,丧失了供养能力,没有生命基础的我们片刻也无法存在,大自然的状态决定了我们的生存质量。马丁·海德格尔(Martin Heidegger)认为人的存在方式就是保护"天地人神"的四重整体,我们是大自然的守护者①。现在的《圣经》对书中的"管理"概念重新解释为:管理并不意味着统治,人是地球大家庭的管家、看守者、监护人②。但另一方面,人类的存在总是会带给自然不同程度的伤害,人工环境本身就是一种人化势力的扩张,也必然是对自然的侵略和伤害,环境保护只能是部分的,无法在完全不伤害自然环境的前提下去满足人的需求,并且我们眼下面对的已经是一个严重污染的大自然。

所以,可持续建筑设计并不止步于少破坏自然,它还表现为努力维护自然生态平衡,调节自然生态循环,改善自然的生产能力,积极作用于自然环境。1995年西姆·范·德·莱恩(Sim Van der Ryn)与S.考沃(Stuart Cowan)合作完成的《生态设计》(*Ecological design*)一书中曾提出"设计结合自然"的原则,强调在满足我们自身的基础上,同时也满足其他生物及其环境的需求,使得整个生态系统良性循环③。杨经文(Ken Yeang)也认为生态设计不只是对生态系统和生物圈内的不可再生能源产生最小的系统影响,而是要尽量全面地确保一个设计对自然产生最大的有益影响④。补偿调节设计观的出发点是保证大自然对我们人类的供养能力,为人创造良好的生存环境,这也是整个人类在新世纪最重大的使命,在设计中体现为用生态补偿手段修复自然环境,调节自然生态系统,保护物种的多样性。

可持续建筑对周边环境乃至整个地球环境的保护和净化,是设计表现出的环境责任。全面绿化技术已经广泛运用于建筑环境调控,它不同于传统的常规绿化做法,这种多层面绿化方法采用立体交叉式覆盖的绿化方式来取得生态实效,包括室内绿化、屋顶绿化、基地绿化、外墙绿化。绿化设置关系到建筑的各个部分,涉及阳台、走廊、楼梯等角落,甚至可以为绿化让出一些建筑的使用空间(图4-27~图4-29),因为绿化手段已被证明是削减 CO_2 对策中最为经济的方法,台湾现行的绿色建筑 EEWH 系统已经规定了建筑法定空间的五成面积须实施全面绿化,且必须

① 筑·居·思[M]//马丁·海德格尔.演讲与论文集.孙周兴,译.北京:三联书店,2005:156-159.

② 杰里米·里夫金,特德·霍华德.熵:一种新的世界观[M].吕明,袁舟,译.上海:上海译文出版社,1987:214-215.几个世纪以来,《创世记》对"管理"概念的解释都是:"要生养众多,遍满地面,治理这地,也要管理海里的鱼,空中的鸟,和地上各样行动的活物。"这被人们用来开脱他们百般摆布、榨取自然的行为。为了使基督教现代化,《创世记》对"管理"的概念做了重新解释,指出一切创造物都是由上帝带着爱创造的,它们具有内在价值而应同样受到尊重和热爱,人类是上帝在地球上的看管者,不顾创造物的目的而对它们横加摆布和掠夺就是违背契约的罪过。

③ 西安建筑科技大学绿色建筑研究中心.绿色建筑[M].北京:中国计划出版社,1999:148.

④ 杨经文.设计的生态(绿色)方法(摘要)[J].建筑学报,1999(1):8-9.

确保绿化中 CO_2 固定量大于 600 kg/m²（图 4-30）[1]。固碳释氧并能杀菌降尘，形成健康的大气环境，如：绿色植物桂花有吸尘作用；薄荷有杀菌作用；月季、玫瑰吸收二氧化硫；万年青和雏菊清除三氯乙烯[2]。全面铺开的植物布置提高了绿覆率，对空气净化起到了很好的生态补偿作用。另外，在有部分建筑体（如观景平台等）与水体接触的建筑设计中，可能会关联到水池或溪流等，对于调节环境温湿度的水体的养护，常利用生物疗法净化自然水体（图 4-31）。借助芦苇、水葫芦、香蒲等水生植物，吸附、富集水体中的营养物质和其他元素，抑制有害藻类繁殖，增加水体含氧量，调节水体的生态平衡，净化修复让"死水"变"活水"。水是生命之源，保护自然水体对土壤、空气等环境质量都有积极影响，雨水收集的同时也会考虑到回灌地下以补充地下水量。

图 4-27　瑞典的绿植公司 Greenworks 的办公区　　图 4-28　建筑外墙爬满植物的碧桂园总部大楼设计

图 4-29　比利时建筑事务所 Samyn and Partners 的"布鲁塞尔郊外住宅"项目　　图 4-30　EEWH 系统对建筑保育的要求　　图 4-31　家用污水净化池

① 林宪德.绿色建筑：生态·节能·减废·健康[M].2 版.北京：中国建筑工业出版社,2011：82.
② 关剑.自然环境与室内环境设计关系初探[D].重庆：重庆大学,2008.

我国农村居住环境卫生条件差,过度砍伐森林植被,水土流失严重,自然灾害日益增多,化肥农药对土壤和农作物污染严重,水土流失使土地的生产力逐年下降,等等,这些都是削弱生态系统调节功能的表现。沼气是目前在农村房屋中较多使用的替代性能源,同时它也具有一定的环境净化能力(图4-32、图4-33)。使用沼气可减少烟雾对大气的污染,减少温室气体的排放。沼气能减少寄生虫对土壤的污染,沼气发酵产生的有机肥料可减少化肥和农药对耕地的污染,保护并改善土壤的生产能力。沼气作为农村生活燃料,能够有效地缓解农村对木材燃料的依赖,减少森林的砍伐和植被的破坏,森林资源的恢复和发展有利于水土保持和生态环境的改善[1]。沼气是具有卫生、生态、环保、便利、经济等多重功能的能源,发展沼气能源已经是我国农村改善自然环境、建设生态人居环境的一条有效途径。

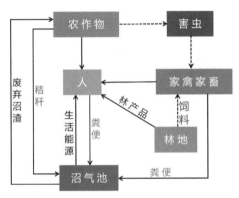

图4-32 沼气可以为生活提供能源,也起到改善生态环境的作用

图4-33 农村沼气池子

生态系统稳定表现为物种的复杂多样性、自然生态的丰富性,生物栖境是这一属性的重要基础。可持续建筑设计对环境的净化不只是出于对人的关怀,也考虑到对生物栖境的改善。设计改善生物栖境的受益对象是周边环境中的动物和植物,在设计初期,就考虑当地的动植物活动情况,避免建筑营建影响动植物生境,干扰动植物的繁衍生息和群落的生态演替,努力保护生态环境稳定。

可持续建筑设计所能涉及的生物活动范围是建筑水体和建筑绿化区域。水域是非常重要的生物栖境,水体中有很多水生植物,许多水栖和喜水性动物都会在这里活动,如鸟类、爬虫类、甲虫类、昆虫类、鱼虾类、两栖类等。在水池和溪流等建筑水体中运用生物疗法净化自然水生环境,可以改善水生生物生境。设计中尽量形

① 卢旭珍,邱凌,王兰英.发展沼气对环保和生态的贡献[J].可再生能源,2003(6):50-52.

成自然护岸和乔木、灌木的多样化植物配置,甚至做出人工绿岛(图 4-34),吸引陆生昆虫等小动物来此饮水和活动,并放置砂砾岩石,让鱼虾和两栖动物有躲藏之处,形成互利共生的生态环境。此外,可持续建筑设计用全面绿化来提高绿覆率,配置多样化的植物种群,大量植物的多样均匀分布才符合生态规律,才能吸引鸟类和昆虫等,使生命现象丰富,促进生态平衡。把建筑表皮绿化作为室内空间和室外环境的生态补偿是常用方法,如杨经文的生态摩天楼就是这类典型,他设计的吉隆坡 IBM 大厦(图 4-35)把各层阳台栏板上的植物种植槽斜向连起来,像一条条绿带围绕着建筑物,飞行类动物可以在这里找到一个休憩环境。草坪利用错落有致的植物构成多孔隙的生态小环境,为植物和小动物提供藏身、觅食、筑巢、繁殖的活动环境(图4-36)。绿化手法多种多样,旨在为植物和小动物改善栖息环境,使它们生息繁衍。

图 4-34　阿博尔科恩·卡莫家居卖场　图 4-35　吉隆坡 IBM 大厦　图 4-36　维克托的"蓝色海洋风"屋前花园

　　生态的补偿和调节在实际的建筑设计中运用范围尚窄,可用的设计手段暂时也不算多,但这一重要理念是可持续建筑设计养护自然生态、贡献和回馈于自然的指导思想,如果说少费少污的设计观有些被动、小气,那么补偿调节的设计思想则是人类主动挽救生存环境的行为,思维开阔而且目光长远。随着人们生态保护意识不断增强,越来越重视生存和居住环境的改善,相信会有更多人主动把补偿调节的观念融入建筑设计活动之中,技术的飞速发展也会为建筑改善自然生态提供更多的策略,在可预见的未来很有可能会大量出现能分离、固定、移动污染物以便净化废气、废水和粉尘等的建筑材料。在此之前,政府和相关组织应该多宣传,加强生态伦理方面的教育,普及环保知识,让人们正确认识人和自然之间的主体间性关系,使可持续理念早日深入人心。设计师应当主动依循客观生态的规律进行各种大胆的尝试,改善、复育生态环境,防止生活环境的不断恶化,贡献于一个对生态平衡有促进作用的整体有序、协调共生的良性自然生态系统。房地产开发经营者也应以超前意识在改善自然生态环境方面尽到自己的责任。我们的建筑和自然环境总是存在于一种双向作用关系中,在海德格尔所谓的"建立"和"养护"两种"筑造方式"①上都有所表征。正是因为补偿调节思想,设计才全面体现出崭新的生态文化观和伦理道德秩序,可持续建筑对自然的诠释才是完整的,设计中的可持续意义才是丰富饱满的。

第四节　师　法　自　然

从人类走出洞穴开始真正主动创造庇护所的第一天,就在模仿自然,向自然学习。自然是建筑设计之本,这一理念横贯中西,纵贯历史,从未消逝,即使是在无视自然的现代主义时期,包豪斯的建筑师们也认为建筑应该体现大自然的秩序,非常重视自然法则在建筑中的运用。而赖特的有机建筑观更是使他成为"自然的信徒"。自然中所有存在状态的表现方式看似千奇百怪、混沌无序、千变万化,但每种状态都有它们存在的理由,混乱中自有其秩序,世界是根据宇宙法则合理构成的。物竞天择,适者生存,自然界中存在的形态都是经受时间和环境的考验后留下的,它们是最适应环境和最高效利用资源的形式。为了使可持续建筑和谐于自然环境并与自然协同进化,设计应更加注重向大自然学习,发掘大自然的奥秘,了解它的系统组成、运行原理、变化规律。正如建筑师大卫·皮尔森(David Pearson)所描述的:大自然是设计师最好的老师和设计灵感的资源库,大自然中的图案和形式,比如螺旋形和不规则形,是内部生长规律和外部力量(如阳光、风和水)作用的产物。设计师们通过观察活生生的结构——树木、骨头、贝壳、翅膀、网、眼睛、花瓣、鳞片以及微生物等——来学习运用自然的形式,这些是生命和生长的形式,也是关键的灵感②。事实上,只有首先清楚自然法则,努力顺应自然规律,才可能很好地实践随境所宜、少费少污、补偿调节的设计观,面对自然做出正确的抉择。师法自然的设计理念通过对自然的直接模仿和间接效仿,创造自然化的人工环境。

今天的可持续建筑已摈弃了牛顿式的机械自然观,以19世纪以来的现代自然观念为参照,把建筑看作一个小的生态系统,设计的基本点是自身系统良性循环的

---

① 筑·居·思[M]//马丁·海德格尔.演讲与论文集.孙周兴,译.北京:三联书店,2005:153-156.海德格尔认为人的"栖居"包含"建立"和"养护"两种"筑造方式",前者是"建筑、建造"意义上的筑造,如建造公路、桥梁,制造飞机、汽车等,这样的"筑造乃是一种建立";后者是"保养、爱护"意义上的筑造,如农夫耕种土地,看护农作物之类的筑造,"这种筑造只是守护着植物从自身中结出果实的生长"。

② Pearson D. New organic architecture: the breaking wave[M]. Berkeley: University of California Press, 2001:48.

负熵过程,并开放性地与外部自然环境相融合,适应地球整体生态系统并形成良性互动。可持续建筑的营建已经在把原生自然环境变为一种由人、空间环境、自然环境和社会环境所共同构成的人工生态系统。此环境系统中各生态要素间往往可以通过严密的组织形成适当的非线性存在关系——有序运作的规律和精密结合的程序使整体功能大于部分之和。系统内部彼此关联、相互制约、相互依存,没有孤立元素和环节,必然是要相互协调发展,其中的任何一个因素(甚至是最微小的元素或环节)发生变化都将影响着总体功能的发挥[1]。各组成要素之间存在的广泛互动性是整体环境系统良好运行状态的标志,这种互动性关系中存在着表面性、隐含性、潜移默化性。无论哪种状态和运作形式,建筑系统的发展变化都离不开自然大环境这个整体系统,它以最小量作用原理从外界高效获取物质、能量、信息,也时刻与外部环境发生着物流、能流、信息流的交换,受整体环境影响也影响着整体环境。

所以,可持续建筑设计特别注意与自然环境相结合,以达到诸个小系统之间的互相协调和共存,因势利导地利用一切可用的力量,将建筑融入自然系统并达到自然生态的稳定平衡。首先,以整体性共生思想尊重周边环境,依循和保护基地地质、地貌、气候、植被、土壤、水文等条件。其次,依结构自组织优化原理,借技术手段在手法和细节上巧用生态规律和自然效应,对空间组织、朝向、开口、采光、通风等方面进行合理优化,如利用烟囱效应为建筑空间自然通风(图4-19)、利用温室效应创造玻璃暖房(图4-37)。此外,依自然生命的能量获取方式,高效利用资源,开发太阳能、水能、风能等零成本的可再生能源,如太阳能热水器和风力发电系统。可持续建筑投射着与事物相联系的自然规律,依自然之理把人工环境融入自然环境,希望使人不束缚于人工环境,在高技术的层面重归于自然。

图4-37 花园中的太阳房　　　　图4-38 融创·阿朵小镇生活美学馆

---

① 钱俊生,余谋昌.生态哲学[M].北京:中共中央党校出版社,2004:166.

向往接触自然是作为自然之子的人在生物学和精神学上的天性①,人的一生大部分时间在建筑中度过,人们希望在空间环境中享受到太阳光的照度和温暖,习惯在自然光线下观察事物,渴望新鲜空气、绿色植物的氛围,人在充满自然生机的环境中精神振奋、身心健康、内心充满希望。可持续建筑设计通过对自然元素进行借用和加工,把它们穿插渗透在整体性空间环境中,用自然的原理和规律打造自然的"味道",满足人们身心对自然的依恋,带领人们在抽象化建筑符号和叙事性时空体验中回归自然的美好。设计上运用直接调用、巧借引入、象征比拟的手法借用自然景观,引入自然要素,模仿自然形态。首先,将石头、花草、树木与瀑布等自然物精心陈设于建筑空间,以不破坏当地环境为前提,适当多使用天然石材等本地材料,充分展现天然材料的质感和肌理,既古朴又自然有机的温馨氛围让大自然的生气和人文环境情景交融于空间环境(图4-38)。其次,将自然光、新鲜空气、虫叫鸟鸣和泉水潺潺的自然界中的声响引入建筑之中,这些立体化的自然元素使人们可以通过多信息通道感受到自然界的日月周行、四季往复,人在建筑中也能以一种对话自然的方式享有大自然的神韵和意趣(图4-39)。另外,用一些模仿自然物、提

图4-39　美国匹兹堡菲普斯(Phipps)温室

---

① 苏彦捷.环境心理学[M].北京:高等教育出版社,2016:400-403.罗扎卡(Roszak)1995年在《生态心理学:恢复地球,愈合心灵》(*Ecopsychology：restoring the earth，healing the mind*)一书中曾提出了"生态潜意识"的概念,罗扎卡运用这一概念非常好地深层次揭示了在人的固有天性中所存在的对自然的内生性联结和非理性依赖。后来威尔逊(Wilson)进一步指出,人有一种对包括植物、动物在内的自然环境的偏爱(人更喜欢大自然,而不是水泥地),而这种偏爱是一种遗传倾向,不是后天才习得的。

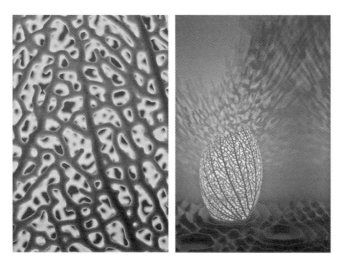

图 4-40　美国神经系统(Nervous System)智能设计工作室创作的叶脉造型灯

取或概念化自然典型特征的形式予以装饰点缀。例如,植物形态的灯具直接采用植物的造型,植物根茎、花叶、纹理刻画之细腻,形象非常逼真,既实用又美观(图4-40);有机玻璃、钢和塑料等材料可以仿制花鸟鱼虫和各种动植物;原木做成的椅凳教人无法不联想到大森林的清新、幽然、静谧;曲径通幽的踏步、绿色植物置于仿造的自然山峦,这些似有生命的"活物"装饰在建筑中微微颤动,意境生于神似之形中。

　　一个充满自然意境的建筑空间不再是冷漠和排斥自然的欧几里得空间,它是一个主动向自然开放的有机空间,不雕饰、不做作的天然环境使人们身心愉快、精力充沛、朝气蓬勃,生机黯然的自然趣味产生赏心悦目的诗化自然审美。可持续建筑设计作为关联使用者与自然界的媒介和桥梁,会尽可能增加室内外空间的流通,把外部的自然景观借到室内空间,将自然环境带到使用者身边,促进在场者与自然环境的交流。在满足人类基本物质需求的同时,本着"天人合一"的整体统一思想追求人的诗意栖居,在建筑中表现出近乎完美真实的自然意境。

　　可持续建筑设计从自然规律的角度观照人类居所的程度至深,师法自然的思想已经达到前所未有的根深蒂固,并且有了新的内容,学习已不仅是孤立式的简单模仿借鉴,片段式的生硬照搬自然原理,可持续建筑设计对自然物质、自然形式、自然规律、自然意识的学习更深入、把握更整体、运用更灵活,并且还更加懂得建筑和自然的主体间性关系的重要意义,运用自然规律使建筑和自然良性互动。如果说尊重自然是第一态度,那么师法自然则是第一行为。最好的设计师非大自然莫属,它也是我们最好的设计教材，学习自然就是在接近那个最本真的源头，自然是美的最高表现，是真理的终极标准。大自然是可持续建筑设计所遵循、师承、效法的内在范式，是设计创造中取之不尽的灵感来源。

第五节　观念关系及意义

可持续建筑的自然观念从宏观的环境和资源角度关注人类未来，在设计中的重要意义是它基础性和本质性的体现，影响着设计的风格、面貌、志趣和发展趋势，反映着我们对自然的看法和当前的文化特质，深层次体现的是海德格尔"四方游戏"的整体和谐精神，也是对老庄顺应自然、返璞归真的"天人合一"思想的回敬。这种基础本质性的形成是从自身中表现出与自然的完整关联性。从哲学角度看，可持续建筑只是人出于为人所用的目的而暂时改变物质形式的结果，人并没有创造物质①。从生态学角度看，源于自然的可持续建筑也终将归于自然，它的整个生命周期只是对自然事物的暂时保管和借用。这两种短暂性决定着可持续建筑的存在只能是对自然的一种"体宜因借"，设计中的自然观就是向大自然借"物"、借"理"、借"意"。其一，构成建筑及其空间环境的材料、资源、自然要素，是我们以保护自然生态为前提，为满足人类生活需求而有目的、有计划地对自然物进行加工、改造、组织、利用，这是在物质层面上与自然的和谐。其二，为了保护自然环境并使建筑成为自然的一部分，功能上会借鉴和模仿自然系统运行原理和自然规律，尽量使建筑系统与自然环境系统相协调一致，这是在功能层面上与自然的和谐。其三，只有打造出建筑空间的自然意境，才算是真正契合自然环境，让人感受到复归大自然的美好，这是在意识层面上与自然的和谐。三个层次由表及里地从物质到情感，由浅至深地从现象到本质。

"物""理""意"与随境所宜、少费少污、补偿调节、师法自然四个设计观存在内生的同构关系，它们表达的是设计自然观的核心内容，如图 4-41 所示，随境所宜是"物""理""意"之借的表现，遵循基地的自然生态，顺

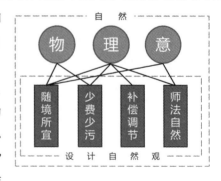

图 4-41　可持续建筑设计的自然观念

---

① 余谋昌.生态哲学[M].西安：陕西人民教育出版社，2000：10.

应场地环境并利用其可用资源和有利条件,使建筑融入周边环境而体现出自然意境。少费少污是"物""理"之借的表现,少耗用资源,少产生污染物,尽量少伤害自然,不挑战地球的承载能力,资源利用努力转向可再生性自然资源。补偿调节是"理"之借的表现,生态补偿完全依照自然规律调节生态系统以养护自然。师法自然是"理""意"之借的表现,向大自然学习生态规律和自然运行法则,让融生于自然的建筑最终体现出自然之美。这四个设计观念融合一体共同表现出自然的"物""理""意",承载着遵循自然、和谐自然、互融共生的设计理想,创造着建筑与自然生态之间自然和谐的天然适宜态势,这种面向自然的积极态度是可持续建筑使人栖居在大地之上的第一前提和基础保障,也是我们的人居环境可能企及诗意栖居之理想的思想起点。

第五章　社　会　属　性

　　建筑从来就具有社会意义，和我们的各种社会行为和文明活动息息相关。建筑史学家尼古拉斯·佩夫斯纳（Nikolaus Pevsner）曾依建筑的社会功能对其进行了分类，并探讨了所有建筑的总和对整个社会机制的表征①。哲学家卡斯腾·哈里斯（Karsten Harries）认为建筑理论应该像一个椭圆，有两个研究中心，一个是以住宅为代表的个人，一个是以公共建筑为代表的社会②。建筑的社会功能是根本性的，它能通过一种把控或协助的力量把分散的个体集结为一个稳定的社会，宗教性建筑作为公共性建筑的最高代表，是建筑社会功能的典范。当代社会学的建立和发展使建筑的社会价值更受重视。早在包豪斯时代，设计师已经开始意识到建筑生态化的社会价值，并尝试性地用于解决社会问题，以拉兹洛·莫霍利·纳吉（Laszlo Moholy Nagy）和瓦尔特·格罗皮乌斯（Walter Gropius）为代表的包豪斯人从建筑不能与自然环境对立的角度，以强烈的社会责任感探讨了生物学和生态学对工人阶级社会福利等问题的重要性。巴克敏斯特·富勒（Buckminster Fuller）曾把大自然精妙的机制和效率作为原型为日益增长的人口提供大量住房③。

　　当今的建筑可持续化是必然趋势，它以可持续与和谐理念作为思想指导，其社会意识发生了一些蜕变。可持续建筑追求人、社会、自然的和谐，它们是有机的统一整体，不再孤立地看待人类社会，考虑建筑的社会价值不可能忽视自然环境，强调人工环境、生态环境、人的三者良性互动，促进人类社会和生态自然融为一体，创造集生态和物理品质于一体的可持续建筑。可持续设计手段的新的形式为建筑环

---

　　①　参见：Nikolaus Pevsner. A history of building types[M]. Princeton：Princeton University Press，1976. 建筑史学家尼古拉斯·佩夫斯纳在 A history of building types 一书中将建筑类型分为：1.民族纪念碑及天才人物纪念碑，2.政府建筑，3.剧院，4.图书馆，5.博物馆，6.医院，7.监狱，8.旅馆，9.交易所及银行，10.火车站，11.集市大厅、温室及展馆，12.店铺、商店及百货公司，13.工厂。住宅、教堂、学校已被论及无数次，所以佩夫斯纳在书中略去了这些内容。

　　②　卡斯腾·哈里斯.建筑的伦理功能[M].申嘉，陈朝晖，译.北京：华夏出版社，2001：279.

　　③　佩德·安克尔.从包豪斯到生态建筑[M].尚晋，译.北京：清华大学出版社，2012：15-22，85.

境气氛和空间感受注入新精神,这些新元素会对社会问题做出一些直接或间接的回应,也在一定程度上影响身在其中的人,产生社会和人文的影响,从人伦、文化、经济等多个角度丰富立体地贡献于一个和谐而可持续的社会,这些都体现着建筑可持续化过程所伴随的社会价值。可持续建筑的社会属性主要表现在人性基本关怀、人伦道德责任、综合经济价值、表扬特色文化、教育引导作用五个方面。

第一节　人性基本关怀

生态文化包含的新环境观和伦理道德范围的扩展似乎对建筑产生了种种限制,但可持续的指导思想依然是追求人类的美好生活,人依然是万物的尺度,是事物存在的尺度。人的政治、经济、文化活动构成社会总体,人是社会的核心和根本,对人的基本关怀是一切事物的首要社会属性,它是其他社会价值产生的基础。传统的建筑设计以桀骜不驯的态度对抗自然环境,负面影响双重反映在人的生理和心理上,存在健康危害,也引起一些消极心理。致病建筑综合征(SBS)是最典型的表现,其直接和主要诱因是环境空气质量欠佳,导致人身体不适和精神紧张,情绪忧郁、压抑、烦躁等。空气质量差的主要原因之一是设计师对材料选择的后果没有一定的理解和认识,很多建筑材料和装饰材料产生挥发性有机物质,油漆、涂料、清洁剂、除臭剂等会产生几十种挥发性有机化合物,严重影响空气质量的同时也造成破坏性生态污染,如甲醛对包括人在内的很多动物都具有毒性,能引起眼、咽喉、皮肤等部位的不适和病变。建筑可持续化策略以人的健康舒适尺度为基本设计标准,在材料发展上对上述问题做出了一些积极回应,美国传统牛奶漆(Old Fashioned Milk Paint)公司,以牛奶蛋白、生石灰、地质颜料之古法来生产纯天然的"牛奶漆"(图5-1),色泽古朴美丽;德国的 AURO 自然漆公司的各种生态环保漆(图5-2、图5-3),完全以天然的亚麻仁油、天然生漆、蜂蜡为溶剂,以天然的植物、泥土、矿物为颜料,它不仅可以用于建筑界面的装饰,还可以作为高耐久性要求的室外保护漆。这种天然漆对人体无害并能保证使用品质,生命周期结束后可在自然环境中生化分解掉,回归自然而不会破坏环境,此类材料在人性化的可持续建筑中将大有前景。

早在生态思想形成的初期,阿道夫·卢斯(Adolf Loos)就声称建筑本应是作为自然本身的产物,这种和谐的结果必然是与地方自然和气候适应,在形式上看来

图 5-1　牛奶漆完成的建筑空间特别能表现朴素、清新、典雅的氛围

图 5-2　德国的 AURO 公司生产的 Ecolith
No.341 纯天然矿物墙面漆

图 5-3　AURO 公司自然漆产品的
环保做法示意图

应好似一种自然的必备气质,无装饰的神圣般的自然美才会使内心得到安宁和平静①。人对大自然有天然的向往和喜爱,自然气息总会给人一种惬意的如释重负之感,让人感到舒畅和愉悦。可持续建筑设计充分运用自然光、借景、植物绿化之类的生态化手段,它产生的一种亲近自然的感觉及其附属功能可以给人贴切入微的关怀,使人心情舒缓、情绪稳定、心扉开敞。例如,利用窗洞、玻璃和向外的开口把室外好的景致组织到建筑空间的视线范围之内,它让人融合、交流于自然,确定自己和自然的关系,从而心胸开阔、精神畅快。水平窗使人感到舒适开阔,垂直窗可以产生条屏挂幅式的艺术化隽永风景,大开口和落地窗使室内外的景致浑然一体。再如,绿色植物除了净化环境空气和愉悦情绪外,它还具有丰富的内涵和多种作用,如公共场所一般空间大而且功能多,若在建筑的出入口、空间功能的分隔

① 卡斯腾·哈里斯.建筑的伦理功能[M].申嘉,陈朝晖,译.北京:华夏出版社,2001:266-267.

处、存在视线遮挡的转角处、台阶和坡道等高低变化处布置盆栽植物,可以起到标识和引导提示作用(图5-4)。象征生命的绿色植物在人工化的环境中还能美化装饰环境,创造出自然清新的气氛使场所空间变得生机勃勃、亲切温馨、情趣横生。

阳光散射、绿色气息和户外景致等要素的表象组织关系就是一个功能的非线性函数,生成的是一个交流和休闲

图5-4 植物引导路线和分隔空间

的自然建筑空间。交往是一个人作为社会存在的基本尺度,休闲是快节奏的当今社会的基本人性需求,让自然阳光洒落在充满清新味道的绿色植物或植物墙上,再配合靠近植物边的陈设设计,人们会在阳光和绿色的自然意味中经历情感交融的体验,此时此地就是一个惬意的休憩场所(图5-5)。诺曼·福斯特(Norman Foster)的法兰克福商业银行总部大厦建筑设计(图5-6~图5-8)是一个典型范例,大厦内部空间成功将高层、高密度的现代城市生活方式和自然生态融合,景致旖旎的环境使人们愿意聚集于此,在此交流于人,也交流于自然,员工会带着愉悦的心情返回工作中,这是一个鼓励人与人交往,提升人际情感,并营造员工集体归属感的过程。查尔斯·柯里亚(Charles Correa)设计的干城章嘉公寓用空中庭院组织自然通风,同时这个天空景致下的开敞庭院也创造了一个供人集聚交谈的场所。咖啡厅、图书馆、家庭住宅都可以采用以上类似的方法(图5-9),营造一个既封闭又通透、既开敞又静谧的适宜交流的自然小环境。

图5-5 巧用自然元素的建筑空间

图 5-6　四季常春的底层餐厅

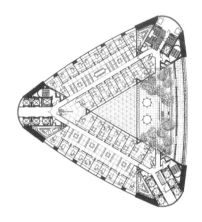

图 5-7　标准平面图,右边三角形区域为内庭花园

图 5-8　四层高的侧庭花园

图 5-9　一咖啡屋的内部景观

第二节　人伦道德责任

　　社会伦理牵涉到发展的公平性、秩序性、社会公义乃至社会整体结构等问题,涉及面广且待解决的具体问题复杂而棘手,它是一个和谐而可持续社会的重要保障。传统建筑的公共性作用具有一定的社会伦理意义,随着 1962 年蕾切尔·卡逊(Rachel Carson)的《寂静的春天》(*Silent spring*)和 1971 年维克多·帕帕奈克(Victor Papanek)的《为真实的世界设计》(*Design for the real world*)的出版,建筑设计开始更加关注对社会和环境的伦理责任,更深刻地认识到良好处理社会伦理问题并非易事。今天的可持续建筑在正面、侧面和附属效应上都体现出伦理意义

的属性,为社会的特殊人群关怀、公共利益、稳定有序、平衡发展等伦理方面的功能实现都起到了积极的作用。

可持续建筑设计的伦理道德意识以人生而平等的思想为出发点,对社会中的特殊人群和弱势群体,如老年人、儿童、病人、残疾人等有很高的关注,给予他们更多的关爱,意在减少他们的行为活动障碍,消除他们心理上的情绪的低沉和自卑意识,让他们自由轻松地享受设计所创造的美好生活。生态化的设计策略也确实在这方面都产生了一些新的效果。如在现代的医院建筑中,空间气氛总是有些莫名的冷漠,人会感到局促不安,特别是在急诊厅。若在建筑环境中利用绿色植物特有的多姿的形态,柔软的质感,悦目的色彩和生动的影子,以及对人的情绪有积极健康催化效果的清新气息和味道,这些植物特质都能缓和紧张、躁动的情绪(图5-10)。绿色植物净化空气,产生的负离子对一些慢性病有治疗作用,自然光是重要的环境卫生因素。在病房布置植物绿化,让植物清香充满空间环境,将自然光引入建筑空间,并由窗户借景,同时结合烟囱效应和风压通风,有效组织气流调节建筑环境的温湿度,把建筑空间和大自然联通,创造绿色健康的疗养环境,这都能达到慰藉心灵、愉悦精神的作用,有助于患者身体康复(图5-11),特别是能帮助医生治疗那些单靠医疗手段难以奏效的(精神和心理)疾病。医院是老年人常去的场所,充满心理关爱的生态化手段也为老年人创造了福祉,这种方法也同样适用于养老院,自然清新的生活环境和良好的人际交往帮助老年人提高了晚年生活的质量。

图 5-10 哥达 HELIOS 综合诊所的
候诊大厅

图 5-11 加州帕诺拉马(Punorama)
城市医疗中心病房

可持续建筑所应对的环境问题,事实上很多也侧面或间接地解决了社会问题,通过呈现能主宰它的那种力量,肩负着伦理责任,发挥着社会效益。太阳能发电技术在建筑中被广泛运用,它为建筑运行提供电力,并能向电网输送电力,这种不入反出的供电特点降低了传统发电的能源消耗,减少了对地球环境的污染;蓄能技术能在用电低峰时蓄电,高峰时可断开电网使用储存电力,减轻电网和供电压力。这些能源使用技术是对社会资源的合理分配,平衡社会需求。可持续建筑中提倡的适宜技术有助于缓解劳动就业保障等社会问题,适宜技术具有经济便利、与自然协调、地域特征强烈的特点,强调符合当地的经济水平,易于模仿和教授,便于基层劳动者上手,日本丰村石匠博物馆建筑就是有效传播和发扬当地木屋顶结构技术和石匠技艺的一个例子(图 5-12~图 5-14)。这种人性化的技术观在第三世界国家广受欢迎,帮助他们解决了当地的就业问题,本土的工艺文化也得以传承,有助于相对落后的国家和地区快速发展。地域文化的消逝引起了巨大的社会伦理问题,下面会专门论述可持续建筑对地域文化的保护和弘扬。对于基层劳动者和穷人,可持续设计师对他们的住房问题的关注已经延伸到影响政策的变化和形成。例如,孟加拉共和国的乡村银行(The Grameen Bank)房屋项目在帮助发展中国家的穷人建造住房领域挑战了传统做法。该项目的发起人穆罕默德・尤努斯(Muhammad Yunus)为农村贫困人口提供无须任何抵押的小额住房贷款①。获得贷款的每个人都配有一块预制混凝土块板、4 个混凝土柱,以及建造房屋顶所用的26 个金属波纹板。预制建材属于大批量生产,并以很低的价格出售给借款人。通常为了节约成本,全家成员自己动手建造房屋。图 5-15 是业主利用乡村银行小额贷款购得的现有资源搭建房屋外板的情形。每户房屋呈长方形,面积为 20 m²,并且干燥卫生。目前这种简单原生态的建造方式已建成 45 000 套房屋,成千上万的孟加拉人从这项住房项目中受益,当地的住房政策和银行信贷发生了体制性变革,如今这一模式已经复制到了全球②。

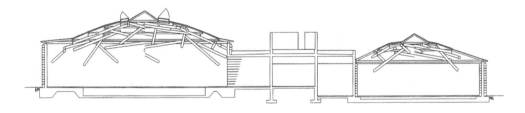

图 5-12　经过展厅的剖面图

---

① 詹姆斯・斯蒂尔.生态建筑:一部建筑批判史[M].孙骞骞,译.北京:电子工业出版社,2014:204-205.穆罕默德・尤努斯认为:每个人,不论社会地位的高低,都值得过有尊严的生活,应该被赋予照顾自己的机会。个人承诺,而不是资金,成为决定信用的主要标准。这是对社会底层穷人的莫大尊重。

② 同① 7,204-205.

 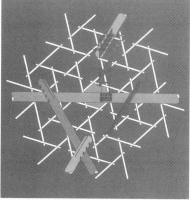 

图 5-13　主展厅屋顶复杂的木架　　图 5-14　屋顶结构规则的图解　　图 5-15　业主正在搭
　　　　　构及其支撑的石质券拱　　　　　　　　　　　　　　　　　　　　　　　　建房屋外板

　　而更深层的社会伦理价值甚至能关系到社会运行机制和秩序的形成、演变,尤其在如法庭和教堂等一些严肃和正式的公共建筑中。法庭的自然光线和通风条件可能会干扰法官的判断,影响法律制度的公正严明和社会公平的实现。有研究也表明,自然采光良好的教学楼能减少学生的不文明行为,这维护了校园的正常秩序,也能从精神上帮助培养学生公共文明的社会意识。在古希腊时代,神庙正面和诸神形象在宗教节日那天必须是面向阳光,一些基督教徒也觉得光线是因由上帝创造而变得神圣的。身处教堂这个"世界中心"时,人们相信光是人与上帝沟通、罪恶的世俗之身得到救赎的一条途径。自然光在教堂中的合理运用,不只是环境生态化的问题,也是关乎人们的信仰诉求和社会情绪稳定,这是一个增加有效信息量来减低社会熵值,使社会系统更加有序和稳定的过程。很多教堂都体现着对自然

光线的迁想妙得,如安藤忠雄(Tadao Ando)设计的"光之教堂"(图 5-16)。教堂的魅力就在于建筑的一面墙上开了一个十字形的孔洞,这个孔洞的光影交叠把十字架形象和自然光合为一体,在四周封闭、光线暗淡的建筑空间里,几乎一片黑暗,如果没有那十字架中具有强大力量的自然光线,信徒们何以体悟神圣感,搭救他们的上帝化身何以显现,抽象的、肃然的、静寂的、

图 5-16　光之教堂

纯粹的空间中，人类精神找到了栖息之所，众人置身极富宗教意义的建筑空间内，在凝重、神圣的十字光芒面前低下头来……

此外，建筑的很多可持续设计理念，如材料偏好木材等内含能量低的材料和当地材料，避免使用内含能量高的材料；5R原则、从摇篮到摇篮的全生命周期设计思想，等等，它们都体现出对资源节约高效的合理利用，为其他国家和地区以及未来的生存留足空间，不和当代人抢资源，不向下代人借资源，横向和纵向上都保证发展的公平性，这是对社会可持续性和谐发展的贡献。建筑可持续化设计事实上履行着许多带有伦理色彩的社会责任，其更广义的伦理价值表现则还涉及考虑物件的原料来自何处；生产过程是否破坏了环境，如杀虫剂的使用；工人的工作环境是否安全、待遇报酬如何，是否雇用了学龄儿童做童工，他们有无社会福利保障；某些被信赖的原生态材料，会不会因大量种植而破坏局部生态多样性。

第三节　综合经济价值

整个建筑行业本身乃是社会经济活动之产物，亦是国民经济建设的支柱产业，建筑具有天然的经济属性。可持续建筑的经济目标是在自然资源和社会资源消耗最小化的前提下，达到环境效益、社会效益、经济效益最大化，走绿色的、循环的、可持续的经济路线。可持续建筑涉及建筑设计行业和相关产业，相关的经济问题被整合到从原材料生产、设计、施工、运行、资源利用、垃圾处理、拆除直至循环使用的全生命周期过程中，这其中所表现出的是良好的经济优越性，它包括能降低自身成本和外部成本，甚至可以创造经济价值。在可持续观念还并没有完全颠覆当代商业逻辑的今天，正是这一系列的经济利益驱使商家投资营建可持续建筑。建筑中可持续策略的经济效益十分明显，并对社会发展具有可持续意义。

富勒在设计上主张少费多用和高效率，认为按照大自然的几何秩序建造的房屋会能效更高，会更节省材料，这是环境和经济得到协调的基础。今天的可持续建筑继承和发展了这种思想，在材料和资源利用上有"适用"和"节约"两个经济性原则。"适用"是指适度消耗自然和社会资源，满足人舒适生活的基本功能，舒适够用就好。"节约"是指通过减少使用，重复、循环和高效使用，提倡更小的空间，降低建筑建造的工程造价，减少资源消耗。可持续建筑设计为降低材料成本，会尽量选择当地材料①和少加工的自然材料,如用芦苇、麦秸、原始木材做成的门帘、窗扇等用于空间透风和遮挡阳光的建筑构件。图 5-17 是 Marcus O'Reilly 建筑事务所在澳大利亚维多利亚州设计的 Sorrento Beach House,用当地的未加工木材做遮阳设施。铝是高内含能量材料,但回收利用的成本很低,具有循环使用的价值,是使用在可持续建筑中的一种理想材料。坂茂(Shigeru Ban)设计的 2000 年汉诺威世博会日本馆(图 5-18)的原材料全部来源于回收加工的再生纸,设计师将废旧品打造成具有极高艺术价值的临时展馆,这个自然的材料在展会后全部被拆除再回收,运回日本后做成了小学生的练习本,这样的多次循环提高了材料的使用效率,这个展览馆是赋予旧建材绿色生命的典范。

图 5-17　Sorrento Beach House

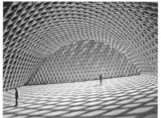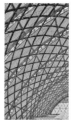

图 5-18　2000 年汉诺威世博会日本馆

　　在可持续建筑设计的初期,设计师一般会对需求变化、生活方式、文化模式、生态化程度、技术适应等做足够的整体性研究,比如客户会使用空间多久,真实的使用面积需求和空间的实际用途,客户的使用习惯和偏好,在未来新的生活和行为模式的可能性,使用可持续技术、回收材料和再生能源等生态策略的可能性,有时还会考虑是否有必要将这种建筑设计成可移动的,甚至是便携式的。这些可适性考

①　舒马赫.小的是美好的[M].虞鸿钧,郑关林,译.北京:商务印书馆,1984:35.英籍经济学者 E.F.舒马赫(Schumacher,E.F.)从佛教经济学的角度说明了"用地方资源生产来满足地方需要,是最合理的经济生活方式",用远处的资料满足近处的需要是一种经济上的失败。

量的目的是增加建筑的耐久性、交互性、灵活性和变通性,使建筑被使用者赋予价值,不论是物质还是情感上都使建筑和空间环境能够适应未来的发展,尽量延长建筑的使用寿命,这种高度的适应性使可持续建筑真正做到以相对较少的资金、资源、人力投入获得最大化生活空间的意义和价值。美国非营利组织威尼斯社区公司(Venice Community Housing Corporation)的便携式施工培训中心(Portable Construction Training Center)(图 5-19)完全用捐赠、回收的建筑材料建成,它是一个可移动的教学工作室,建筑空间敞开成一系列走廊,每条走廊中都根据需要灵活配备和组合相应的工具与设备来用于不同的技术课程,现场教授管工、喷涂、木工、石膏工艺和电气设备等课程,在同一片场地上,实际的建筑施工也正在进行,建筑竣工后该培训中心可被搬至另一处工地继续进行培训教学①。这个可适性极强的培训中心使威尼斯社区公司在节省了大量资金的情况下进行了许多公益活动,其经济性和社会效益异常明显。

图 5-19　便携式施工培训中心

可持续建筑以节约高效的方式为人们提供优质的活动空间,满足安全、健康、效率和舒适等要求,总能给予我们一份好心情,它所消除的隐性成本是已被肯定的,虽然这部分内容可能暂时还无法完全用经济指标来衡量,但某些实际效益也是我们所看得见的,对于企业管理来说,宜人的建筑环境能降低人事变动率,为公司节省间接成本,并且这部分成本是可以计算的,如美国联邦储备大厦在 2006 年被转售后,其所有者的改造目标就是美国 LEED 级别的可持续建筑,它的内部宜人环境可为承租的公司节省大量人事成本(表 5-1)。而可持续建筑最为硬性明确的成本节约则是产生在运营期间,虽然某些节能设计的初期投入可能略高,但它完全被分摊在运行期间的低未来成本中,并能要到相对高一些的售价和租金,这都可以补

①　Scarpa L. Portable construction training center: a case study in design/build architecture[J]. Journal of Architectural Education, 1999, 53(1): 36-38.

偿、平衡,有时甚至超过前期的资金投入。比如低辐射玻璃窗的造价高于普通窗,但可以更大程度上将建筑内部空间与外界热(冷)环境隔绝,减少了空调暖气的费用,补偿营造阶段的工程造价。再如,大量使用免费的自然能源是生态低技术的主要特点,如自然通风和自然光等,在降低能源消耗的同时都能够减少室内的照明和制冷取暖所产生的费用。

表 5-1　美国联邦储备大厦每年为承租商节省的人事成本

类别	员工年 变动人数	标准人均 损失	较国家年 均值同比	年支出节省
普通正式员工调动	191	\$25 000	−3%	\$143 250
关键正式员工调动	21	\$125 000	−3%	\$78 750
员工雇佣成本缩减	206	\$7 000	−5%	\$72 100
总计	—	—	—	\$294 100

然而,真正的可持续建筑还能创造经济效益,贡献于社会经济的增长,这一点在一个侧面上深刻地反映了经济发展依赖自然的“根”性,这种“根”性规定着:必须把经济活动常态化地置于自然之中,越是和谐生态、顺应自然规律的经济活动,越能适应经济乃至社会的发展。经验表明,在自然光线良好的办公室中,阅读效率会提高,而自然光线早在古希腊时代就已被认定是对智慧的一种诱惑,是知识、理智和艺术的象征,自然光线帮助可持续的办公空间以富有激励意义的宜人环境留住员工,出勤率和工作效率的提高会为公司挣得更高的经济效益。另外,自然光照条件下的卖场的销售额要比人工光照条件下的高 40%;还有购物环境的购买行为实验研究表明,自然植物香味四溢的购物中心也可以获得更多的营业额。在文化旅游产业方面创造的经济价值,是可持续建筑经济属性的又一特殊贡献,它的卖点就是自然美和特色文化体验。赖特(Frank Lloyd Wright)的流水别墅(图 5-20)

图 5-20　流水别墅全景与二层空间

横卧在环境里,开放性平面充满着横向延展的力量,使这个栖身之所无限向外界包被,墙壁好像渐渐消泯在环境中,和周围的环境融合的同时,也成功地把我们从原始"洞穴"意识中解放出来,给予在场者完全自由的承诺。流水别墅因它那诗画般的自然意境,每年吸引无数前来参观和膜拜的游客,为当地创造了颇丰的收入。

第四节　表扬特色文化

一种文化是特定范围内群体意识的反映,一个国家或地区依托文化才能彰显其魅力,生态思想和可持续发展也要求物种的丰富多样和文明的共时性。当今的全球化进程有吞噬地域文化的气势,存在文明多样性泯灭的危机,近年来人们对全球化的同化力量给予很高的关注,开始尊重地域文明的生活方式之物化成就,正在寻找应对策略,以生态与可持续思想为依托,地域文明在全球化浪潮中正日渐活跃。可持续理念要求建筑在可持续化过程中诚实地尊重当地文脉,以守护地域风情的态度,受惠于自然的馈赠。可持续建筑因某种环境、文化、历史、思想上的渊源,而不自觉地承载了地域文脉,扮演着当地文化传播者的角色,很多无伪装的形式结果就是在很自然地展现地域文化。

首先,可持续建筑要考虑当地的地理环境,而地域文化发展根植于它的地理环境,这种关系起源于最早的原始人没有支配当地环境的意图,没有以漫不经心的态度面对自然环境的事实。生态化与文化环境之间的桥梁从来都是存在的,今天的地域风格建筑中很好地保存着这种联系,所以很多符合功能的形式结果也就是在表现当地文化,一些生态化的建筑形式本身已经成为地域文化的表征[①]。例如,在马来西亚和印度尼西亚等湿热地区,高挑而向外伸展的大屋顶(图 5-21),公共区域的开放型亭台造型,这些建筑语汇已经是南洋地域文化的符号。再如,我国传统的干栏式住宅、云南西双版纳的竹楼(图 5-22)、北非沙漠地区的土屋(图 5-23),等等,这些地域气候条件下的住宅形式,已经是当地民俗风貌的象征。

---

① 苏彦捷.环境心理学[M].北京:高等教育出版社,2016:403.按照瑞士心理学家卡尔·荣格(Carl Gustav Jung)的"原型影响"说,在漫长的人类历史中,世世代代都会经历的东西让我们形成原型,它是对一类事物的感受、情绪和行为反应的天赋倾向。当我们后天与这种事物接触时,原型会影响我们对这种事物的认知和反应,并且形成一种称为原始意象的内心形象。在这个过程中,我们接触到的事物,因原型的影响,就对我们具有天然的象征意义。后来的进化心理学也得出了和荣格类似的结论。

图 5-21 印度尼西亚 Toraja 族民居

图 5-22 西双版纳的竹楼

图 5-23 北非马里共和国的回教清真寺

其次,现代可持续设计与东方的传统生态智慧有很多契合之处,道家的"道法自然""无为而治""复归其根"思想;儒家的"与天地合其德""与日月合其明""与四时合其序""参天地之化育"思想;佛家的"天地同根""万物一体"思想,等等。这些我国古代的生态哲学已成为当今可持续设计的精神资源,它们正在引导着建筑的设计,这样的空间环境中常常会很自然地体现出"天人合一""和合共生""返璞归真"等意境,使建筑空间不仅是一个物理场,还是一个心理场,这种凭借软价值手段营造出的空间感受是对我国优秀传统文化的有效宣扬。例如,广州的白天鹅宾馆中餐厅(图 5-24)采用传统装饰手法和中式家具,并把假山、池水等古典园林要素引入建筑中,再配以绿色植物,民族化空间语言中透露着自然的气息,堆叠的山石、盎然的绿意、若无尽的池水,仿佛大自然已完全渗透融汇了我们置身的人化空间,整个建筑环境中弥漫着中国式的"天人合一"的传统精神,人们在用餐的同时也经历了一次很好的文化洗礼。

图 5-24　广州的白天鹅宾馆中餐厅

此外,一些传统生态性建筑形态因当地的重要社会事件或见证了一个历史时期,而附有了特殊的文化烙印,这里的建筑已是地方历史文化为人们在现实世界所看得见的真实面貌,是地域性文化的表现形式,给人深刻的印象①。如黄土高原的覆土建筑——延安的窑洞(图 5-25)已经和中国红色革命文化联系在一起,当人们看到那半圆拱、木格窗、低矮而厚重的土砖,会自然想起当年抗战时期,党中央领导人在此进行革命工作的情景,一条条革命指令正是从这里发出,是这些厚实的窑洞保护了中国革命的思想和火种。这种特殊情感的观照会让那段充满正能量、鼓舞人心的中国红色历史感染到每一位在场者,空间环境中深刻的体验经历很好地向观者传播和弘扬了我国的优良历史文化传统。此外,可持续的建筑改造也非常注意对这些有特殊意义的历史建筑遗迹的保护,它们的文化光辉也得以更加持久。

图 5-25　延安窑洞革命根据地旧址

可持续建筑与传统和地域文化存有天然联系性,这一特质使之能很好地表达当地文化。并且,可持续建筑设计还十分注重主动保护和传承地域文脉,无论是新建还是改造的建筑项目,在形式、气氛和材料选择上都积极弘扬地域文化。乌鲁

---

① 布鲁诺·赛维.建筑空间论:如何品评建筑[M].张似赞,译.北京:中国建筑工业出版社,2006:117.

鲁-卡塔丘塔的国家公园文化中心（Uluru-Kata Tjuta National Park Cultural Center）（图 5-26、图 5-27）很好地以可持续化形式表现了当地文化，建造材料和技术方法完全尊重当地环境。文化中心由两部分构成，之间以围场和遮阳廊连接，这两幢蜿蜒盘旋的建筑代表着当地神话中主宰分离和结合的蛇的形象，建筑和空间本身就是文化的载体，向人们诉说着此处土著阿那古人（Anangu）的文化及其与此神圣土地之间的渊源关系。该中心的设计成功抓住了乌鲁鲁的传统内涵，很好地展现了当地的历时性文化传统，面对商业文化的冲击，该中心将坚守其文化内涵①。直接袭用当地传统建筑形态，也是可持续设计保护发扬地域和传统文化的一个惯用方法，如日本传统房屋从榻榻米、竹、石、纸、木等材料，到构成要素和空间组织布局，再到通风、采光的适用功能，以及形塑"空"和"寂"的独特禅宗美学，全方位体现出日本传统住宅的生态意涵和价值，所以现代日本建筑很多依然沿用这种建造和构造形式，表现出浓郁的日本文化特色，既保证了建筑的可持续性，也恰到好处地传承和弘扬了日本传统文化（图 5-28、图 5-29）。积极弘扬地域文化的设计师代表当属埃及的哈桑·法赛（Hassan Fathy），他在新建筑或旧建筑改造中均刻意地为埃及"国际化风格"的建筑设计推导出一种以文化为基础的替代方案（图 5-30）。他对当地原型建筑展开了广泛的调查研究，之后在著作《为了穷苦者的建筑》（*Architecture for the poor*）中详细描述他完成的 50 余项课题，这些课题构成了来之不易的"传统知识宝库"，这些知识解释了如何用他所称的"适宜技术"对恶劣的气候条件进行改良。

图 5-26　乌鲁鲁-卡塔丘塔的
　　　　国家公园文化中心

图 5-27　乌鲁鲁-卡塔丘塔的国家公园
　　　　文化中心展览厅

① Jones D L. Architecture and the environment: bioclimatic building design[M]. New York: The Overlook Press, 1998: 149.

图 5-28　传统日本风格的现代建筑　　图 5-29　隈研吾设计的波特兰日本庭院文化村

图 5-30　哈桑·法赛设计的具有浓郁地域风格特征的 Fouad Reyad 住宅

　　一些富有民族文化情结的生态材料,在建筑中同样创造出了空间文化的传统感。竹是一种优质的环保材料,同时也是中国文化的象征。白居易在《养竹记》中总结竹的品性为"本固""性直""心空""节贞",将之比作贤人君子,由竹的不畏严寒联想到人的坚贞不屈的人格品质,由竹的清风瘦骨联想到一种"超然脱俗"的人生境界。竹已是中国的民族文化符号,它交合着环保和传统文化的气息,用于建筑使空间气氛高雅、自然、清新、秀雅,竹是一种表达可持续建筑之中国风意蕴的理想材料。在设计中经过艺术化处理(图 5-31),竹的民族品格、文化禀赋和精神象征会自然地弥散在空间环境中,中国文化品质会感染着每个在场者。例如,2015 年米兰世博会中国馆(图 5-32、图 5-33)的顶部构造材料采用具有中国文化象征意义的竹片,二层宴会厅隔断饰板内用嵌有中国传统工艺的竹编形成的美丽的造型做建筑空间装点,这些富含中国文化气质的生态材料体现着我国传统与现代科技之间的历史性联系,配合着"天、地、人、和"概念的建筑环境,中国馆借助一个全球范围的博览大舞台向世界展现了一个古老国家的深厚文化底蕴。

图 5-31　以透着清香的"竹"墙为载体,使整个　　　图 5-32　2015 年米兰世博会中国馆
　　　　　空间表现出浓郁的中国风气质

图 5-33　2015 年米兰世博会中国馆中餐厅

第五节　教育引导作用

　　可持续建筑所蕴含的是绿色环保的可持续生存理念,建筑最终是要为我们提供可持续的健康自然生活方式,但事实证明没有绿色健康的生活理念配合的可持续建筑甚至会破坏自然环境[①],技术手段的发展永远无法挽救人类堕落生活所带来的环境危机。说到底,可持续建筑只能是某种意义上的辅助工具,我们的思维方式决定着建筑可持续化的作用和意义,乃至可持续社会的未来,人是地球上唯一可

---

　　① Rezapour Y, Jabbarieh A, Behfar F, et al. Cultural aspects analyses in sustainable architecture[J]// Proceedings of world academy of science, engineering and technology. World Academy of Science, Engineering and Technology, 2012(67): 1321-1323.

能变为具有拯救意识的物种。而现在人们的消费型生活方式依然明显,一味地追求物质上的奢侈享受,少数认识到可持续化设计意义的人或许正在为这一切过于舒适的生活方式而惴惴不安,但囿于从众心理而仍慎于言行。很多人认为可持续建筑是一派"绿色"或"生态"设计风格[①],甚至至今仍然有人把它当作与人本主义相悖的事物并视之为异类,或者将它看作披着绿色面罩的资本主义(由于可持续性是基于资本发展的),当代人对可持续观念的认识仍不够深刻。所以,促进人们的可持续意识,尽力使全社会的每一个人都能够变为自然界的良性酶已是目前的重要任务。

建筑的教育功能早已被古罗马人证明和利用,因为建筑空间绝对不仅是体量和大小,人的尺度在寻找与空间的关系中规定着空间,也被空间规范,建筑就像一个磁场,其特质、精神、情感等都会流露在空间环境中形成的一个信息场,建筑中的人能感应到它所传达的语义,人的行为、心理和意识都会不同程度地被这个磁场磁化,勒·柯布西耶(Le Corbusier)甚至认为通过建筑能绕过流血的社会革命而达到改良社会的目的[②]。古罗马人总会在被他们征服的地方建起古罗马样式的建筑,其特点是阔大的拱券结构和厚厚的砖石墙,这种雄浑凝重中透露出的罗马人的威严和力量不时地在提醒着当地人:这里属于罗马。建筑向当地人宣告着罗马的权威,告示他们必须臣服于罗马[③]。同样,可持续建筑的可持续理念也必然会或多或少地自然呈现在建筑造型和环境气氛以及设计过程中,潜移默化地影响到停留在空间场所中的每个人,给人们传递节约资源和保护环境的信息,使人们感受到融入自然和回归健康生活方式的美好,这种平常性的体验为我们理解可持续化的含义和对自然的热爱播下了种子。

可持续建筑的很多新造型语汇和节能技术,都会在我们的绿色意识上产生一些积极影响。每当人们抬头看到这些显得与众不同的新形式,如导光板、导光管、个性化送风孔、呼呼转动的风力发电机等(图5-34～图5-36),就会想到它们的新功能。在频频的接触中,新建筑形式的语义一直在向人们传达"可持续"信息,每次视线的捕捉都是可持续思维在脑海中的深化,这可能是排斥主观心理事件的实证主

---

① 周浩明.可持续设计是一种风格或流派吗?[J].美术观察,2010(11):28-29.
② 勒·柯布西耶.走向新建筑[M].陈志华,译.2版.西安:陕西师范大学出版社,2004:240-241.在《走向新建筑》中柯布西耶写到:"下班……无所事事的人要干些什么? 到现在为止,只有到酒吧间去。……窝是令人讨厌的,头脑也没有为利用工余时间接受教育。我们因此可以正确地写到:建筑关系到道德败坏,道德败坏就要革命。"他以住宅为例,说明了当时落后的建筑已引起了道德问题,若任这种现状继续下去,会有社会革命的危险,希望通过新建筑帮助重塑社会秩序。
③ 陈志华.外国建筑史:19世纪末叶以前[M].4版.北京:中国建筑工业出版社,2010:76.

义者所无视的,但这种无形的感染力量是客观存在的。例如,地源热泵事实上作为一个媒介,把人和大地深深地联系在一起,使我们和地下深处的神秘力量非理性地协调一致,来自大地的温暖包围着你的身体,正是大地赐予你此刻的舒适感,除了感激自然的恩惠,还有什么呢? 再如,中水循环系统设计是节水价值很高的可持续手段,略带浑浊的水质、哗哗的盥洗声,透露着一种忧患的气氛,时时在叮咛人们"节约用水",珍惜有限的淡水资源,水表以及其他设备上的能量计量表(图 5-37)还可以鼓励用户减少水和能源的使用。共生建筑事务所将建筑雨水收集、蓄水和水循环系统暴露在建筑界面之外(图 5-38、图 5-39),并将它们精心设计为一道引人注目的建筑景观,水从一段高度落在水池上方的平板上产生清心的声响,使整个"表演"更加精彩,并在前面做大面积活动空间作为人们可以驻足观看的场所[①]。但人们在此不只是欣赏到水的景观美,此时的水元素已不止于感官愉悦,人们在此也观察到水位涨落和水质变化,水元素成为一个可理解的感观刺激,一个启示和引起深思的触发点,观者会开始留意并关注水源污染问题,意识到水源保护的重要。

图 5-34 光导照明

图 5-35 建筑风力发电机

图 5-36 导光板

图 5-37 能量计量表

---

① Sang Lee. Aesthetics of sustainable architecture[M]. Rotterdam:010 Publishers,2011:180,253,254.

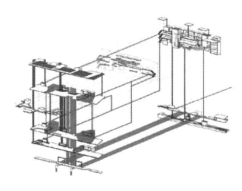

图 5-38 建筑水循环系统示意图　　图 5-39 暴露在视野之中的雨水收集、蓄水和水
　　　　　　　　　　　　　　　　　　　　　　循环系统给人以直观而深刻的感受

　　参与式设计(图 5-40)是可持续建筑设计过程中的重要特征,它鼓励建筑的管理者、使用者、投资者及一些相关利益集团、周边邻里单位参加到设计的过程中,使他们的意愿和利益在相互的协调和平衡中得到最大化的实现和满足。这些原本没有机会深入体验可持续设计的人通过一次设计活动,能有助于提高自身对可持续意义的认识,政府决策者提高了环境意识,投资者和使用者更确切地理解了可持续价值观和生态伦理观,并且这些设计参与者在建筑使用过程中会更加深刻地体会到建筑的可持续属性。久之,深化的理念会转化为价值取向,在行动中自觉形成"绿色"生活习惯。

图 5-40 参与可持续设计的过程就是一个受教育的过程

　　建筑可持续策略的教育作用已经被有眼光的设计师认识,并在它们的设计项目中开始有意识地在感官上让人留意到建筑生态化的痕迹。在 SMP 事务所设计的一所学校中,设计师刻意打造了一个教育人的建筑景观环境(图 5-41)。单廊式交通组织有着充足的阳光,教室环抱中央庭院,使学生在视觉上和物理上都与自然

随时联系。开放的天光中庭提供了一个可变的绿色画廊,这里有可以转动的壁画,三维的雕塑和其他关于研究项目的科学展览或是全球性的可持续的展览。学生和参观者可实时看到建筑系统内部工作的情况,可以比较电能、水和太阳能的利用情况①。在威尔士,"特种技术中心"作为一个自给自足的建筑,也很好地起到了宣传"软"能源和循环系统的普及教育作用②。

图 5-41　人们在校园建筑中的活动情形

然而,真正好的可持续建筑会处处透露着环保的气息,无须设计师刻意对其附加"教说"功能,便可达到自解其义、自然领悟的状态,这种美景本身就是一个活的可持续课堂,正如建筑师丹尼尔·贾斯林(Daniel Jauslin)所言:"指向自然的审美感受会触发环保意识的重塑和更新。"③引人入胜的美境中蕴藏的生态思想无处不在地包围着你,悄无声息地潜入你的意识,无时无刻不在向身在其中之人传达着生态意识和可持续思维的重要性。赖特的流水别墅已是世界闻名的文化景点,每年有无数观光者来此感受如梦如画的自然意境。赖特对自然光线和自然环境的巧妙把握,使建筑空间充满了盎然生机,环境元素象征着自然的力量和秩序。自然光线流动于起居室的东、南、西三侧,结合基地上原有的天然石材和上了厚蜡的凹凸不平的石板,阳光就像是涟漪在河床上起伏,楼板下方的溪流传来潺潺流水声,其环境感染力使人仿佛置身自然之中。那最明亮的部分光线从天窗泻下,一直通往建筑物下方溪流崖隙的楼梯,从起居室通到下方溪流的这个著名楼梯(图 5-42),关联着建筑空间与大地,是内、外部环境整体化一不可缺少的媒介。潮润的清风和淙

①　大卫·伯格曼.可持续设计[M].徐馨莲,陈然,译.南京:江苏凤凰科学技术出版社,2019:173.
②　刘先觉,等.生态建筑学[M].北京:中国建筑工业出版社,2009:24.
③　Jauslin D. Landscape aesthetics for sustainable architecture[J]. Atlantis,2012,22(4):15.

淙的声响会顺着这个楼梯飘入建筑空间,人也可以在此亲近大自然。人们禁不住地一再流连徜徉其间,以强大的诱惑力向人们昭示着融合自然的美。

可持续建筑的教育功能不是一种道德原则的说教,而是与人的内心体验和情感倾向融合在一起的绿色变革与创新的催化剂,它把外在的理性要求转化为内在的自觉而自

图 5-42　流水别墅

由的心理欲求。很显然,可持续建筑已经在不断地告诉我们,人与大自然有天然的紧密联系,离开自然系统我们无法持续性发展自己,但也绝非是要我们完全地"返回自然",设计中就是一直在与"复归主义"做斗争,这种看似回归田园的简朴生活,实则是超脱人性的禁欲苦行,可持续理念是以人为本的,设计行为的目标是要赞美生命。相信在不久的将来,随着可持续的和谐发展思想逐渐地真正深入人心,建筑的营造和使用中会本能地考虑可持续性,它会成为设计方法中固有的一个部分,就像现在的安全性一样,不需要过多深奥理论的支持,那时"可持续建筑"一词也可光荣地淡出历史,"建筑"——永续之美,生机无限。

第六节　属性关系及意义

可持续建筑不单只是把人和自然有机地联系起来,还在一定程度上满足了社会和人的真实需求,在合规律性与合目的性的统一中,可持续策略伴随着许多社会目的性和价值属性,体现在建筑形式、环境氛围、设计理念等各个方面。建筑绿色化的社会意义是通过调节人与世界的关系而展现的,涉及人的身心健康、社会发展的经济支撑、伦理道德问题、文化繁荣、人的绿色化生活,它就是可持续社会范式的一部自传,这重新定位了建筑在人类社会中的位置和意义。

可持续建筑主要是在伦理、文化、经济三个大的社会构建板块对我们的社会产生价值作用(图 5-43)。在伦理方面,可持续建筑帮助实现了社会对人的身心健康的基本关怀,对人际交流沟通的促进,对社会弱势群体和穷困人群的照顾,教育民众保护环境,也在一定程度上做到了代际公平,对社会资源与利益的公平分配和社

会机制的完善,积极鼓励使用者等一切利益相关者参与可持续社会的构建,显露出推动人文生态视域下的社会道德准则重建的作用。在文化方面,可持续建筑设计保护、继承、传播、发扬地域和传统文化以及濒临绝迹的民间文化,并且努力推进可持续文化的快速普及,同时展现文化的时代感,使我们的当代文化世界在生生不息中精深悠蕴、丰富精彩,也使灿烂的传统智慧之光重新充裕我们的社会文化,丰裕的精神资源和财富让更多的人在多样、独立、异质、完整的文化中受到浸染,这是生态时

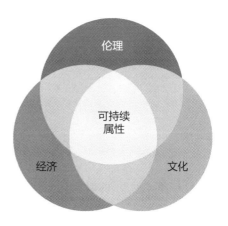

图 5-43　可持续建筑的社会属性

代文化多样繁荣、夯实精神家园根基的有力保障。在经济方面,可持续建筑于低支出高产出中保证我们人类能够持续生存的情况下,在为政府削减支出、为企业降低成本、为个人节约开支的过程中追求全面的经济利益,同时为整个社会创造了数值可观且看得见的实在经济效益,以隐性潜在的方式维持经济的持续增长,并在一定意义上提高了劳动效率和社会生产力,这条绿色经济之路有助于可持续理念为普通大众所乐于接受,也为和谐社会事业的持久发展和长足进步提供了强劲的动力和刺激。

　　建筑的可持续策略展现着社会文化和自然生态相交融的人文精神,以生态文明创造着社会规范和秩序的新面貌,可持续建筑的各个方面在不同程度上具有许多的社会价值。在未来的某一天,当可持续设计被当作建筑的一种平常事件,而非具有今天的进步性和革命性事件时,建筑的社会属性将会表现得淋漓尽致,承担极大的社会责任,提供更多的社会福利,为人类社会创造更健康、更优美的存在状态,并最终助力我们的可持续社会迈向那个真善美的和谐世界——人诗意地栖居在一个与大自然之家相和谐的理想文明社会。

第六章 人情表征

人的存在是空间性的,空间环境不可能与人分裂开来。正如知觉现象学家梅洛-庞蒂(Maurice Merleau-Ponty)所指出的:"我的身体在我看来不但不只是空间的一部分,而且如果我没有身体的话,在我看来也就没有空间。"①而几个世纪以来,人们又总是将建筑、绘画和雕塑统称为美术。这就是说,作为人存在和活动的主要场所——涵盖着空间环境意义的建筑历来关联着"属人的美",这里所言的"属人的美"就是建筑的物质形态以及环境氛围对人类情感的一种表达。建筑空间是直接赋予身在其中的我们产生感受和认知的介质,丹麦建筑理论家斯蒂恩·埃勒·拉斯姆森(Steen Eiler Rasmussen)曾在其著作《建筑体验》(*Experiencing architecture*)中解释道:建筑环境元素,包括实体、空间、平面、比例、尺度、质感、色彩、节奏、光线和声响,等等,在视觉、听觉、触觉等方面给予我们以建筑体验的微妙、复杂又深刻的影响,这使我们直接从与我们生活世界息息相关的具体情节经历中领略到建筑的情感属性、心理意义和空间精神。一个好的建筑必然是一件属人的艺术化作品,空间中诸事物的质量、属性和意义都是在透露关于人的各种信息和故事,它本身具有丰富的人文情感,通过我们的在场,这些情感属性都会在感知、理解和评价建筑的心理和行为模式中具体有力地呈现出来。

吴良镛先生指出:"今天我们改弦易辙走可持续发展道路,必将带来又一个新的建筑运动,并将影响到下一世纪建筑学的发展,包括建筑科学技术内容的极大丰富和建筑艺术创造的相应发展变化。"②吴良镛先生一席话指出了在建筑技术和艺术的整体性中存在着心理功能之于实用功能中的某种依附性,从物质和精神两个角度道出了可持续建筑人文层面的一个发展方向,即不断发展的可持续技术向建筑的融入会带来建筑的"艺术创造"的变化,它包括审美、心理满足、情感观照、空间体验等方面。所以,与生态化技术互融共生的生态美学,很自然地已经成为目前可

---

① 莫里斯·梅洛-庞蒂.知觉现象学[M].姜志辉,译.北京:商务印书馆,2001:140.
② 吴良镛.21世纪建筑学的展望:"北京宪章"基础材料[J].华中建筑,1998(4):1-18.

持续建筑设计的艺术创造的一个理论基础。可持续建筑设计融合各种生态化技术和可持续策略,会产生许多新的建筑和空间形态,创造新的空间精神和环境意象。可持续建筑除了保留传统建筑的人情关怀以外,还会在观照自然的过程中显现出新的、特有的人文情感表征,会重塑建筑的人文含义和表现方式。它主要表现为愉悦视觉的美观形态、环境亲宜的心理愉悦、怀旧属人的情感寄寓、融合自然的生命体验。

第一节 美观的形态

外在美对人类的吸引力始终规引着建筑设计的造型艺术行为,设计师已经在自觉和不自觉中追求着形式上的美感。可持续建筑设计发展至今,对建筑生态美的理论研究和实践还处于起步阶段,产生了一些形态优美的案例,这在部分相关文献中有所记载,并且在对可持续建筑的实证研究中,这些引起我们视觉愉悦的美的形态也能很容易地吸引到我们的视线。但对可持续建筑本身所显露的异于传统建筑的美感,还远未被完全清楚地认识到。可持续建筑设计以和谐自然为一项重要指针,依托生态化技术的支持,注重保护生态和文化的多样性,建筑造型与空间创作在表现形式和组织关系上会体现出一种合乎逻辑与美学的建筑形态,这种形态具有极大的视觉艺术张力,并且这种整体思维下的可持续美学绝非某种单一形式,它突出表现为超然于传统建筑之上的自然生态美、技术美和地域传统美。

首先,生态性是可持续建筑的最重要特征,设计的重中之重就是必须保护环境、和谐生态、融入自然。在这种指导思想下进行的设计活动无时无刻不考虑到关于生态、环境、自然的一切问题,必然使建筑形成带有生态隐喻意味和融生于自然环境的形态,使空间环境浸染着自然的气息,整个建筑空间会体现出一种自然原生态的感觉。美学大师宗白华曾说:"自然无往而不美。"假物不如真象,假色不如天然。当设计对视觉愉悦的本能追求结合于这种自然属性时,建筑就会表现出质朴美、生态美、自然美,好似一件"人化的自然"的艺术品。

六面空间的几何形态具有它自身在可持续方面的功用,也是可持续建筑的重要选择,所以,可持续建筑依然具有类似于建筑的形式美特征。然而,自然界中近乎完美的动物、植物、地质甚至水流等各种结构和形态是高效用能、节约资源、信息处理的典范形式,可持续建筑设计会尽可能地对这些有机形式加以模仿和效法,以获得良好的建筑性能。在这种思维影响下,设计的一些建筑形式往往不拘泥于纯几何语汇,栩栩如生之意味的形态会体现出造型的自然美。尼古拉斯·格雷姆肖(Nicholas Grimshaw)的伊甸园项目(Eden Project)(图 6-1、图 6-2)巧用蜂窝状六边形结构所创造的穹顶形式节省材料、减轻重量,结构强度也高,形态上让人联想到昆虫的复眼和水中的气泡,又给人梦幻的美感。整个建筑依附于南向峭壁,栖息在山堆上充分接受着太阳能量,平面上完全不扰动原有场地,"照搬"崎岖地面的初始地貌形态,道路和水系向四面八方曲折蜿蜒。伊甸园建筑项目是对大自然有机形态的极致模仿,是建筑自然美的形式典范。

图 6-1　伊甸园项目

建筑形式的塑造依托于材料,生态材料是可持续建筑从观念到有形的主要物质载体。建筑设计中所采用的生态材料较之传统材料数量并不算多,但它强调少加工和天然性的特征使之在色泽、肌理、质地、形式的感观上富有优于现代工业材料的自然生态之美感,如泥土、竹、农作物纤维、芦苇等的形式和质感有天然朴野的艺术形象,这是理性、冷漠的不锈钢、铁、水泥、塑料等材料所难以企及的美学属性。例如,建筑工作室 Heri & Salli 在

图 6-2　伊甸园项目剖面图

维也纳设计的公寓式个性化酒店(图 6-3),深红色的砖墙、粗犷的木质天花和地板、细木条构成的遮阳板和家具都未做任何表面处理,它们展现着天然、本真的材料美,共呈一域的各种材质既有色调和结构的共振调和,又有质地纹理的对比互补,丰富多元的质感艺术效果给人以视觉的享受。甚至一些经处理的生态材料的逼真效果都并不亚于天然材料的质感之美,意大利坎迪达斯·普鲁杰尔(Candidus Prugger)公司制造的可弯曲木材(Bendy wood)(图 6-4)是一种刻纹 3D 铣削整体着色的中密度纤维板(MDF)和胶合板,加工过程没有添加任何化学药剂,比传统

工艺更加环保,它那富有动感韵律的水波纹理,具有天然木纹所不具备的自然的活的生命之美。

图6-3　维也纳一公寓楼内的客房

可持续建筑在软环境设计方面常常会在室内配置绿色植物、设置室内或内外相连的水体、把室外景观引入室内等,这些可持续建筑软环境设计的常见做法是空间环境自然生态美的直接写照,也是可持续建筑自然美艺术特征的重要组成部分,它们和建筑实体一道构成可持续建筑的整体形态之视觉美感。在如图6-5所示的餐厅方案中,设计师运用水体和植物作为有效调节温湿度的手段,借助用于自然采光的窗户将室外的风景引入了室内,高低错落的绿色植物分布在地面、台阶、墙面和玻璃边,水体蜿蜒在地景中,在郁郁葱葱的植物间潺潺流过,并在低层地平面上以很自然的形态出现,屋顶和建筑上部的木头材料充满自然气息,木架构的人工技术更是衬托出建筑软元素的自然原生态意味,整个建筑体现出实虚相生、动中显静的生机盎然景致,给人自然美的视觉享受。

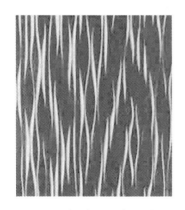

图6-4　新型 MDF 板面纹理　　　图6-5　布满植物和水景的建筑
　　　　　　　　　　　　　　　　　　　　具有自然生态之美

其次,可持续建筑的实现和发展依赖于技术手段,受到其关键性支持和约束作用。当前建筑设计中的可持续技术手段主要分为低技术和高技术,传统的和新兴的可持续技术显现或隐藏在建筑实体中,是一种推动力和催化剂,带动、促进建筑新形式的产生和演替。所谓自然美即在于自然本身,美是客观事物本身的属性,这些新产生的建筑形态具有它本身的视觉美感,并且不同的技术条件会产生不同的美,如索膜结构的预张力之动态美,钢架构的稳定和力量之形式美。

我们说技术成熟的那一刻就是对美的自由性追求的开始,技术的娴熟会很自然地释放设计师潜意识中对美的追求,很容易产生具有视觉美感的建筑形态。低技术已有一套较为成熟完善的造型体系,其形态中常常透露出的是一种谦和、低调、朴实的感觉,体现出一种乡土气息的、带有时间沉淀的、融合自然的传统美和原生态的美。例如,海利康工作室(Helicon Works)的比尔·哈钦斯(Bill Huntchins)在华盛顿特区附近的塔科马公园(Takoma Park)为自己设计的住宅(图6-6),便是优美的低技术生态建筑的典范,他采用回收再利用的木构件,草砖做成的墙体表面仅以简单方法涂饰色调素雅而自然的天然灰膏,整个建筑空间显露出的是不规则的、有机的、好似自然雕饰的形式,给人以朴野、素静、感官愉悦[①]。再如,越南设计师武仲义(Vo Trong Nghia)在越南平阳省设计的风水酒吧(wNw Bar)(图6-7),是一个坐落于湖面之上的纯粹的竹构筑物,整个酒吧未用一根钉,其低技术手段完全采用越南当地的传统竹编制手工艺,为便于聚集和排出热空气,竹条弯曲而成的建筑形态向上逐渐收窄至顶部的一个圆形开口[②]。隆起的屋顶,

图6-6　比尔·哈钦斯的自宅

图6-7　风水酒吧

---

① 西恩·莫克松.可持续的室内设计[M].周浩明,张帆,农丽媚,译.武汉:华中科技大学出版社,2014:26.

② 周浩明.持续之道:国际可持续设计学术研讨会暨设计作品展[M].北京:中国建筑工业出版社,2014:61.

垂下的吊灯,晕眩的天光破顶而入,随着醒目的竖向竹条倾泻而下,纵横交错的竹编织结构形成虚实断续的形态变幻,空间形式的美感引人入胜。此外,竹的质地独特,富有清新的自然感和雅致情趣的人文属性。这间风水酒吧的竹构形式向身在其中的坐饮者展现着低技术造型的自然美的艺术价值。

先进的新兴技术有着无限的形式可能,空间审美生成的自由度很高,其新奇的美学形象常常是创造性的,具有强烈的时代感。高技术(包括新材料、新结构、标准化、轻质化、计算机控制等)往往体现为更高的高度,更大的跨度,更强的力度,更复杂的结构,表现出的是耀眼夺目的时尚新潮的现代美。诺曼·福斯特(Norman Foster)的德国柏林国会大厦改造(图6-8、图6-9),为了防止建筑内部热辐射过量,并得到良好的通风,穹顶上倒吊着一个造型奇特的弯曲椎体,其顶部设置了一片可追踪太阳的遮阳栅格,这些形式不仅在能源效率上起到重要作用,还能成为建筑空间的装饰物。似一株植物又使人联想到昆虫躯体的倒椎体,以及叶片样式的遮阳扇的轻盈、优美形象,是给人留下深刻印象的视觉焦点,所具有的艺术表现力让人享受到美的感官愉悦。高技术的复杂结构也可以表现出建筑的空间环境美。日建设计公司(Nikken Sekkei)设计的日本松下电子公司信息传播中心大厦(图6-10)突出了人与技术的和谐,用梯形的建筑体量来获得更多的自然光线,并避免街道的回风效应对建筑造成不利影响,在倾斜的外维护结构中还整合了人工通风系统。这个高效率、多功能的高技术玻璃墙体和支撑构件造型在光影中富有节奏感,并与廊道的虚实层次感相呼应。基于环境考虑的纯功能主义的无任何附加装饰的建筑表现出高技术的力量、稳定和秩序之视觉形象,让人感受到技术形式美的愉悦。

另外,每一个建筑都是地方和区域属性的产物,建筑的艺术造型因当地气候而异,更因地域文化而异,它受当地气候的根本性影响,也受地域文化潜移默化的深层次影响。可持续建筑设计完全依循当地气候条件及其变化规律,新形式中不乏

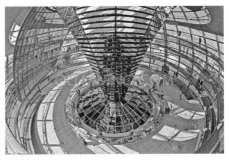

图6-8 德国柏林国会大厦新颖奇异的美丽穹顶

图 6-9　德国柏林国会大厦穹顶下方的会议厅　　图 6-10　松下电子公司信息传播中心大厦

样式美的建筑形态。可持续建筑强调对当地文化的传承和发扬,设计中会积极运用一切可能的技术手段融合和表现传统文化和地方文化。所以,建筑的形式美中也必然会散发着地域文化的气息。

可持续建筑总是顺应当地气候而制之,气候是设计中必须考虑的一个基础因素,建筑的形态表达直接受到它的影响。合理应对自然气候这一制约因素以改善建筑微气候环境是设计的重要动力,设计师在巧妙地运用气候与建筑之间的矛盾中往往会产生许多美观的建筑形式,在寒冷地区有玻璃温室的通透晶莹之美、墙体的厚重之美,在干热地区有通风构造的艺术之美,在湿热地区有建筑结构的轻巧空透之美,在温带地区则表现出保温、遮阳、通风的综合形式之美,不同的气候区域和气候条件催生了丰富多样的建筑空间形态美。哈桑·法赛(Hassan Fathy)一生致力于建筑气候研究,他认为建筑形式不应只是功能和结构要求样式化的结果,还应能够与人体的生物舒适要求和生命环境保持协调。基于此观点发展出适应当地干旱多风气候的建筑语汇,从中解析出如穹顶小凉亭、风廊正方穹隆单元等美观的元素,并在实践中以这些元素的组合创造出具有地域美的建筑艺术形态。马来西亚吉隆坡印度尼西亚大使馆(图6-11)的遮阳形式可算是建筑气候美学的典

图 6-11　马来西亚吉隆坡印度
　　　　　尼西亚大使馆

范,倾斜而努力向外伸展的大檐板,不只是为遮阳和遮雨,还能为空间引导自然通风。这种凸显于建筑本体的特征造型,不仅使之成为吸引眼球的视觉中心,还产生了深深的遮阳、丰富的阴影,它们都是富有特色和视觉美张力的形态语汇。

传统和地域文化在形式上经过长时间发展,已经拥有一套非常成熟的造型语汇,建筑形式、特征构件、饰物、纹样、图案等传统艺术手法不但成本低廉,而且富有相当的视觉表现力,正所谓美即源于文化的发扬。出于对地域传统的保护、传承和发扬的考虑,设计师往往会在充分了解和掌握当地文化和传统地方建筑形态的基础上,在形式、空间、布局和构造上采用相应的技术措施和处理手法,让地域传统在现代之中找到依存,而其造型语言会使建筑呈现透露文化气息的形式美感。让·努维尔(Jean Nouvel)设计的巴黎阿拉伯世界研究中心(图 6-12、图 6-13),希望突出研究中心的文化性质,在考虑控制太阳照射对室内的影响以及最大化地利用自然光的同时,他将具有浓郁地域情结的伊斯兰图案样式融入镂空的窗扇,闪着灰蓝色玻璃光泽的金属面板上用刻满整齐细密的小方格子表达出强烈的阿拉伯风情,这种地域传统文化精神下产生的造型,富有秩序感、节奏感的魅力,其形态美感起到了极好的装饰性。

图 6-12　巴黎阿拉伯世界研究中心立面上　　图 6-13　巴黎阿拉伯世界研究中心走廊
　　　　　具有伊斯兰传统图案的镂空窗扇

传统的低技术是根植于当地而发展起来的,新生的低技术则具有较强的向当地社会和经济等各个领域渗透的能力,低技术浸染着地域和传统的文化,是地域传统在与现代文化的统一中的延续表现,所以,设计师们在运用本土的、传统的低技术和建材的同时,会很自然地使低技术建筑形式表现出地域传统文化之美。英裔印度设计师劳里·贝克(Laurie Baker)是一位开发利用传统地方建筑技术和地方材料的优秀设计师,他真正懂得传统建筑中适用技术的潜在价值。设计中尽量用瓦、砖、石灰、泥等传统地方材料来代替混凝土和玻璃,也尽量使用旧的回收材料,但他所营造的低造价建筑却同样具有很高的艺术价值,如砖材粗糙质感的古朴自然之感、拱券的曲线呈现出优美的韵律。哥哩砖墙(Jali)(图 6-14)是劳里·贝克对印度传统石砌哥哩墙的转译,不仅传承了传统中通风和保持私密性的优点,同时以更高效的方式利用地域材料形成了更丰富的细部。在一所小学活动室中,他利用自然光的虚实矩阵式砌砖形成了活跃建筑空间的元素;在楼梯间中,他利用纵横主从复构的砖块配合光影中的楼梯,使整体形式更具幻象的动感美(图 6-15),这些作品运用地方技术、乡土材料满足了现代人的传统审美愿望。

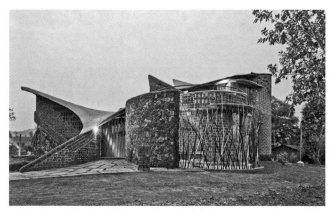

图 6-14　哥哩砖墙建筑

图 6-15　劳里·贝克设计的
某小学的楼梯

第二节　心理的愉悦

愉悦是出自内心的喜悦,是一种心情愉快之美,按照瓦拉的说法:"快感是美的最高标准。"[①]这里所谓的"快感"就是指心理上的惬意,愉悦性的美感,可见心理愉

---

① 金斯塔科夫.美学史纲[M]//汪正章.建筑美学:跨时空的再对话.2版.南京:东南大学出版社,2014:161.

悦对人的生活而言有何等重要的地位和意义。心理学家让·皮亚杰(Jean Piaget)和杰罗姆·布鲁纳(Jerome Seymour Bruner)的研究表明,通过视知觉获得的建筑形式在人脑意识中进行积极组织和建构的结果便是一个"完形",当"自我独立"的形式成为人心理整体中的"真正部分"时,我们便会产生心理愉悦①。自然世界带给我们的感官体验是如此之丰富,大自然有唤起人愉悦感的强大感染力,可持续建筑设计从根本上将我们与自然世界重新联系起来,同时在形态本体上也存在一些悦心宜人的元素,其建筑形式和意境必然产生许多异于以往的符合人们心理审美定势的新的"真正部分",它们舒畅我们的心情,还愉悦我们的观感,也振奋我们的精神。

英国哲学家大卫·休谟(David Hume)说:"看到便利就起了快感,因为便利就是一种美。"②"便利"因为其人本关怀的伦理美,而使我们产生心理舒适。可持续策略在展现实用功能的时候,已经开始在撩拨我们心情舒畅的种子,并在我们的心里设定了心理愉悦的潜在机制。事实上,很多功能实现的同时也就是在创造环境的心理愉悦感。尼尔森和卢堡等设计的 SOLTAG 节能示范住宅的卧室南面,布置了一个阅读壁龛空间,两层高的天花板以及浅色的表面增强了投射入窗户及天窗的日光的反射,白色墙面和充足的光线也为这个壁龛空间提供了一个宁静舒心的阅读环境(图 6-16)。

心情畅怡的舒适情绪是可持续建筑带给我们的基本心理感受。在夏日的清晨,我们被卧室窗外飘进来的芳香空气从床上唤醒,太阳穿过薄纱窗帘产生了云纹效果,空气像在阳光下微微浮动着……空间环境总让我们感受到生活的纹理,在自然中体悟身心的畅快和愉悦。一个可观、可游、可卧、可居的休闲游憩空间,满足劳动之余的轻松渴望,使紧张的身心得到松弛,这种自然释放式的休闲能让人玩味轻松感的美妙,领略

图 6-16 SOLTAG 节能示范住宅方案利用卧室南面采光构造设计了一个休憩区

① 刘先觉.现代建筑理论:建筑结合人文科学自然科学与技术科学的成就[M].北京:中国建筑工业出版社,2008:150.皮亚杰和杰罗姆·布鲁纳认为知觉是对直接作用于人的感觉器官的客观事物的整体性在头脑中的反映活动。在感受中,感觉经验、统觉经验都在统一的机体中起作用。人在认知环境过程中形成认知结构,使人在认识新事物时把旧事物同化进去,或改组扩大原有认知结构,这个认知结构表现为"欲望—知觉—满足"。

② 朱光潜.西方美学史:上、下册[M].2 版.北京:人民文学出版社,1979:223.

愉悦自得的情趣。菲利普·古姆齐德简（Philip Gumuchdjian）等人在爱尔兰科克郡设计了一个河畔度假寓所"智库"（Think Tank）（图6-17、图6-18），古姆齐德简认为"智库"在强烈地体现自然美景的同时，也感召着舒适静谧的个人生活[①]。它具有光滑的、水族馆一样的特质，同时又好像瑞士人眼中的牧人小屋——"欧洲人眼中的日本亭廊"。绿柄桑和雪松木是主要材料，一个透明、巨大、三面被玻璃包围的玻璃墙让室外的田园风光映入建筑空间，这种一举两得的做法解决了人们长久以来既想要身处自然中又得到适度保护和舒适的矛盾，从内部看，地板延伸入水、建筑投影在水中，房屋仿佛一尾随意漂泊的船，给人以可以到达更远处的戏剧感，这样如诗如画的建筑感受存在于世间才使生活变得可爱起来。

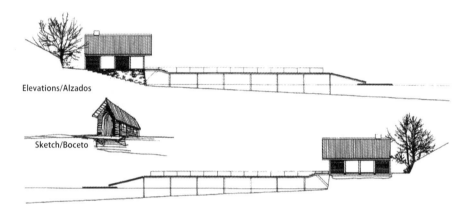

图6-17 "智库"寓所立面图

图6-18 "智库"寓所景观

---

① Gumuchdjian P. Gumuchdjian architects：selected works[M]. London：Eight Books Ltd.，2009：19.

　　舒适感的可持续建筑同样可以生成新鲜感、新奇感,其与众不同的味道意趣天成,在建筑中创造出幽默、戏剧化、惊喜等心理体验元素,有深刻趣味内涵的情趣感空间让人忍不住要放声大笑或是内心微笑。夸张、歪曲、错觉、复构的形态和环境都会形成心理情绪体验的触发中心,表现突出的体验效果给人深刻的情感印象。心理体验越丰富、越深刻,想象和联想就越积极地推动着心理审美情感的发展深化。兰伯特·坎普斯(Lambert Kamps)用他所谓的"是"与"非"之间状态的充气型收纳式设计思维做成了一个空气桥(Air Bridge)(图 6-19),这种出于完整性和实用性的严肃设计,其不规则形态,可伸缩、摆动的特质使它比一般的建筑有趣得多。视觉上和感受间好似身处一间娱乐室,又让人想起有意思的露天游乐场或其他的户外狂欢节。坎普斯的空气桥让我们体验到更合适的涉水方式,整个空气桥在 15 min 内充气完成,创造的是一个 3 m×3 m、跨度 15 m 的舒适行走空间,从柔软而高低不平的通道走过,你会有一点不太脚踏实地的感觉,但它的美感正是来自它的弹跳感以及知道自己走过的空间原本是空无一物的事实。他的互动式帐篷结构的空间创造者(Space Maker)(图 6-20)同样具有心理愉悦的趣味,这是他"不被利用就是浪费"主张下的作品,这个帐篷可以在不被完全占有的时候部分折叠起来。它带有充气的天花板,可以感应使用者的步伐,并随之上升或下降。屋顶半悬在1.2 m处,当一个人走进时,会激发传感器启动鼓风机将热气注入空间,帐篷的屋顶随之上升到 3 m 高的舒适高度,并在来访者离开后回到初始高度。空间创造者的搞怪欢乐体验,使这个狂欢帐篷被作为游戏的一部分在荷兰被用作展览和狂欢之用。

图 6-19　空气桥

图 6-20　空间创造者

在非有若是的信息确定中产生的虚幻效果和神秘感会撩起人内心的愉悦[①]，这便是建筑可持续化产生心理愉悦的另一个原因。虚幻、神秘的奇妙幻象在本质上类似于述说一个美丽的传说故事，捉摸不定的虚幻感是我们感观的东西重新创造成心领神会的事物在意识中的思飞神缈，确定已知的建筑生成的扑朔迷离表象会愉悦我们的心情。因纽特人的冰屋 igloo（图 6-21）采用廉价而取用方便的天然材料和简单技术建造，其本身就是不良热导体的冰块墙，结实而不透风，是一种保温防寒效果很好的住宅形式。冰屋在阳光的照射下，大块的白冰间隙中点点微暖而连续的光亮清晰可见，似乎在渗入又似乎在退缩，给人奇妙的联想；冰壁在晚上缥缈的油灯映射中，冰块凹凸形成的阴影被来回扯动，火光好似有了灵性，那连续又突变的影动使整个建筑空间给人虚迷的幻象，这种已确定空间中略带迷惑的虚幻意境直接撩起了我们内心的愉悦情感，这正是冰屋形式被重新发掘和运用于娱乐休闲型冰屋酒店的重要原因。而虚幻象往往产生建筑的神秘感，它的境界最能引起人的联想，促使人去探索未来，思索过去，由体验世界上升到超验世界，情感审美的理性升华中无法生成的认知图式唤起人们玩味未知的愉悦感。雷姆·库哈斯（Rem Koolhaas）设计的波尔图音乐厅，其舞台背面饰有稍带透明的斜向交织编结的薄纱（图 6-22）用以遮阳，只让适量微弱的自然光从窗外透进，既保证建筑白昼日光照明，又防止眩光和内环境过热[②]。交织间隙的薄纱从观众位置望去却是一片迷蒙和静谧（图 6-23），模糊了大致轮廓的建筑景观，这么一个舞台的天然背

图 6-21 igloo 内部空间　图 6-22 舞台背景的遮阳薄纱　　图 6-23 波尔图音乐厅内景

---

① 不满足于建筑前景形象的人还会向透视的深远方向探寻更深远更吸引人的环境事物，在自己的想象中进一步将景物丰满化完整化，当无法获得完整景象和信息确定时，琢磨不定、扑朔迷离的神秘虚幻色彩便成为心理愉悦的诱因。

② Heybroek V. Textile in architecture[D]. TU Delft：Delft University of Technology，2014：14.

景叫人陶醉、着迷。朦胧泛漫的光线散布在建筑中，使两侧的纹理夸张流动的木实墙体更加唯美，光亮的波浪形中空玻璃在虚幻的背景中跃跃欲动，这种迷离的气氛和动静实虚的强烈对比烘托出薄纱笼罩之中的舞台背景的神秘感。基于声学原理设计的长方形纵向空间拉远了观众与舞台背景的距离，使建筑更加泛出令人难以捉摸的神秘色彩，这种指示性象征让人渴望那迷蒙之后的真相，在思逸神飞的体味中愉悦之感自然而生。

　　与情趣玩味、虚幻神秘相比，可持续建筑更深层次的心理愉悦则往往源于可持续技术力量的震撼美，它表现为构件、结构、形式的锐硬感、力量感、复杂感、体量感，那是一种以摄魄的气势取胜的意境①。它首先是自然力与人力交合下的一种惊惧或痛感，但当威胁感不真正存在时，惊惧痛感即转化为愉悦快感，表现为冲突、激荡、势动、粗犷、刚健、雄伟的惊心动魄之审美感受。对大自然和人本质力量的理解越透彻，审美情感就越强烈、越深刻。例如，联合网络工作室（UNStudio）的鹿特丹邮政大楼（Post Rotterdam）升级改造工程（图 6-24），天庭顶部的光伏系统小原件可以追踪太阳，所收集的太阳能可以为建筑的许多区域和设备提供额外的电力，中央玻璃天顶让空间获得充足的太阳光照，圆形的玻璃天顶还可以为上层留出活动区域，也为上层的人提供了良好的观景视野②。硕大的支撑拱是建筑视线的焦点，它占据整个空间的跨度并有力地向上拱起，让建筑高耸破空，主支撑拱之间两个辅助支撑拱节奏性重复，它们与水平走向的稳定结构纵横交错，形成主从明晰的严谨秩序感，天庭下方两侧的支撑墙的表面装饰强化了这种秩序感的厚实和严整意味，结构形式给人充满力量的坚实、雄厚、稳定之感受。随意垂下的几根纤细的绿色断续植物条，更反衬出建筑结构的力量美。再如，法国植物学家帕特里克·布朗克（Patrick Blanc）在马德里卡伊莎中心（Caixa Forum）博物馆入口广场旁的临近建筑外立面打造了一个植物墙（图 6-25），它的意义已经远远超过了温湿度和微气候控制及解决生态环境与建筑环境及人之间的一些难题。这个大小为 140 m²、24 m 高的巨型植物墙"垂直花园"由 15 000 多株、250 种植物组成。上部主要是体形较大的灌木，下部则主要是体形较小的草本植物，自身造型的变化和各种绿的统一与展馆外墙壁上的暗红锈皮形成强烈对比，墙面丰富的植物种类似乎向人们暗喻了馆藏文化的丰富与多元。亲见者不禁会为广场旁矗立的巨大植物墙所吸引，

---

① 苏彦捷.环境心理学[M].北京：高等教育出版社，2016：408.列维·布留尔于 2010 年在对他的理论"原始思维"的特点进行总结时曾指出，在人的原始认知中，会认为外形相似的东西就会有共同的品质和属性，并会对它们产生相似的心理感受。

② Jodidio P. Green：architecture now! ［M］. Hong Kong：Taschen，2009：381-382.

并惊叹于如此繁复、数量巨大的垂直花园,它大体量的感观冲击,让人听到、感觉到自然在呼吸,这种心理的震撼给人精神和情感的愉悦。

图6-24　鹿特丹邮政大楼
　　　　的通透空间

图6-25　卡伊莎中心博物馆入口
　　　　广场旁的巨大植物墙

第三节　情感的寄寓

　　建筑之情感的本质意义在于能使人们在世界中居住下来,并从中深刻而广泛地体验到自身的意义。当环境暗示和空间识别中存在熟悉情感的传达和交流时,这种认同便使我们产生轻松、温馨、愉快的情绪。与其说是我们对建筑的感觉,不如说是我们对自己生命情感的感觉。甚至在中国传统文化里,建筑并没有客观存在的价值,它的存在完全是为了主人的使命。除了居住的功能外,建筑是一种符号,代表了生命的期望①。这其中,归属感是情感中的最主要内容,它是存在于世之人的心理和精神上对生活环境的深层次需要和愿望的产物,归属感让人们感觉到这是有关自己的领域,从而产生心理的安全感、亲切感和自豪感。当今的可持续建筑更多地被视为一种与人的交流对话中不断发展变化的存在,一个不断生长的过程,它依然是人们在世界中的家,也依然是人们产生归属感的地方,它熔铸了我们的生命情感,并对其进行了新的构建,表达方式出现了新的途径,和人的交流也有了新的通道。在我们从体验世界上升到情感审美的理性升华中,可持续建筑让我们更深层次地感受到生活和存在的意义,同时建立起与周围世界的积极而有意义的联系。

----

　　① 汉宝德.中国建筑文化讲座[M].北京:三联书店,2006:27.

老建筑是历史为人们看得见的面貌,是人之情感寄寓的重要场所。德国学者冈特·尼契克(Günter Nitschke)认为场所是生活时空的产物①。我们曾待过或久居过的老房子不仅与我们有一种生物意义上的物质关系,人与建筑之间更会建构起基于生活意义上的意识关系,这样的老房子寄寓着我们专属的情感。可持续设计注重老建筑的历时性价值,特别是对地域风味的传统建筑的保护,旧建筑改造中尽量保全原有形式和结构。这些原始和改造后的建筑中很多都仍然附有复杂多重的情感表征,例如,现存完好的围屋形式寄寓着客家人的生活情感,而仍在使用的巴基斯坦信德(Sind)省民居的通风塔则是当地人的情感回忆。可持续建筑设计对历史感觉的亲昵很好地保留了老建筑内含人之情感的形式和功能,它唤起人无拘束的旧时所积淀下来的情感回忆,看到更丰富的世界也意味着看到了更完整的自己,这种心灵的观照为人提供了一个临时庇护的港湾,身在其中会感到像在家一样的放松、自在的温馨感。冬暖夏凉的窑洞是历史悠久的陕北人的居住方式,它是当地生活与给定的环境之间的最佳关系,这种关系揭示了生活深层结构,窑洞在哪里,乡情就在哪里,窑民们深深地爱着自己的传统居所,窑洞寄寓的是它主人的生命情感。张绮曼牵头的设计团队在陕西省三原县柏社村的旧窑洞改造项目(图6-26、图6-27)以低碳、低成本、低消耗为设计出发点,运用现代手法充分发掘了生土材料与当地自然材料的特性,使之与现代材料有更多的结合方式。改造后的窑洞干净、卫生、明亮、通风,既保留了原初窑洞那厚土墙、地坑窑的面貌特征,反映出窑民的原始居住状态,回归窑民淳朴的生活景象,又反映了原汁原味的民风民俗和当地特色。原始的窑洞形象中带有几分现代意味,焕发出全新的生命力,提升了农民的生活质量的同时也对传统窑居生活做出了很好的现代诠释。静谧舒适、乡土纯朴的生活环境总能唤起当地人对往事片段的回忆,整个建筑依然维系着窑民和窑洞之间的情感联系,给予居者"回家"的宁静和温暖。

图6-26 三号窑洞的下沉式布局、庭院、客厅

① Nitschke G. From Shinto to Ando: studies in architectural anthropology in Japan[M]. London: Academy Editions,1993:49.

出于生态功能考虑和文化传扬的需要,可持续建筑设计也会袭用人们熟悉或附有情感的传统和地域文化建筑形式及其特征,其中的认同感便强化了建筑的情感观照,这种直接或抽象的情感延续能给人亲切和自在的心理情绪。例如,壁炉是传统建筑用于冬季保暖的构造形式,壁炉前的那块地方,即家庭领域中最核心的公共性空间,英国建筑学者

图 6-27 三号窑洞的下沉式厨房

布莱恩·劳森(Bryan Lawson)称它为"家庭圣地",这种温馨祥和的场所特征在现在的可持续建筑设计中也常被利用。再如,印度尼西亚大学(University of Indonesia)的校园建筑(图 6-28)采用深深向下延展的坡度为 45°的瓦屋顶和白色支撑构架。这种形式的自然通风良好,悬挑的屋檐能遮蔽强烈的阳光和排走雨水,坡屋顶上部的构造还可以很好地获得建筑采光,区域之间的所有通道都是开敞而且避雨的,大部分空间不需要安装空调便能很好地适应雅加达的热带雨林气候。这些建筑的主要传统形式特征均鲜明地反映出印尼传统建筑风格,展现的是印尼人熟悉的生活场所形象,寄寓着印尼人深厚的情感,让在此工作学习和前来参观的当地人感受到一种温暖人心的归属感。

图 6-28 印度尼西亚大学校园建筑

能比传统和文化产生更加浓郁的个人专属情感的是自主建造的房屋,自建房在可持续设计中有非常重要的意义,它不仅应对环境问题,还担负了很多社会伦理的责任。诺伯格-舒尔兹(Christian Norberg-Schulz)认为"环境最具体的说法就是场所。一般的说法就是行为和事件的发生"①。房屋自建这一行为和事件作为生存环境的

---

① 诺伯-舒兹.场所精神:迈向建筑现象学[M].施植明,译.武汉:华中科技大学出版社,2010:7.注:诺伯舒兹一般译为诺伯格-舒尔兹。

场所创造过程,不仅满足了人的生存的客观物质需求,而且体现的是人存在的价值和期待,满足了人的精神情感需求,理性价值的实现中也创造了情感价值。当一个人通过自己的辛勤努力,倾注精力、融入志趣和喜好去完成了一个属于自己的居住建筑,这个人造环境便深度地聚集了人的生活、精神和情感,并将相应的生活方式具象化表现出来,看到建筑的形式、布置、陈设,就像看到了居者本人一样,人的生命价值对象化的自我体认会产生心理上的满足感、成就感、自豪感。自建活动所创造的人与建筑之间的这种关系是人存在于世的一个根基,户主与房屋间存在着深刻的归属情感。在乌克兰扎波罗热的退休老人瓦拉基米尔·西萨(Vladimir Sysa)将废弃的香槟瓶子变废为宝,把这些香槟瓶整整齐齐地布置在墙体上,为自己在乡间建起了一栋香槟瓶别墅(图6-29)。瓶底朝外的排列形式具有很好的装饰效果,表达了老人的审美趣味,这个别墅远远看起来就像是装点着一个个绿色的甜甜圈,其中还点缀着几颗透明的甜甜圈,形式隐喻中的所指让我们感受到老人喜悦的心情。老人用自己的双手和热诚去建造了自己的房屋,他在这个空间里倾注了个人的审美、喜好、生活的愿景。这样的房屋回赠给老人的是有生命的空间,有情感的生活环境。

图6-29 Vladimir Sysa 用废旧香槟瓶自建的住宅

一些具有可持续意识的设计师极为看重自建房的价值,他们在帮助户主自建房方面有积极而突出的贡献,这便使自建房屋的个人情感属性更为凸显,被更多的人感知和认识。美籍伊朗设计师纳德·哈利利(Nader Khalili)就是其中的一位典范。基于对世界各地土著居民建造技巧的了解,并以最低的环境影响和最少的材料消耗创造最大的建筑空间为设计原则,哈利利创造了沙袋小屋(超级土砖小屋)(图6-30~图6-32)。其建造工具和材料非常基础,在资源受限的情况下,没有技术基础的人也可以使用最原始的材料来创造效率高而坚固的庇护所,用哈利利的话说,这些房子"结实得像尼龙搭扣"。他还创办了加利福尼亚大地艺术与建筑学院(the California Institute of Earth Art and Architecture),致力于环境艺术和建筑方面的公众教育,并在加州地球网站(Cal Earth website)免费公布如何建造超级土砖应急庇护所的说明。作为户主和建造者,对自己住宅的营造可以有极大的发挥,房子和户主的情感联系随建筑的建成而产生,这是一个熔铸了主人体力、智慧、志趣、内心的愿望的生活环境,自身在建筑中的投射会使居住者感到称心、满意、自豪的情感关怀。

图 6-30　沙袋小屋的建造过程

图 6-31　沙袋小屋外观

图 6-32　沙袋小屋内部环境

　　节约高效理念下产生的小建筑空间则是另一种能寄寓专属情感的场所。鲁道夫·施瓦茨(R. Schwarz)说:"某个领域,当其规模小了才可能成为家。……筹建地要能成为一个家,其规模必须局限在可能想象的范围之内。"[1]小空间的魅力即在于它最大限度的建筑庇护性总会给人一种安全性的领地感,艾莱克托兰(Electroland)团队甚至做出了奇妙的城市流浪者庇护所(Urban Nomad Shelters)(图 6-33),旨在给无家可归者某种程度的心理关怀。小空间最明显的包被品质是让我们的个人空间气泡触及每一个角落,对我们的心理情感衍射做出回响;对外界视线和噪声干扰的隔绝让我们能控制、选择与他人的交换信息,按自己的意愿与环境相处。人与建筑的单独对话体现出情感表达的某种绝对自由度,寄寓情感的建筑给人一种场所的中心感,自我的存在感,具有安全、舒适、静谧、有归属感的环境感受。西蒙·斯万设计的帕尔住宅(图 6-34),用适合沙漠地区气候的黏土砖做成,无须采暖设施便可应对昼夜温差,使室温稳定。这个建筑的厚实内墙产生的静力平稳感带给人一种宽慰,密闭的环

---

① 诺伯格·舒尔兹.存在·空间·建筑[M].尹培桐,译.北京:中国建筑工业出版社,1990:24.

境带来绝对的私密氛围,在紧凑狭小的空间里,我们的情感气泡可以包覆整个建筑环境,无论在哪个角落我们都是"中心"。建筑和我们的情感联系在这种体验中很快建立,这种情感的集结让我们有一种静谧和受到庇护的归属感。

图6-33 城市流浪者庇护所   图6-34 帕尔住宅的卧室

丹麦雕塑家宙弗尔德森有一句名言:黏土表示生命,石膏表示死亡,大理石表示起死回生[①]。这正说明了材料有关于人生命情感的隐喻意义,一些本身就附带有年代感和人文情感的生态材料被使用于建筑时,会与我们的思绪产生对话,表现出它情感的魅力。威斯康星州巴拉布市的奥尔多·利奥波德遗产中心(The Leopold

图6-35 奥尔多·利奥波德遗产中心

Center)(图6-35~图6-37)采用大量的生态技术,被誉为美国第一座当代碳中和建筑。由利奥波德(Aldo Leopold)于1938年亲手种植的松树被用于建造建筑物的许多构件,包括桁架、柱、梁、墙面等。木材本身属于对人来说很具有亲和力的材质,"利奥波德的松木"散布在这个遗产中心建筑里,它寄寓和传递的是利奥波德的个人精神和情感,他的大地伦理思想、艺术化语言的环保说教似乎就回荡在环境中,围绕在我们的身旁,激励和感动着我们,唤起我们对这位环境保护先驱的深情怀念。

---

① 拉斯姆森.建筑体验[M].刘亚芬,译.北京:知识产权出版社,2002:143.

图 6-36　遗产中心的小型聚会空间　　　图 6-37　遗产中心的员工厨房和
　　　　　　　　　　　　　　　　　　　　　　　　聚集社交空间

第四节　高远的体认

　　富有自然属性的可持续建筑给予人一种截然异于并远超越于传统建筑的生命体认，这是虽可饱含属人的生命体验，但也是因联系自然的通道存在多重阻隔的传统建筑而不可能将人带至的一个生命体认的更高境界。可持续建筑在实现与自然环境的一体化建构中，不仅于形式上完成着传统心理情感的建构，更为重要的是，在与自然的融汇中，人与建筑及更宽广世界在感官和行动上有着密切接触，见之多而领悟之深刻，我们认识和理解了自然的智慧和力量，我们感受到生命自然之美，充满生机而意味深长的建筑形象的心理解译激活了我们的天然属性。可持续建筑建构起的是人更为广阔的生命情感境域，生命经验的升华使人的体认走向更为高远的审美境界，自我存在的认同与归属在自然而然的状态中有了更全面的含义，使人在物我同境的精神安妥中体认到心理情感的归宿和身心的自由和澄明境地。

　　可持续建筑设计过程中的创造性模仿、借鉴、依循和融合把人在自然环境中的经历和所体验到的意义移植到建筑之中，空间集合和浓缩了自然的基本质量和属性。各种设计元素都会增进我们和自然的联系，带有自然气息的生态材料、光线变化的质感、大开窗带来的光线和景致、连通自然的通透平面、设计空间的季节性迁移……这些限定的形式组织生成了非限定的环境场所，其中独特的自然情绪和品质都可以让身体和感官感知相应的自然尺度，让我们体会到大自然的呼吸和脉动。对建筑的这种体验让我们认识大自然，经验到人与自然微妙却根本的联系。卡洛·斯卡帕(Carlo Scarpa)在克埃里尼·斯坦帕利亚展示馆的改造设计(图 6-38)

中将运河水通过水梁引入建筑的展示空间中用以调节威尼斯夏季的室内高温。自然界最完整的象征——水在建筑中的精心安排,使参观者可以从入口到内部,从庭院到城市街道,均体验到水的自然存在,经历一个观水、听水、触水、感觉水的一系列有关水的体验。同时,观者在建筑里依然能感受到城市运河的潮汐变化,室内水系连接至室外运河也暗示了建筑与外部世界的联系。这个建筑利用水的自然生命意味和表征拓展了参观者与自然的对话,水这一空间线索让人感受到自己与自然的深刻联系。

图 6-38　与运河相连的克埃里尼·斯坦帕利亚展示馆

具有整体和谐意识的可持续建筑设计把人类放回地球、自然和宇宙的大整体中,以自然和共同体为依据,来构思和叙述我们人的故事。建筑具体地体现了人和其周遭环境有序和谐的相互关系,人类家园在自然家园中,二者合而为一。例如,安藤忠雄的作品就是常以石板、水泥、木头、钢材、玻璃为材料,妙不可言地把雾、雨、风和阳光设计要素运用其中,表现出建筑与大自然的整体和谐性。这种整体感会在我们的经验与自然的联系中深刻地体认到我们被自己的生活环境包围,无法从怀抱我们的自然之躯中出走的事实,本真的生活便是人与自然环境成为一个和谐的整体,融生于自然才是我们真正的归属,对天人归一的心理认同让我们获得生命情感的归属感,这是超越主体性和时空性的更高层次意义上的人与自然的同一建构,人在充满自然情感的精神家园中体认到生命的完整感。设计师 Minna Sunikka-Blank 设计的岐阜县吉岛家住宅(Yoshijima House)(图 6-39),整个建筑基本上由自然材料做成,屋檐和屋身由天然木材做成,竹窗用于遮阳,木头墙体用于阻挡海风,植物在降低地面向上散发热量的过程中扮演了重要角色,内花园为更深的内部空间提供自然光照和通风[①]。建筑空间通透感极强,长长的外屋檐围绕

---

① 　Lee S. Aesthetics of sustainable architecture[M]. Rotterdam: 010 Publishers, 2011: 191,192.

一个内花园,平衡人工环境和自然环境之间的过渡,模糊了室内和外景的分界线,在城市环境中提供了一份大自然的亲密感。从屋子里向外望去,自然的景致存在视觉深度上的微动和奇妙的立面上的变化,内外空间好像正在融合,人也随之进入了自然景象之中,让人感受到一种融合于自然的化一感。

图 6-39　内外通透而融合自然环境的 Yoshijima House

可持续建筑设计以最简单适用的方式创造具有宜居功能的空间环境,倡导一种物质生活简约朴素而精神生活丰富的新的生活方式。人们在朴素、简约的环境中安居,适可而止、节制有度的质朴生活情感之中蕴涵着一种返璞归真的生命情感体验,也正是这种体验使人进入一种不为物累、不为欲役的身心自由之本真境界。人在明白自己存世的根基和在自然中的位置和自然秩序的那一刻,便意识到自由度存在于尊重和爱护自然之中,和谐与秩序是自然和人类存在的基本情态,我们只在这种关系中释放人的自由天性。同时,可持续建筑本体也是对自然之自由品质的充分体现,通透的大玻璃、向外延展的平面、高挑的天庭等都可以表达出非限制性空间融入自然的自由意境,那种无拘无束、自由自在的徜徉状态,首先使人摆脱了各种思想上的负担和困扰,使人的心情得到自由和解放,扩展了我们定义意识边界的感知,让人保持他的自由和无限,正如《兰亭序》中所描述的"仰观宇宙之大,俯察品类之盛,所以游目骋怀,足以极视听之娱,信可乐也"。人在建筑中所体验到的融合于大自然、天然适意的身心自由状态,让人的生活和生命认识在自由的审美化境中得到升华。尤哈尼·帕拉斯玛(Juhani Pallasmaa)在芬兰曼蒂哈尔尤设计的凉亭六号(Gazebo Kuusi)(图 6-40)是一个功能自由的庇护所,它可供家人和朋友用餐或庆祝,也可在此独自沉思冥想。凉亭悬挂在岩质边坡上的蜿蜒林地小路的尽头,结构形式吸收了大量的冰川岩石和松树林,以及下方闪闪发光的、广阔的卡拉韦西湖的风景,好似被赋予了灵性,加上墙、天花板、部分地板均开设窗格,能切实自由地在地景和天光的存在感中释放我们的心扉。整个建筑空间让你觉得自己是被悬在阿尔卑斯山的缆车中,而它在靠近或者远离山顶的时候突然停止,被质疑的水平状态使运动变得自由而不确定,驻足于动与静、天光与地景之间似乎也变得可能。

图 6-40　凉亭六号内外景及周边环境

　　在心理自由的体认中开启的是人内心的澄明之境,渴慕十全十美之人开始以神性尺度的崇高来否定世俗的尺度,怀疑、审视并最终放弃蝇营狗苟、庸庸碌碌的追浮名、逐薄利的生活,从"此在"的沉沦中超脱出来去重现人本性中的美好,超越人类的局限性,企及一个天地人神共处的澄明世界,在人的生存本质中感受昭明、平淡、坦然的存在状态。而且,可持续建筑本体也能给人以澄明清宁之感,玻璃天顶的中庭,充满生命神圣的阳光,开阔的空间感,自然景象和气息的渗入……它们生成于功能至"真"、技术至"善"的建筑,表现出明亮、轻快、充盈、通透的空间形象,真实、直接、明了地给人以纯净空间的感受,使人的内心从压抑的释放中走向开敞,洗涤人的心灵,影响人的身体、情绪以及精神世界,具有感染、鼓舞、激动人心的力量和改造人类灵魂的潜在能力,这种澄明之境的打开将每一事物都保持在宁静与完整之中,揭示了此在的真理。建筑中的人的仰望便得以直抵天空,而根基还在大地之上,这种仰望贯穿于天空与大地之间,这一"之间"分配给人,形成人自由地向澄明徜徉的境域,身在其中的人接受神性对人类的召唤和吁请,内心之天地开始明朗起来,渐渐显现出存在之光辉,人在自行去蔽的亮光之朗照中企及着澄明之境。正是这种神圣的澄明感使我们体认到人的归宿,感受到人的自由,让人的意识进入世界,理解其真实的意义,并参与生活世界和精神家园返魅的重构,从而宁静而惬意地栖居在大地之上。位于阿布扎比的马斯达尔总部(Masdar Headquarters)(图 6-41～图 6-43)是世界上第一个具有复合功能的主动式节能建筑,碳排放量和资源浪费量均为零,其可持续性已超过 LEED(Leadship in Energy and

Environmental Design,能源与环境设计先锋)的
铂金级认证标准。透着阳光的玻璃风锥明快、清
新,好似宁静而郁郁葱葱的空中花园向上升起并
展开;在地面类似于绿洲的庭院里往上望去,向上
耸立直入天空的高空间,以及纤细的钢架和片片
玻璃产生的光影语言,给人以教堂般的神圣和崇
敬感;波浪状的屋顶向外律动延伸,边界不清,将
建筑空间延伸出去,把外部自然也包揽在我们的
感受中。整个建筑清亮、整洁、轻盈、通透,纯净的
空间环境存在一种无限趋向于自然,无限趋向于
神明的去魅体验,让人在自然中体会到涤荡心灵
的澄明美境。

图 6-41　马斯达尔总部的地面庭院

图 6-42　开放式办公空间

图 6-43　马斯达尔总部的空中花园

第五节　表征关系及意义

　　可持续建筑在保护环境、和谐生态、妥善处理人和自然关系的同时,以一些新
的方式保持着建筑与人的生活的联系,在对自然价值的肯定中表现着属人的内涵。
可持续化的使用功能和形象化的人情表达是可持续建筑的物质内容和精神内容,
建筑形态所呈现的是人的生活方式、精神性格和审美观念,等等,它们都直接存在
于空间体验和环境感受之中,可持续建筑明显蕴含着比以往更加丰富的人情表征。
它以其独特的思维作为人情体验的对象,具有较庞大的尺度,不但可以近观,还可

以远望,不但可以触摸,而且可以进入,还可将天地作背景,融天地而为一。全然呈现的新的场所精神所具有的有意味的形式是一种异于传统建筑的宽广高远且温暖人心的自然美和情感美,给我们一定意义上的建筑之人情体验。

可持续建筑以形态美观、愉悦心理、寄寓情感、体认高远展现着它人情表征的新内涵,使人在身、情、心三个层面上接受和体认到其人文关怀(图 6-44)。首先,可持续建筑在生态、技术、地域传统等方面呈现出美观的形式和宜人的空间环境,给予我们视觉美感和心理畅怡的惬意感受,幽默、趣味、虚幻、神秘、震撼的意趣建筑空间赋予我们情绪上的愉悦、心理上的快感,此为身心愉悦的人情表征。其次,可持续建筑以许多方式寄寓着人的情感,给人一种“回家”的感觉,在归属感中我们便体验到了温暖、安适、自在,自然向建筑的介入则帮助人体认到自我存在是地球自然整体之中的一个部分,在人之于自然的归属感中体验到了生命的完整和圆满,此为归

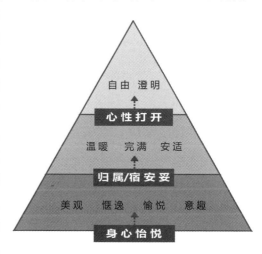

图 6-44 可持续建筑的人情表征

属(宿)安妥的人情表征。再其次,可持续建筑的自然气息和品性总是在不断涤荡我们的心灵,给予人自由、澄明的建筑之最高生命体验,这是完全相异于以往的精神的敞开和性情的解放。对生命情感的重新体认让我们的心感应、通达并体验到某种带有神圣色彩的崇高和澄明的境界,昭示和彰显人超然洒脱的畅神之境,此为心性打开的人情表征。身、情、心三个层面从外在形式之“实”,到心理情感之“虚”,再到生命体验之“真”,由外至内的从感观表象到精神体悟,由浅至深的从身心体验到心性世界。可持续建筑的人情表征层层深入,把人从外化形象逐渐带入空间语言的含义之中,在自我存在的重新体认中进入崭新的体验境界,有关于建筑的各种体验和感受等心理状态及其发展可谓丰富而高远,使我们得以体验到更为完整的生命情感,在平凡生活中企及惬意、完满和心灵升华合而为一的境地,让人更加接近于诗意栖居的人居理想。

下篇

『可持续——人文』建筑实践之道

第七章　基 本 原 则

　　当今的生活世界在人文关怀问题上已表现出诸多不如人意之处，更令人担忧的是还有一些未显现的隐形问题和潜在的危机，它们所产生的多数负面效应可以说是极为严重的，已经形成了人生存和发展的阻力。美国社会哲学家刘易斯·芒福德(Lewis Mumford)认为建筑艺术只有在它为人服务，改善人的环境，促进社会发展以及提高人的自我意识等方面取得成功时才算成功①。但起步于生态设计理念而发展至今的可持续建筑设计，其目前的设计着力点有些偏向于自然环境和生态伦理。我们已经看到了现在可持续建筑的人文关怀在自然、社会、人三个方面所表现出的活力和积极作用，并且设计中还有许多人文潜质有待挖掘。建筑是人活动的最主要场所，与人的生活存在着紧密联系，这些有价值的人文属性若被设计并加以整合利用，可以很好地解决许多人文缺失现状中的现实问题，帮助应对当下的人文危机。

　　首先，在眼下的现实自然环境中，人类发展已经极大地损耗了自然资源，无止境的矿物燃料燃烧向大气排放了大量二氧化碳、二氧化硫、二氧化氮等气体，造成温室效应、酸雨、雾霾等可怕的天气现象，工业废物污染了江河湖海、土壤，造成臭氧层空洞，每一小时都有物种在灭绝。人口密集、"绿色"锐减、生态破坏、污染严重、能源短缺，生物圈正在因人类活动变得越来越脆弱，整个地球都在哭泣，我们已经置身于与自然之间一触即发的矛盾中。而目前的建筑设计仍然存在无视自然、盲目以人为中心的问题，很多设计师只是简单考虑一点环境问题，可持续理念并未真正深入人心，并且还有很多人只把可持续设计看作一种设计风格或流派。为此，在迈向生态时代的今天，面对环境危机和设计中的短视，设计师必须在思想高度上正确认识可持续建筑的设计自然观，科学分析和正确处理建筑与自身、与空间环境、与周边环境，乃至与地球环境等多层面的整体关系问题，以最高智慧与道德责

---

①　徐千里.创造与评价的人文尺度：中国当代建筑文化分析与批判[M].北京：中国建筑工业出版社，2000：178.

任感努力践行设计自然观,设计出友善自然、和谐生态,回归人之自然本性的建筑,防止技术发展对人的异化,找回那个充满生气、质朴宁静的大自然,重建人与自然有机和谐的统一体,实现自然生态与社会在更高水平的新常态下的协调发展,使我们拥有一个可持续的诗意人居环境,这是我们这一代设计师最基本的历史责任。

其次,在全球化背景下的现实生活世界中,我们面对的是城市规模不断膨胀和城市数量迅速增长所昭示的城市化社会图景,人们对城市人居条件有比以往更高且更丰富的要求,而社会人居环境却是极度恶化——安全问题、发展问题、公平问题等都是多数人感同身受的,其原因是科学技术的飞速发展对人类欲念的助长,短视无知和扭曲的价值观统摄所产生的物质文明带来了人类族群系统的失衡,人与人所构成的"关系联盟"在社会共同生活和社会进步两个方面都产生了障碍,我们已经在咀嚼人与人的道德危机、人与社会的人文危机、不同文明间的价值危机等社会问题的苦果。目前的设计往往无视上述问题,过于侧重建筑在和谐自然与保护环境方面的功能,而对于人类群体自身所构成的社会,可持续设计对其产生的意义则较少被关注,日久将影响建筑可持续化的全面深化发展,也不利于借助可持续建筑有效应对社会问题。我们的建筑设计师理应站在更高的高度去更全面地认识可持续化设计的价值,必须具备超前意识去理解人类社会的道途,对关于社会概念的精神环境、人际环境、历史环境,以及其他文化环境给予足够的重视。积极运用和挖掘可持续建筑的社会价值,善于变可持续化"手段"为解决问题的"智慧",这样才能有助于应对目前社会问题的重重挑战,在人类社会返魅中找回人身体和精神的诗意栖身之处,促进人类本身系统的平稳发展。

此外,工业化以来的技术发展创造了丰富的物质和促进了社会财富的增长,看似美好的生活实则没有对人的真正关怀,只是把我们每个人都变成了哲学家赫伯特·马尔库塞(Herbert Marcuse)所谓的"单向度的人",只知道物质享受而丧失了精神情感追求,只有物欲而没有灵魂,精神空虚,信仰失落,人日益沉沦为"物化"的存在,只屈从现实而不能批判现实,这样的人不会去追求(甚至没有能力去想象)更好的生活图景。在这一工具理性膨胀的过程中,人不仅是快要被自然剥离,也与社会之间形成了扭曲的关系,我们在日渐荒芜的家园中几乎失去了认同感和方向感,自我存在的合理性也受到了前所未有的质疑,人自身所遭遇的危机以及亟待解决的问题已经非常明显。因此,我们下一步的行动必须是要想方设法地把人类放回地球、自然和宇宙的整体中去,以自然和人类社会共同体为依据来构思和叙述主角——人的故事,在这个过程中做到尊重人、关怀人、充实人、完善人,并给予人以学者查尔斯·泰勒(Charles Taylor)所谓的"自我繁荣"的发展能力,以实现和彰显人的主体性和人的价值。可持续建筑作为我们叙述故事的一个重要载体和主要方式,自然要融入地球、自然、宇宙之整体世界的思维中,设计的思维必须是理性与感性、内涵与表意相融合的人文思维,积极将可持续设计的人文情感内容和它的具体建筑形态表现力相结合以展现其中的人情表征来建构一种本质上诗意的建造,赋予建筑人文情感关怀,进而帮助改善当前人自身的人文处境,为我们营造真正的诗意栖居的家园。

可持续建筑具有丰富的人文属性,还存在有价值的人文潜质,为应对以上自然、社会、人三个方面的人文危机和相关问题,可持续建筑设计应该将重心设置在生态和人文之天平的中心,生态要关照人文性,即生态的人文关怀,人文要具有生态性,即所谓的人文生态,使人性、技术、生态三者在相互制约中达到相互平衡。在具体设计实践中应该运用、挖掘、整合可持续建筑设计中有意义的人文要素和特征,做到四个统一,即保环、节约与舒适宜居的统一,生态技术与伦理、艺术、情感、文化的统一,时代与传统、地域的统一,理性与诗意的统一,营造一个充满人文关怀的可持续建筑。然而,新的设计策略何以清晰具体地体现、观照和发展人这一主体本身——对如何实现可持续建筑设计的人文关怀尚未有明确一致的说法和可供依循的设计原则,但一般而言,可以从环境、经济、伦理、文化、艺术、情感这六个可持续建筑的具体方面探寻设计中的基本原则。

第一节　环保宜居的环境性原则

我们的人工环境存在并依附于自然环境,可持续建筑设计的根本任务就是在保护环境的前提下为人营造宜居的生活环境,它应该是安全、健康、舒适、优美的人性化建筑。应该在实现人居环境与自然生态环境的和谐中营造可持续的建筑,创造有益于人的生理舒适的建筑热湿环境、空气质量、光环境、声环境,以及符合人的生活方式、行为习惯和个性特质,满足人的心理和精神需求的空间场所与环境氛围。设计中应尽量少采用煤炭、石油、天然气等对环境造成污染的传统能源,多利用对环境无影响且可持续使用的太阳能、风能、潮汐能、地热能等可再生能源;使用无害化的环保材料,绝不使用不利于人的健康和破坏环境的材料;尽量避免使用稀有、紧缺、不可再生的资源和不能自然降解的物质,并且对各种资源均应减少使用,尽量地加以回收再利用,以保护日益枯竭的自然资源;减少施工和使用过程中产生的污染排放和垃圾生成量,保护地球环境的洁净度;对土地、土壤、淡水、空气等人类的生命供养之根基——我们赖以生存又不可替代的资源要特别注意保护。所拟定的设计方案和运营管理计划里都应当加入治理自然环境、保护原生态系统的措施,避免或减少对自然生态的干扰和破坏,对受损和退化的生态系统应有针对性地进行生态补偿和修复,追求的理想目标应该是生态复育。在全生命周期过程中,可持续建筑在物料生产、设计初期、施工、运营维护、拆除及回收的每一阶段都必须是绿色环保且不对环境产生负担的,既为人提供和保持健康舒适、身心俱宜的生活环境,也把对生态环境的影响控制在自然自净能力的可承载范围之内。一个保护环境、适宜人居的建筑才开启和保障了我们的安居生活,这是可持续建筑设计给予我们人文关怀的首要基础。

第二节 节约适用的经济性原则

可持续建筑设计应本着适度、足够的理性态度,拒绝浪费与奢侈,从整体利益出发,以最小的人力、物力、资金的投入,合理满足人实用、方便、舒适的要求,获得最大的建筑可持续属性,在整体上达到投资回报率和相关正效应的最大化。设计中要坚持节地、节能、节材、节水的原则,尽可能节约土地,包括合理地布局以高效利用空间、提高建筑质量以延长其寿命、合理利用老旧建筑、合理开发地下空间;尽可能用场地现有的免费自然资源和新型能源替代价格渐涨的传统能源,并努力降低能源消耗量,提高能源的利用效率;尽可能减少材料的使用量,采用少加工的生态材料和新型、轻型环保材料以及循环再生材料和通用化物料、构件,避免使用昂贵的材料;尽可能节水,包括采用节水设备节约水资源,对雨水进行收集利用,对生活污水进行处理和再利用以提高其使用效率等。通过良性的设计管理合理优化资源配置和选择经济适宜的技术措施,优先采用被动式技术,以主动式技术做协调补充;积极利用高新技术降低建筑的资源需求量并同时提高其利用率,结合智能科技使建筑在系统、功能、使用上提高效率;增强建筑随时间维度变化的动态适应性,拉长空间环境为人服务的生命周期。设计必须基于建筑的全生命周期提出有利于成本控制的具有经济运营现实可操作性的整体性最佳方案,从最初期的投入开始,到运营管理成本,再到更新、改造的费用,最后到建筑拆除或是转让的整个过程,应在人的舒适、自然环境保护、社会经济增长之间求得平衡,能以较低的成本为人营造舒适的空间环境,并能创造扩大化的间接社会效益、经济效益和环境效益。可持续建筑必须是在成本投入上可以为人所承受的,并且在投入产出比上为人所乐于接受的,经济性是可持续建筑设计落地实施、推广普及的现实性决定因素。

第三节 公平众益的伦理性原则

可持续社会的人文关怀遵从平等、公平、众利、均益的伦理原则,即善待地球、善待人,满足人的需求的同时,也要保持地球生命的健康。可持续建筑设计应在超越时空范围和主体性之上体现出局部与整体、眼前与长远、资源利用与环境保护以及人与人的和谐关系,即做到人与人、人与自然的平等、公平、共同发展,以实现为人的关怀。设计应从道德上强调尊重自然,把自然作为我们的地球公民来对待,合理利用地球资源的同时也要尽心保护自然环境,让大自然也有发展繁荣的机会;在利用自然资源与社会资源、谋求生存和发展的权利、满足自身利益的机会方面,让当代人和子孙后代能享有机会的人人均等性,在横向和纵向上尽力关怀到每一个人,促进社会环境的公平、稳定与和谐,实现环境保护、人均资源、整体发展、团结互助、共同繁荣。设计中应遵从 3F、5R、从摇篮到摇篮等具有伦理色彩的设计思想,认真考虑关于地球空间、资源、能源、环境的有限使用问题,以及自然环境的生态复原和反作用能力,对资源要少费多用地限制使用,对环境要少废少污地全力保护。设计要关注人的生存生活状态,给予人以人性关怀,包括身体及生理上的,也包括智力、情绪、心理、精神上的,以及人与人所构成的社会关系上的;尽量使自然资源和社会利益平均惠及每一个人,特别应注重为儿童、老人、残障人士、穷人、下层劳工等弱势群体,以及伤病者、孕妇等特殊群体的人伦关怀而设计;抓住一切适当的机会将可持续理念做清晰表达,向人们普及可持续思想,唤起可持续意识下人们的行为自觉,引导人们过一种物质朴素而精神富足的简约生活方式①,杜绝非理性的奢靡与物质需求,让人们主动参与社会人文生态的新道德范式的构建,避免生活与社会物化和非人性技术对人的伤害的可能。设计活动应饱含公平众益的伦理关切

---

① 现在可持续思想对于许多人来说还并未完全深入人心,部分人因为不理解可持续设计的重要意义而对之持以漠视甚至反对的态度,也有某些人出于商业利益而抵制可持续设计。面对这些不够深入的认识和消极、错误的态度,我们的可持续建筑设计理应在公众教育方面发挥一些积极作用。设计中应在不影响环境舒适性的前提下尽可能将可持续技术、策略和意识在设计中以人们乐于接受的形式做清楚的表达,拉近人们与"可持续"之间的距离,利用一切可用之机会让人们意识到环保的重要性,增强人们的可持续意识,让绿色生活的思想得到普及。国外有学者认为我们可以进行一种"偷偷的绿色"的设计方法,将可持续技术、策略和意识有意识地隐藏起来,这样有利于设计可持续化的进行。此方法只能在一个项目或一段时期里获得单个的环境成效,无法让建筑形成对大众进行宣传和教育的作用,这种"潜绿"思维显得较为被动和片面,是对绿色抵制者的纵容,只有在与业主沟通完全失败的情况下才可不得已而为之,设计中只要有"可持续"存在的空间,就应该尽量地表现和宣扬它,借此来普及可持续思想。

思想,在人、环境、资源的平衡和协同中实现对现在和将来之人的永续性关怀,它的实现才使可持续建筑的人文属性得到最为显著的体现。

第四节　多元并茂的文化性原则

多元文化的相互依赖、紧密联系、共存并茂是生态时代的基本文化特征,可持续建筑设计应以直观的形象反映出社会意识形态和特色文化内涵,继承传统文化、表现民族文化、弘扬地域文化、展现当代文化、普及可持续文化,呈现和保护多元文化从质上呈现出差异面的和谐共存,将文化的共性与个性、普遍性与特殊性协调统一起来,促进世界文化在交流中优势互补、互融共生,在发展演变中得到传承与发扬。设计中要强调当地文脉的设计观念,尊重地域、民族和传统的文化,体现和延续地方的生活习俗、风土人情、伦理规范、思想信仰等;保护当地有价值的历史文化遗产、历史建筑和景观,保留原初面貌的地方建筑文化;注重对地域建筑在表象、空间、环境形态上的继承,传承地方建筑文化中内在的本质特征;采用并发展地方传统的施工技术和生产技术;充分利用具有当地文化特征的生态环保材料;融合地方独特的人文和环境机理;从地方文脉中汲取营养和发展创造的同时还要积极地吸取世界多元文化,包括吸收外来优质文化和现代技术,并且要保护本土文化的活力与特色,不丢失自身文化的特质,防止全球化、技术依赖、物质化造成文化趋同和传统文化逐渐消失的文化危机。设计中还应适应人文环境的当代需要,承袭地方建筑文化中有价值的朴素的可持续思想,全面展现地方、传统和当代文化;在建筑形式、空间环境、建筑技术上表现出和谐生态、保护环境的自然化、可持续属性的空间精神,体现出可持续文化和生态文明的内涵;运用有当代文化特征的设计元素和符号,体现出建筑的亲时性和时代感。作为文化之真实写照的可持续建筑设计必须立足当代,涵盖传统又指向未来,新的文化形象既要有浓郁的本地特色,又要有鲜明的时代特征,它对构建和谐健康的新人文生态之可持续文化整体,使世界诸文化和谐并茂,保证文化多样性,促进文化进步具有重要作用。

第五节　表里动人的艺术性原则

艺术化形象在可持续建筑设计中应是表现建筑之人文气质和品味必不可少的

内容和表现手法。可持续建筑的艺术化设计所建立的设计美学应涵盖人之审美意趣和自然美的维度,设计不仅要表现出传统审美艺术的内容,还要着意体现出一种生态美、可持续的美。艺术化的建筑形态不仅要能吸引人们的目光、优化我们的视觉享受,其形式上美观悦目的欣赏价值能给予人愉悦的心理舒适感受;其带来的艺术想象力和美学张力还应能引人入胜,真正深入人的内心,为人们开启一扇特殊而美好的窗户来感观和领悟这个世界,并感应到某种心领神会的精神意境,进而向人展开一个表里动人的审美世界,让我们更好地欣赏眼前的一切,在物化和精神两个层面上满足人视觉形态和精神意境的审美需求。设计中要根据可持续建筑的这种美学本质和特性来探索设计创作构思的途径,将抽象思维与形象思维互相渗透,把理性分析、提炼与感性创造、表达相结合,并注重运用可持续思维和生态智慧将自然之本然美、朴素美,以及可持续之大美、真美融合到建筑造型和环境形态之中来创作建筑的艺术形象。在形式和数理等美学要素上要使用和谐统一又具有丰富特质的审美元素以创造美观的形态,包括造型上的形状、大小、色彩、质感和形式美法则上的比例、对比、韵律、均衡等;在此基础上着意渲染、夸张,乃至"虚构",用韵味无穷的外在建筑形态,意料之外、情理之中的艺术形象去表达远超越于形式本身的纯然外在反映的精神和一定意义的审美内容,使建筑因具有超越物体的客观属性的审美特质而蕴含丰富的艺术性内涵,全面表现出空间环境在功能、技术、环境等方面的本体美和意境美,进而创造并突出空间环境意象之真在其内而神动于外的艺术化感染力,让建筑在为上之境界中自成高格,创作出作品真善美的真正魅力。可持续建筑要能以鬼斧神工般的艺术化形象给人赏心悦目的审美感受,这样的空间环境才帮助人栖居于一个从属于诗意的生活环境。

第六节 身心安怡的情感性原则

作为属人空间的可持续建筑应该要保有生活本质的情感意义,能给予人强烈的关于自我和世界的精神回响。设计不仅要切实地对生活进行描述、解释和修饰,还要实现对生活理想和精神向往的替代,体现人们的生活、理想与灵魂,使建筑成为一个充满活力的人生活的一部分,这个可观、可触、可感知的空间环境要使安居的过程也成为一段情感的体验,使我们感观愉悦、心情惬意、情绪安宁、心旷神怡,实现人存在于世的一个根本目的——自我体认。设计中要保持人熟悉的环境认知特征,继承我们民族的、地方的、传统的、个人的情感,将这些特质集结于空间场所中,并以舒适、愉悦、意趣的建筑形象使之具体化,呈现畅怡温馨表情的环境之精神,让环境中人在情感体验中理解自己和场所是怎样的关系,知晓自己身置于何处,在建筑情感体味中建立起人的精神秩序,使人感受到认同和归属的心理安怡感和幸福感,满足人的生活情感需要以应对当下人之心理情感关怀缺失的危机。设计中还应在建筑的意境中融汇生态文明的深远内容,用象征自然和结合自然的手法明确地表达出建筑的自然特性,并以空间形象与自然精神合而为一的融合将建筑升华为具有自然情感的生活环境,使人亲密地接触自然,让我们的神经和感官伸入到有生命的自然空间本体和环境介质中去,建立、保持和发展与自然环境的积极而有意义的联系,让人领会到与自然的主体间性和从属关系,帮助人实现自然的归宿体认。设计还要使建筑具有更高境界的环境体认,巧用空间布局、材料特性、自然元素和意境给人一个高远的生命情感体验,即精神之自由与升华、心性之开敞与澄明,使人感受到一种徜徉于自由与根植之间的畅神感,引导人心向上去追寻人性中光明和美好的复魅,让人的心灵能体认到人存在的真正意义,这样的建筑才算是达成了生活本身所蕴含的完整意义。设计中的情感观照应将诗意和务实的想法融入可持续建筑中,让我们体验所看到的一切,得到全身心的愉悦和满足,精神和心灵的情感关怀使人真正开始企及诗意的栖居。

第八章 一般程序

可持续建筑设计应是理性规则下的创造性智力劳动,其设计程序就是将可持续与人文之复杂性进行分解并加以系统分析的"无序—探序—理序—试序—定序—显序"过程。每一个环节的决策节点对下一个环节而言都具有指令传递和决策基础的性质,在"问题—求解—决策"到"新问题—求解—决策"这样的阶梯式往复上升模型中,每一个阶段都有相对独立的重要意义[①],整个方案生成是由模糊到清晰、从抽象到具象、从总体到局部、从表面到深入的推演过程(图 8-1)。但设计程序并不是完全线性进展的,它是任何两环节间都存在随机双向联系的一个非线性复杂系统[②]。建筑"可持续—人文"品质的高低与设计中的每一阶段、每一节点都是直接关联的,对其流程及模式的合理规范与优化,在很大程度上决定了可持续建筑的综合性能和价值意义。

第一节 信息加工输入

设计师在接到一个可持续建筑项目任务时,首先要做的就是对项目的要求、资源、环境、条件等处于混杂状态的大量信息做收集、整理和理解的工作,其目的是充分了解服务的一般对象及大致性质、设计的大体内容与规模、实施的有利因素与制约因素。设计师要扮演的是一位出色的侦探,应尽量摸清包括文字信息、图像信息、数据信息等在内的所有内部与外部信息。任务书只是信息来源的一部分,必须通过现场踏勘、用户调研、查阅资料、调查访问、实例分析五种方法收集建筑项目的

---

① 传统的建筑设计会突出方案设计过程,一般认为此阶段是从无到有的关键环节,有着举足轻重的作用。

② 在任何阶段,你都很有可能会发现有些问题被遗漏了,可持续建筑设计中的过程反复是常常会发生的事情,很难在设计流程中先行决定了某一环节后,再开始就另一环节或要素进行思考,有时一个信息输入往往受到其他部分要素的限制,并可能会无法预计地进入任何一个部分形成影响,还有时会因为某一或某些局部要素分析障碍,使设计流程长时间地停滞于要素间相互协调的状态中。

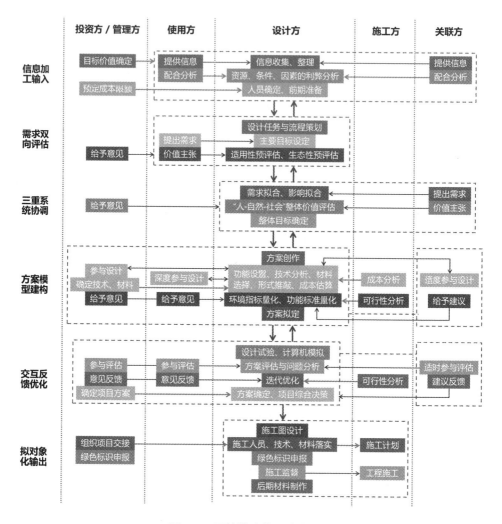

图 8-1　可持续建筑设计流程图

更多信息。到现场是为了获得场地的环境信息以及感性认识,现场状况决定了建筑项目启动的基础。用户最清楚建筑的核心功能样貌应该是什么样子,业主和用户的意见至关重要,此为设计最根本的出发点。查阅资料对任何可持续建筑项目来说都是不可忽视的,这一环节能为设计提供理论、规范、知识、数据等相关支持和依据。调查访问是补充现有信息不足的有效手段,可以使设计师对项目的背景、条件和问题有零距离的真切认知,获得更为全面深入的信息①。实例分析为设计提

---

① 面对一个可持续建筑项目,设计师所掌握的专业知识总是不够的,每个项目都有自己的背景知识、隐性条件、利益冲突点等问题,需要掌握这些信息才能做出好的可持续设计。

供捷径和参考,剖析设计案例或是将案例与本项目进行对比,可以从中获取灵感和有益的经验①。

现场信息、用户信息、项目建设信息、项目环境信息是需要收集、整理的主要信息内容。现场信息包括:经纬度(时区)、四季日照(辐射)、主导风向(风速)、降水(雪)、空气温(湿)度、地形(地貌)、地质(结构)、地震烈度、地表(下)水文、植被、生物多样性、周边建筑物(构筑物)布局、建筑红线、(水电气热等)市政管网、交通、市政规划、区域环境等。用户信息包括:使用习惯、生理(心理)状态、价值观念、审美意趣、职业性质、对可持续性的认知程度等。项目建设信息包括:建筑用途、建筑规模、服务对象、总投资、人员投入、技术条件、能源品类、(本地)材料(设备)供应、项目进程要求、相关法规等。项目环境信息包括:当地传统、风土人情、建筑风格、城市面貌、文化符号、政治形态、社会风尚等。

信息的输入和消化阶段直接影响到以后设计分析的质量水平。在这个具有最明显开放性特征的设计流程中,设计师需要通过观察、实测、体验、记录、速写、拍照、录音、录像、访谈等方法收集信息,绘制出带有基础信息的场地图纸,并对收集的大量繁杂信息进行归类、排序、分组、编码,将一般信息与特殊信息、专项信息与常规信息集中处理为规范统一的信息源,然后在分析评价的基础上挖掘知识规则,并据此搭建信息组合模型。再细微或看似不重要的资源、条件或问题,都可能对方案造成重大的影响或改变设计的方向,必须尽一切可能穷尽所有信息,并通过指标分析和综合判断,尽量避免不利条件和问题因素,放大有利条件和资源因素,为后续的分析与设计工作做一个充分的准备,减少信息不完备性决策的可能性。

第二节 需求双向评估

从信息加工渐入设计前期的分析研究进程,标志着整个设计流程中的第一次目的对象、思维内容、行为方式的转向,开启的是对可持续建筑项目的系统性"目的—要求"分析。设计首先要考虑的就是用户和业主的利益,但这种考虑一定是以避免对自然环境的伤害为前提的。一面是建筑的使用者和拥有者一方,一面是建筑的自然生态环境一方。业主作为"最后的决断者",拥有最高的话语权,决定着建

---

① 即使是局部的优秀设计,也常可以启发我们的思路,对案例的分析切忌一知半解,要真正懂得案例设计的平立面布局、细部的处理手法,以及在何种背景、何种条件下选择做这样的处理。

成一个什么样综合性能的可持续建筑。用户作为"最终的权威",是决定建筑功能与品质的最关键一方,项目的主要目的还是满足他们的需求。但建筑的存在和运行应尽量不对所处的周边区域环境造成不良影响,建筑在整个生命周期过程中应尽量减少对整个自然环境的不良影响,将环境扰动控制在自然生态的承载范围以内,是实现建筑可持续目标的基础。以人为本与环境保护是项目方案重点要设计的核心的可持续功能,对两者的双重需求评估是一个从整体至细节、宏观至微观、复杂至简单的可接受度平衡的求解过程,它呈现出的是项目方案所必须构建起的功能价值属性的粗壮两翼,是可持续建筑完整的最本质需求内容。

对业主需求的评估,设计师要准确理解业主对建筑项目价值的期望,其重点一般是侧重在经济利益上,就用户需求的评估,设计师要真正体认使用者对人居环境的具体要求,这包括实用、舒适、美观等许多复杂因素,需要深度思考居住、工作、交往、娱乐等全部涉及内容及其关系。在对此两者需求做确认之前,设计师往往需要与业主和用户进行深入沟通,让他们认识到可持续与主体需求的内在一致性,以及在经济上的可行性和环保上的必要性,帮助其调整思维,理清正确的建筑概念和环境观念。以保护生态环境的方式实现建筑的最主要功能,便是从根本上给予了建筑项目一份在生态环保设计方面的重要品质保障。在设计定向阶段,对建筑的整个使用情景过程及其环境影响要有一个预判,在信息组合模型范围内做尽可能多的场景假设,连接"空间—适用"和"环境—生态"这两个目标,以核心节点衔接多方面的子项目任务,统摄各个要素之间的紧密关联和相互制约因素来考虑问题,通过悉心反复的双向分析,从各种信息解构重组和需求发掘中导出设计需要解决的最主要问题,以及建筑项目大致方案的意向与头绪,为全面可持续价值分析与组织搭垒好基础和主要框架。

第三节　三重系统协调

对可持续建筑项目在人、社会、自然三个方面所应具备的功能价值的全面分析,是设计前期分析中的又一个主要内容——在使用需求和环境需求确定的基础上,叠合更宽广维度的价值需求内容。可持续建筑不仅存在于给定环境,还更存在于一个"社会—经济—环境"的复杂环境系统中。设计师要扮演一个极具洞察力的问题分析者,真正去理解可持续视野下相互依存、相互影响、既有矛盾又要共处的多重需求及其价值关系。首先,满足人的需求是可持续设计的最终目的,但其范围不只限于建筑的使用者和拥有者，与建筑项目有关的所有人的需求，以及项目对人们可能形成的影响，也应该是设计人员要考虑的内容。其次，可持续性的需求分析必须充分顾及社会的构成和运转的复杂性和流动性，探索建筑项目涉及的诸多因素或事物在经济、文化、伦理等社会层面可能产生的正效应和负影响，以及目前所亟待解决的重要问题。再其次，环境保护是可持续建筑的基本底线，所有维度的需求或价值评估，都必须将环境影响控制在可以接受的范围内，并尽可能做到利于环境保护和促进生态平衡。

三重系统的价值需求拟合应本着"环境—建筑—人"三位一体概念下的人本意识、环境意识、社会意识、经济意识、文化意识、可持续发展意识，借助生态学、社会学、心理学、经济学、管理学、伦理学、艺术学、民俗学、政治学等学科和专业的原理、规律、方法，依据项目资源和实际条件，通过逻辑思维和感性认知的分析、比较、判断、推理、取舍、综合来就两个内容形成认知。一是理清建筑项目的管理者、生产者、拥有者、使用者、关注者等一切利益相关者对项目的价值期望，以及各种利益诉求的详尽要求，并分析它们之间重合、互补或冲突的交互关系；二是做对建筑项目的目标内容的综合平衡分析，全方位考察在适用功能、美学表现、环境生态、社会效应、文化意义、经济价值等方面所应创造的大体价值内容。依此两项分析结果深入探索并揭示多需求因素结构，初步判断建筑项目中需求与价值之间的对应关系。

全面要求整体性统一协调的设计目标定位阶段，可以形象地比喻为在一个围绕两根主轴张开的复杂网络上不断加载集成更多元的价值需求，对它们的拟合效果取决于需求加载容量和分析处理后获得的多需求一致性程度和整体价值增量程度。此过程中需要设计师首先对建筑在全生命周期内将会面临和要解决的多种复杂需求问题做出预判，并在信息结构框架下通过要素变量的不同组合方式进行尽可能多的动态假设，针对每一项"需求—价值"要素的分析，都必须考虑到它与其他要素之间的关系是否协调，以及它与所有利益相关者之间的利益关联度。这往往需要经历一个全盘考虑、冥思苦想的艰辛探析过程，也需要做大量的需求沟通、经验交流、意见商议、解释劝导的组织协调工作，其中说服业主是重要一环①。一套业主和用户没有异议并且项目所有利益关联者都能够接受的价值组合结构的形成，才真正挖掘清楚了建筑项目应尽量去创造的可持续属性的完整意义，这是从项目的复杂信息世界走向方案起步的转折突破口和设计发生的支点。

---

① Lawson B. How designers think：the design process demystified［M］. 4th ed. New York：Architectural Press，2005：84.业主的价值认同是起决定性作用的，每一个价值完整的可持续建筑项目背后都有一个与众不同的客户。

第四节　方案模型建构

　　由设计前期分析进入设计进行时,标志着整个设计流程中的第二次目的对象、思维内容、行为方式的转向,开启的是对可持续建筑项目的方案探索。将信息、需求、价值进行逻辑化的感性处理,转化为流程要求、性能指标以及设计过程中的评价标准,输出满足所有要求的综合解决方案,形成可视化、数据化、具体化的显性表达,此为该阶段设计任务的内容和目标。这是一项平衡多维功能需求和拟合丰富价值属性的创造性工作。设计师要扮演一位主导方案设计的协调者,组建一个或多个设计专业团队,并调动各方专业人士的参与积极性和工作能动性,在功能性、生态性、艺术性、情感性、文化性、伦理性、经济性、社会性等意义维度展开方案设计进程,共同探索如何用最小量的资源、资金、人力与时间成本消耗,最有效的技术与设计策略,最低程度的自然环境干扰,最简单的管理运作方式,创造出一个功能和服务最大化、最优质、最多种的可持续建筑。

　　设计有两个起点:现实的起点是场地,方案的起点在平面。从场地开始,由外向内、由大到小、由表及里——场地规划、建筑布局、单体建筑、空间功能、环境细部的方案渐进式进程,在保持平面、立面、剖面、总平面的全局眼光的同时,应始终将平面作为方案的主导。各种手工的和计算机的图、模型、模拟、文本是推进设计的工具载体,在脑、眼、手、图(模型、模拟、文本)的交互反馈过程中,首先进行的是对建筑功能的要求分析,包括空间体量、功能定义、组织形式等实用性分析,空气品质、光热环境、风环境、声环境等舒适性分析,运行、维护、管理等运营性分析,形态、空间、环境等形象性分析等内容。在此详细分析的基础上,依据场地环境、自然题材、城市文脉、传统元素、材料属性、技术结构、新潮概念、时代主题、情感特质、兴趣品味等方面的形象、数据、资料及其特征,进行建筑方案的立意、构思、创作。整合人员、资金、工具、平台、环境等设计资源,组织绿色材料、适宜技术、节能设备、建筑构件等建筑构成要素,进行平面设计、竖向设计、结构设计、环境设计、形式设计,并同步探索整个方案在人、社会、自然三个方面可能产生的其他可持续价值。以建筑可持续属性的最大化为导向,将功能概念与空间精神演绎成建筑语言和工程技术形象,生成内容与形式完整,尺寸、细部、技术问题等均较为详细的设计方案。

　　在功能价值创造的方案设计阶段,设计伊始就要考虑到设计内容和发展维度的多样性,以及设计要素的独特性和耦合性特点,应用建筑哲学与理性思维、灵感与想象力、知识与经验,吸收、分析与整合各个相关专业领域的信息、知识、技能,对问题加以全面而适当的表达。就建筑在整个生命周期中的品质、性能表现问题,以及外部需求、环境、条件的变化问题,要尽量做到考虑周全,包括项目末期的申报绿色建筑标识问题。每一步设计都要有预设前提和条件框架分析。众多投入要素所转变而成的建筑功能系统必须是一种物质能量信息的格式塔,应能产生比输入之和更大的效用输出。此阶段是一个紧张激烈、深思熟虑的辛勤创作过程,也是主要设计人员最为专注、创造性劳动最多的一个阶段,所有设计参与者都必须紧密合作,反复沟通,分享有益建议,协助设计人员实现方案的可持续目标。这样的建筑项目方案往往没有唯一解,设计的方案和模型可能是多种多样的①,应依据项目的规定性和客观条件,优选出一个或若干"价值—成本""利益—代价"综合权衡相对较好的设计方案。

第五节　交互反馈优化

在确定可持续建筑项目方案之前,必须要有一个对方案设计的再调整、再完善、再优化过程②,因为设计常常需要在信息不充分和条件不确定的情况下做出决策③,没有不经过严密试验、反馈和迭代而成功的方法。根据多方综合设计评价可以判断方案的设计效果,若与设计目标相符,则参评方案即为最终的优化方案,否则,必须根据评价意见调整方案和模型中问题变量,重新建立项目内在结果和外在规定性之间的关系,对方案的某些内容或要素进行细化完善或修正优化。若经过多次迭代后的设计方案仍然无法满足评价要求,则需要返回到信息收集、前期分析等方案设计流程中的几个或全部环节,做信息增补或信息关联协调,或价值需求分

---

① 可持续建筑设计不是纯理工科,它有科学的成分,也有人文的成分,其设计评价既有客观指标(如物理环境),也有主观指标(如形式的丰富价值),影响方案生成的某些条件因素是非常复杂的,并且常常会因为环境的不同而具有不同的表现性。

② Lawson B. How designers think: the design process demystified [M]. 4th ed. New York: Architectural Press, 2005:31.英国报纸《半圆饰》早在1987年3月22日就曾报道过大伦敦区地方议会建筑师分部办公室墙上的一则告示:"一个设计需要经过如下6个阶段:狂热、醒悟、惶恐、内疚、由于无知而受到惩罚、由于不作为而受到表扬。"当时西方建筑界才刚刚兴起可持续设计,该项设计流程中就已经明确设定了3个阶段是在做设计方案的调试与完善,这样的例子在后来还有很多,由此可见,迭代优化是可持续建筑设计中非常重要的步骤。

③ 在有些项目中,设计师与用户之间的距离比与客户的更为疏远,设计师可能与一位意气相投并具有推动力的客户合作,却没有机会与真正的用户有正式的交流。

析,再次进行部分方案或整个方案的设计,对多个迭代后的方案进行鉴别比较,反复尝试、总结、优化方案,直到获得所有参评者都感到满意的最佳方案。

设计方案的适用功能、物理环境、资源消耗、环境影响、空间意义、项目成本、技术策略是考察、评价、优化的对象,就它们的具体展开是对以下建筑项目内容的设计效果追问和不断完善:适应当前多种功能的建筑是否同样能满足未来发生变化的功能;热、光、风、声、电、水、网络等是否都能随外部环境变化而做出相应的调整,始终使内空间和外环境处于舒适感受水平;建筑建造、运营、处废三个阶段的能源、材料、水、设备、构件的组合选择是否能最大化地节约所有资源;建筑全生命周期里是否产生最少量的废水、废气、固体废弃物排放量,是否不会产生光污染、声污染、电磁污染等;建筑造型、空间、环境是否能准确地表达出设计要求所预期的艺术效果、情感内蕴和文化含义等精神内容;人力、物力、财力、时间等的组合是否能将项目总成本降到最低;技术手段及设计策略是否最为适用于本项目,是否最大限度地挖掘了建筑项目在社会、经济、伦理等维度的可持续价值。

设计方案的深化迭代阶段是一个信息反馈、调试优化、循环设计的过程,具有最为明显的非线性和动态平衡性特征。方案有效调整的每一次决策和推移都是一股向上的抬升力,每一步骤都近似于一个自我完善的圆。对设计方案的迭代优化需要专家、项目受众、设计人员的参与,计算机软件是辅助方案优化的重要工具。各领域专家能给予具有专业深度的技术性意见,一般受众能从主观感受的角度提出有价值的问题和看法,计算机软件能就建筑全生命周期中的绝大多数内容、要素、过程给出客观量化的模拟与评价。优化设计应尽可能让每次子循环都形成与新概念相联结的多向交流,并保证在从剖析一般内在机制到完成外在表现性的迭代过程中"真实信息"的最大化,同时也应注意方案"更上一层楼"与投入成本的平衡。这一阶段应确定出设计的最终方案,至此时相应的建筑项目方案图纸、计算机模型、设计说明文本等内容都应当制作出来。

第六节 拟对象化输出

当可持续建筑项目方案确定后进入设计末期的施工预备期,标志着整个设计流程中的第三次目的对象、思维内容、行为方式的转向,开启的是对设计方案实施的规范呈现。通过施工图和文本说明的形式,依据当地的法律规范和科技环境条件,在建筑项目方案的基础上对方案进行二次设计——以确切的深度展开之方式表达出设计师的设计意图,并用工程语言和管理语言清楚地传达给建造者和管理者。设计人员首先要做的是对建筑项目方案进行补充和完善,使功能的结构对位更加明确,各种细部更加符合实际建造标准和工艺要求;其次依据对项目方案与施工作业规范的要求,绘制尺寸、比例、材料、节点等内容明确详细的施工图纸;然后编写图纸中未表明的部分和说明施工方法、质量要求等内容的施工说明书,主要包括工程概况、设计依据和施工图设计说明三部分内容;再依据施工图设计及其要求,编制包括名称、规格、特性、价格等信息的材料清单,制定包括人工费、材料费、机械费等费用明细的工程预算表;最后拟定可持续建筑标识申报计划、使用后评估方案、试运营方案、管理与维护计划等建筑项目的质量保障措施内容。

设计师在将建筑项目推进至实施设计之时,应向建筑工程的所有负责方和相关支持方等完整地说明项目的设计目标和原则,与他们共同分析施工的重难点和过程中发生隐患的可能性,降低施工期间沟通成本,也避免耽误工期的现象发生,确保设计方案按照原设计意图实施。最终的所有施工、质量保障资料和产品规格必须包括所有规范、详细的测量和检验要求。施工图纸的详尽程度应能达到可据此编制施工图预算和施工招标文件的要求,并能在工程验收时作为竣工图的基础性文件。施工说明书需要由一位有经验的可持续建筑专业人员完成,以建筑的可持续设计为重点,以可持续建筑标准的质量认证水平为要求,尽可能提供关于建造过程要求的详细附加说明,且必须有量化的、清晰的、可检查的指标和要求。招标文件也必须明确可持续建筑性能目标,尤其是要有对能源与环境性能的必要阐述和解释。方案落地之前的准备阶段在一定程度上弱化了建筑项目进程中的思维和非理性要素,表现出推进设计实施的理性和实用性,这一"承启性"完结程序是将项目方案付诸实践的重要步骤,应完成工程施工所需要的全部设计资料和辅助资料,保证建筑方案以及对项目的设想能够顺利转化为具体的建筑形式和功能,并以社会理解和认同的方式呈现出来。

第九章 主 要 方 法

可持续建筑设计的思考维度应尽可能广泛,关注的问题也应非常多样,这种多且广超出了设计师个体和单一专业的驾驭能力范围,使得设计师要去将问题求解诉诸更广泛的专业领域,利用更有效的设计工具,寻求更多的合作伙伴。许多不同的专业视角都会投射进建筑设计方法论中,可持续的设计方法必然有新的人文性拓展。可持续建筑设计吸收科学与人文、理性与感性、精确与模糊、量化与质化、分析与综合等多学科方法思维,设计方法分别体现出同步思维、整体思维、共享思维、复杂思维、迭代思维的当代"人文理性"新思潮,设计方法的生成是多专业领域交叉、跨越多层次尺度范畴、众多相关理论结合、硬科学与软科学共同支撑的系统性方法论的结果。

第一节 要素整合设计法

可持续建筑设计的过程与以往最大的不同点应是"整合、集成、耦合、协同"的鲜明特征①。要素整合是超越矛盾思维和系统思维的一种同步思维,该设计方法可贯穿于整个设计过程而并不表现出独特明显的步骤。面对复杂限制因的建筑涌现条件,要素整合法能把松散或看似毫无关系的所有方面整合到一起,将这种无序性综合呈现为一个完整的结果,以主体性、组织性和增益性的集成设计方案,通过适应和演变得出更为理想的建筑形式,实现高效率、低成本、可持续的多重效益最优化。

---

① IDP(integrated design process)理念由尼尔斯·拉森(Nils Larson)于 2000 年提出,通常翻译为整合设计过程、集成设计过程、集成化设计。尼尔斯·拉森教授是加拿大著名建筑师,国际可持续建筑环境促进会(International Initiative for Sustainable Built Environment,IISBE)的执行会长,世界可持续建筑系列会议(World Sustainable Building,WSB)的咨询委员,可持续建筑评估工具 SBTool(Sustainable Building Tool)的主要开发者。今天的要素整合设计方法中的"整合"概念可以解释为:包容、同化、整体、协调、得体、适应、多目的、灵活、综合、和谐、和(合)、有机、完形、相容、交融、耦合、协同、交叉、渗透、融合等。

一、整合设计模型

要素整合设计通过整合建筑本体的复杂性、设计任务的复杂性两大内容来实现建筑舒适、形象、功能的协同性,该方法可以理解为界定范畴的融合,它有四个考虑问题的向度:物理整合,在一统的实体、空间的范畴做材料、构件、设备等的相互和谐共存的构造处理;性能整合,在一统的功能、服务的范畴做各种生理的和部分心理的解决方案之间叠加、融合的输出处理;视觉整合,在一统的形象、审美的范畴做建筑本体形状、色彩、质感、尺寸及与相应内容之关系的形态处理;意义整合,在一统的内涵、价值的范畴做多种情感承载与语意显现的覆盖、交织、复现、衍生的信息处理。

四个向度的整合常常要紧密联系在一起发挥作用,这种整合涉及四个方面:设计团队的整合(显性)、专业知识的集成(隐性)、建筑系统的整合(理性)、建筑价值的集成(感性)。以此定义出可持续建筑项目的硬件、原型、语法、组织、运行五大功能集成系统,并紧紧围绕着对该系统体系的塑造,实施项目团队、任务内容、建筑模块、工具媒介、设计流程的多维整合设计(图9-1),科学理性地运用系统整体思维来评估和处理组织性、复杂性、多元性建筑设计问题。

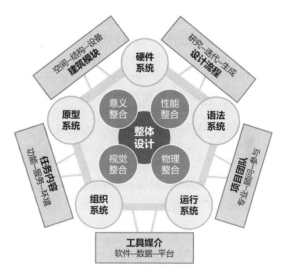

图9-1 可持续建筑整合设计模型

(1)硬件(材料设备)系统,一种工具。建筑各构成部分以一种互为因果、互为促进的方式意向性地联系在一起并经过了静态整合,各个独立硬件在以特殊方式形成的复杂联系间相互协调并发挥着自己的功能作用。

(2)原型(功能空间)系统,一种类型。功能与服务的输出是整合设计的本源基础,它以需求原型定义空间作为组织建筑全部功能的根本方式,功能、服务与空间在相互复合中实现其价值输出的最大化。

(3)语法(意义表达)系统,一种关系。基于能量与信息而非物质与形式的整合侧重于要素在感观认知层面的多向关系整合,在高层次的系统中表现出建筑本体、空间、环境的可读性,以及形式、内容与意义、价值的认知统一。

(4) 组织(有机结构)系统①,一种样式。建筑作为一个内外部诸系统相互联系而协调有序运作着的有机体,具有自我适应调节、自我迭代更新的能力特征,并呈现出明显的生态性、组织性、高效性的功能目标取向。

(5) 运行(新陈代谢)系统,一种流动。能量、物质、信息在建筑体及系统内外是实时交换的,建筑系统能持续处于(或接近)最佳状态,符合动态模式的系统不规定一个建筑应是什么样子,而是负责它在全生命周期内的整体良性运转。

可持续建筑的整合设计应首先充分了解项目的总体情况和设计意图,并熟知影响整合方案的相关因素,对重点问题有一个整体性把握。在整合过程中不必刻意强求两两要素的局部整合价值必须大于两者之和,只要是按照最恰当的集成方法和模式进行的构造和组合,其效果在更大程度上提高了建筑的各项功能,更有效地实现了建筑(系统)的目标,这种具有功能倍增性和适应迭代性结果的,就是成功的整合。整合的结果比较容易产生今天的可持续设计所热衷的创新性,但创新本身并不是要素整合的目的,不必本末倒置地盲目提升其重要性,应重视设计中新思想、新知识、新技术的流动和进化过程,从价值放大的集成角度出发,以追求完美的可持续性为整合方案目标,探索整合设计中更好的运作规律和表达方式。

二、整合五维度

建筑各部分具体内容的整合越早介入,实现可持续建筑功能系统目标的机会就越大。控制人员、任务、模块、媒介、程序五个维度深化整合尽早展开,以实现面向建筑系统的优化对接,便可极大地提高设计整合效率和建筑总体功能输出。

(一) 项目团队

设计团队集体思想的智慧集结是建筑整合设计的前提,设计师应是创造美好生活这一前沿阵地上的终极整合者②。多方面专家和成员在合作中一定要权责明确,既要有广泛合作,还要有深度合作。团队应由专业型、顾问型、利益相关型三类人员组成,各成员既要能围绕动态交流、集体协作,也要有独立工作的空间。所有的决定应是建立在以业主或使用者为重心的共同价值目标基础上,为取得优良的

---

① 生物有机体的骨骼、肌肉、皮肤、神经、消化系统、呼吸系统,分别对应着建筑的结构、设备与构件、外围护、布线、管道系统、暖通空调。

② 科学家可以发现最本质的自然规律,哲学家可以指示最高远的境界,经济学家可以解释最恰当的生活方式,艺术家可以创造最优雅的作品,工程师可以制造最高效的机器……只有设计师可以将他们的成果整合起来,形成一个明确的、舒适的、充满意义的终极作品,服务于真实的生活。

全面建筑功能而遵守共同的约定,面对可持续建筑设计的综合性和复杂性,共同承担起项目确定的使命①。

（二）任务内容

建筑设计任务的整合始于将工业的精确技术和传统的敏感性结合起来的使命②,它基于多学科与网络化的信息交流与再造。将建筑当作气候、地质、水文、植被、医学、民俗、伦理、建筑物理学等学科大量信息的集结体③,通过对所有价值构思的全面分析论证,掌握各任务之间的内在联系,对不同价值单元之间的连接、兼容、叠合、分离等关系做出判断,进行保护内容差异性的综合价值最大化整合,确定合理的"功能—服务—环境"配置,既应增强系统的活力,也应不丧失、不妥协各要素的特性,并且还应使整体建筑环境价值保持动态平衡式的有机进化。

（三）建筑模块

建筑自身三大主体的整合是指以整体系统的视角对空间模块、结构模块、设备模块进行整合,即整合空间布局、功能、流线等功能内容;整合承重墙、梁、柱等支撑构件与外墙、外窗、地板、屋顶等围护构件,以及墙、楼板等分隔构件;整合空调、采暖、照明、通风等机械系统。建筑物质本体叠加起来在形式中的共存方式应由视觉表现力来实现,用促进各独立模块功能增益的关联方式将建筑构成部分——建筑主体、界面构件、使用空间、技术设备、周边环境组合在一起,以整体最佳形态整合各模块的综合系统功能。

（四）工具媒介

设计工具与媒介的整合承载着对建筑整合设计行为的组织与控制,优化其秩序、阶段、范围、程度的逻辑演变。组合三维表现、参数化模拟、工程制图等软件工具功能,放大其设计辅助作用,整理环境、生理心理、建筑规范、材料等数据信息,挖掘潜在问题和设计机会,以数据基础和软件载体支撑起一组"活"的开放性合作平台,创建实时信息、资源共享与交换的沟通模式,消除专业技术壁垒和人为因素引起的交流问题,实现团队成员间沟通和各阶段认知的无障碍。通过对软件和数据以及与平台的整合,用经济性、兼容性与高效性的设计操作提升建筑系统的整体功能。

---

① Clark R. Structures congress 2009 — integrated architecturad design[C]//American Society of Civil Engineers Structures Congress 2009. 2009: 1-4.

② 赵群.太阳能建筑整合设计对策研究[D].哈尔滨工业大学,2008:14.按照伦纳德·R.贝奇曼的观点,整合始于"将工业的精确技术和传统的敏感性结合起来的使命"。

③ 曾庆抒.超以象外 虚实相生——汽车人机交互软硬界面整合设计[D].湖南大学,2016:12.

（五）设计流程

时间维度的过程叠合——"探索—评价—发展"融合及交互干预的程序整合必须基于全面的观点和长期管理方案,将设计评价、风险分析、效益评估等与设计同步进行,嵌入内置的反馈环节,综合多学科方法持续追踪并检验,实现从串行设计切换至并行设计,确保设计的连续性和质量控制。在设计初期就应尽可能理清各阶段每一方面的问题,进行项目过程或子过程间的协调,促进整合设计操作对象的纵向互动与平行迭代,在研究、决策、实施的每个步骤都做到及时、全面、有深度地评价,最大化设计过程控制与进度管理的价值输出。

第二节　全面参与设计法

可持续建筑设计中的参与式设计[①]是一种让建筑项目的所有相关者参与到设计活动过程中,在相互尊重对方知识背景和利益诉求的前提下,以并融互利的共享思维组织外部的新思想、新知识与新技术进行协同设计的工作方法[②]。该设计法贯穿于建筑设计的全过程,呈现出科学性、民主性、全面性和高效性的方法特征,能准确完整地定义多维需求[③],使项目设计在达到可持续性最优化的同时,也实现对一切利益关联者的承诺[④],在设计方案的周全程度、建筑的影响域形成、整个项目的社会价值创造方面起着重要的助力作用。

一、参与式模型

所有有关人员对建筑项目方案设计的调研、分析、决策、评价、管理、监督等相

---

① 参与式设计(Participatory Design)源于1970年代至1980年代斯堪的纳维亚半岛的北欧民主化运动,最早的"参与式"是一场政治运动,如今已作为一种设计方法被广泛应用于建筑设计、城乡设计、产品设计等相关领域。参与式设计有狭义与广义两种范围类型,狭义参与式设计指设计师、工程专家、用户、主要利益相关者共同参与的设计,广义参与式设计是一种全方位、全过程的完全参与的协同合作式设计,参与者包括能促使设计圆满顺利完成的所有人员,以及设计方案的所有影响对象。可持续设计中的参与式范围是指后者的关系指涉维度。

② 李响.面向开放式创新的产品集成设计理论与方法研究[D].上海交通大学,2014:6.

③ Maiden N, Rugg G. Selecting methods for requirements acquisition[J]. Software Engineering Journal, 1996, 11(3): 183-192.

④ Markus M. Participation in development and implementation[J]. Journal of the Association for Information Systems, 2004, 5(11): 514-544.

关工作的介入①,是以行为呈现的外显性参与、心智映射与情感卷入的内隐性参与的有机组合②,前者对应着活动过程或浅层次的形式化参与,后者对应着心理摄入或主动欲求层面的实质性参与,在一次成功的参与式设计中,这两种参与一定是并行的③。参与式设计有建议性商讨、包容性合作、共识性决策三种参与设计的方式④,它们都表现出两个明显特征:其一,参与者"在场"于整个活动过程中;其二,参与者与设计师是活动结果的共同创作者⑤。参与人员的组织和行动程式是参与式模型(图9-2)的重点研究内容⑥,其中人员结构主要由三个设计团队、三个受众主体组成。

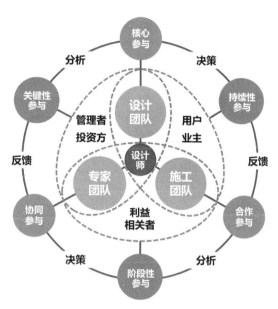

图9-2　可持续建筑设计中的参与式模型

(1)设计团队:建筑师、结构工程师(外立面设计师)、机械设备工程师(电器设备工程师、暖通空调设备工程师、给排水设备工程师)、环境工程师。

(2)专家团队:室内设计师、景观园林设计师、生态环境专家、土木工程师、城市规划师、水资源专家、照明专家、消防专家、声学专家、地质工程师(地热专家、抗震专家、岩土工程师)、被动式建筑规范专家、评估专家、造价师(概预算工程师)、电气工程师、电子工程师、专业代理人员(试运行代理人员、绿色建筑标识管理人员)、其他专项技术人员(如模拟专员、数据专员、实验专员、纠偏专员等)。

---

①　陈向明.在参与中学习与行动:参与式方法培训指南[M].北京:教育科学出版社,2003:1.

②　张广兵.参与式教学设计研究[D].西南大学,2009:6.

③　Newmann F M. Student engagement and achievement in american secondary school[M]. New York: Teachers College Press, 1992:13.参与实质上涉及了在全过程中的学习、理解和掌握相关项目内容的心理投入,并不是指完成指定的设计任务或取得较好的设计效果。参与者可以完成自己的设计工作,并且有较为良好的表现,但他并不一定投入其中,因为参与者往往容易在某些细节和某个程序上消耗大量精力,而并没有用心发展出真正的理解。所以仅仅有过程性的参与是不够的,必须有意识、情感、认知层面的深程度的投入。

④　Karlsson F, Holgersson J, Söderström E, et al. Exploring user participation approaches in public e-service development[J]. Government Information Quarterly, 2012, 29(2):158-168.

⑤　郑金洲.参与教学[M].福州:福建教育出版社,2005:80.

⑥　甘为,谭浩,赵江洪.基于参照物的汽车导航人机界面用户参与式设计[J].包装工程,2014(20):26.

（3）施工团队：工程承包商（总承包商、分承包商）、建筑施工队、建筑原料提供商（材料供应商、构件供应商、设备供应商）、工程监理。

（4）使用方：业主、租赁户、用户（长期使用者、临时使用者）。

（5）管理方：投资人、建筑项目管理者、房地产开发商、物业管理者、设备管理人员、建筑运营维护人员。

（6）利益相关者：邻里、社区、周边人群、来访者、建筑原件生产者（材料生产者、构件生产者、设备生产者）、政府管理（决策）者、行业协会（非政府组织）、科研与教学机构①。

在整个协同合作过程中，设计师应当是这个超大团队的主要召集人，而不是唯一的决策者，更不是居上位的领导者。设计师必须视野开阔，有大局观，面对不同团队的各种非设计专业人士，应具备引导、激发和控场的能力，要能将自己整合者与协调者的身份在不同场合、不同人群中做适时的切换，通过对不同专业知识技能的集合，把所有的参与者的心智和情感凝聚到设计项目中来。

设计过程中切忌将参与范围推得过于广，无论在哪个设计阶段的哪种参与模式，团队太大会明显增加参与式设计的成本，并且也难以把控其工作效率和质量。应当充分深化每一位参与者的参与层次②，特别要高度重视用户所能扮演的相较以往更重要、更专业、更活跃的角色，让参与者在有关活动中投入生理和心理能量的状态变量稳定化、持久化、最大化，挖掘并聚合他们心目中的建筑图景，尽早形成就预期结果具有一致性认识的设计共同体。

各设计团队之间应当建立相互交流的信息平台及渠道网络，共同制定审查建筑项目的日程计划和详细的工作会议计划。只有采取开放式的协同设计和透明的运行管理制度，才能确保信息公开、常常交流、相互理解、减少相互间的猜测、误解、矛盾与冲突。这有利于加强参与者的主人翁责任精神和各成员间的凝聚力，进而充分提高合作效率，降低设计过程的成本投入，促进多维度任务、多领域规则与多学科信息的交互转化，达到高度拟合参与者的行为指向，缩短设计中的分析反馈流程，快速全面开发项目方案的目的③。

① 毛小平,陆惠民,李启明.我国工程项目可持续建设的利益相关者研究[J].东南大学学报(哲学社会科学版),2012,14(2):46-50.
② 美国学者谢里·R.阿恩斯坦(Sherry R. Arnstein)将公众参与层次理论分为三大类(完全参与、象征参与、无参与)和八个层次(决策性参与、代表性参与、合作性参与、限制性参与、咨询性参与、告知性参与、教育性参与、被操纵的参与)。他认为：无论达到哪个层次，任何参与行为都会优于没有参与的行为；参与的层次越深，越能促进公共利益的最大化和多方利益的平衡；通过对参与质量的控制可以收到良好的效果。
③ 甘为,谭浩,赵江洪.基于参照物的汽车导航人机界面用户参与式设计[J].包装工程,2014(20):26.

二、参与三阶段

可持续建筑设计中的参与式方法是多层次、多方面的,在前、中、末三个方案设计阶段需要不同的参与主体、参与内容、参与方式、参与过程相配合,参与者进入时机越早、持续时间越长,越有可能形成有利于完善项目方案的共识性、自主性、全面性、深化性合作设计行为及创造活动。

(一) 设计前参与

在项目早期的调研与分析阶段,参与式设计法便已起着重要作用。用户、建筑项目高级管理者、核心设计成员是该阶段的重点参与人员,特别是用户的参与程度与效果,对理解用户真实需求和整个方案设计有着至关重要的作用[①]。同时也需要与方案设计密切相关的专业人士、项目直接利益相关者的参与。如有必要,可以适当扩大参与范围。设计参与形式应具有趣味性、易用性、半开放性的特征,强调参与人员的信息产出和定义需求的导向性主要地位,设计师应更多地扮演学习、领会的信息采集者与问题分析者角色。设计师通过参与过程中的交流、观察、咨询、互动[②],需能在短期(一日或数日)内获得信息、数据、样本等丰富的分析要素[③],进而形成几组设计方案可能性的初步判断,并在此基础上发展出对项目预期更完整的认知和理解。输入式设计参与的分析性结论可以帮助设计师理清项目的基本状况、生活情景视图、总体目标与特别要求、有利条件、限制因素等项目设计所必要的基础信息。

(二) 设计中参与

项目方案设计的分析、设计、评估、迭代阶段,参与式设计涉及的人员范围较广、持续的时间也较长。设计师、用户、关键工程人员、投资开发者、业主、设计专业人员、专项技术专家、施工技术人员、相关管理人员、相关业务专员、项目的所有利益相关者都应参与到设计过程中。设计参与形式应具有安全性、普适性、半游戏性的特征,强调参与人员的专业技术能力与创作参与者的作用,设计师应更多地扮演团队协调者和价值整合者角色。早期的设计研究便需要各成员进行跨专业的通力合作,共同探索多种问题诉求的叠合方案,此时期的合作必须是多方式、多组织、多

---

① 参与式设计方法可以帮助设计团队发现用户更深层次的需求。美国设计专家唐纳德·A.诺曼(Donald Arthur Norman)甚至认为将用户概念(问题域)映射到设计概念(方法域)的最佳途径便是设计研究期和方案设计过程中的用户参与。

② 参与式设计中的具体调查研究方法主要有访谈法、实地考察法、日记照片记录研究法、行为地图研究法、脉络访查法、问卷调查法、资料分析法等调研分析法等。

③ 贝拉·马丁,布鲁斯·汉宁顿.通用设计方法[M].初晓华,译.北京:中国编译出版社,2013:60.

次数的,并拓展至相当复杂、深入的程度①。在逐渐开展方案设计后,各方的参与因各设计流程的关注点不同而渐渐归属于一定的时段和时序,但仍要保持很强的横向交互连接,参与者应是在沟通、分享、合作、协调基础上走过一个与设计师共同创作的过程。广泛而深刻的具身化参与设计可以超越显而易见的需求,为设计者提供更有力的设计支持,有效而全面地保证项目方案的质量。

(三) 设计末参与

在关系到建筑项目生成的阶段,参与对象更多是来自施工团队和管理方。设计师、概预算工程师、投资开发者、施工技术人员、建筑原料提供商、工程承包商、管理人员、施工过程中的利益相关者都应参与到"设计—实施"转化阶段中来。设计参与形式应具有通用性、互助性、半规定性的特征,强调参与人员的专业知识能力与创作主体的作用,设计师应更多地扮演协同合作者与设计最终整合者角色。在施工图的设计与制作之前,需要多方就图纸标准、原料规格、建筑造价、人员安全、工程工期、绿色施工等问题进行商讨、交流,与设计师一道促进技术性解决方案的优化与升级,并在此基础上对可持续建筑标识申报计划、试运营方案、使用后评估(POE)方案、管理与维护计划的拟定给予建设性意见。将参与式设计持续到项目设计结束阶段,才更有利于项目方案的顺利落地,并为建筑项目在生成后阶段的效益保障做好更为全面的铺垫工作。

第三节　全生命周期设计法

全生命周期②的设计观念与方法能展现出建筑在整个生命周期中每一阶段和节点上的可持续属性与程度。通过这种系统观念的整体思维,全生命周期设计法对建筑总体品质与性能以及环境影响的考察更为全面,对建筑潜在负荷向环境转移的检视也更为科学客观,为方案优化提供充分的理论和数据支持,为项目各方提供重要的分析、评价和决策依据。该设计方法主要适用于建筑项目的设计分析与

---

① 某些方案从单一专业来看是最合理的,但从集成的整体效益来看可能并非最佳,所以需要通过对项目方案中优先因素的反复调整,达到高度的功能平衡与价值协调,进而降低目标冲突的出现概率。

② 在《环境管理生命周期评价原则与框架》(GB/T 24040—2008)中,生命周期(life cycle)的定义是产品系统中前后衔接的一系列阶段,从自然界或从自然资源中获取原材料,直至最终处置。这既是项目(产品)客观存在的现象,也是一种认知观念。全生命周期方法是产业生态学的主要理论与方法之一,对其深入的研究与广泛的运用已经成为推动环境保护、绿色生产、能源合理利用、可持续发展的重要途径。

预判、方案设计与迭代阶段,是一种能较有效控制建筑可持续目标效果的设计方法。

一、全生命周期模型

全生命周期设计法并非以建筑本体及空间环境成品的静态的显性视角考虑问题,而是采用一种基于时间轴线的可持续考量,以全过程控制的动态审视来实现优良的建筑设计。不仅仅关注从最初的项目整体规划与方案设计,到随后的施工建造,再到长时期的使用与维护,以及最终的拆除所形成的一个看得见的建筑存在过程,更是通过对建筑整个生命周期的全面追踪,根据各个时期深入的定性研究和详细的定量评价,分析所有"人—建筑—环境"的作用因素,对设计项目进行充分的监督和调控,以资源利用与环境保护的长期平衡为前提条件,提高建筑设计的可持续品质和性能。该设计法主要分析和评判关于一个建筑项目全过程的输入与输出对人和环境的正负影响,其具体研究对象由四个主体内容架构而成:

(1)输入(消耗):建筑项目就各种人力、物力、财力投入的需求分量及总和。关键项内容包括能源、物质、材料(土地)、水、资金、人力等,此内容主要分析建筑的全生命周期是否能有效节约有限资源,充分利用再生资源,高效组合各种资源。

(2)输出(正产出):建筑项目在可持续属性指涉下所提供的功能、服务,及其所创造的意义、价值。此内容主要分析建筑是否既能给予人一个舒适、绿色、美观的宜人空间环境,也能使围绕全生命周期所产生的社会、经济、文化等方面的正效应最大化。

(3)输出(负影响):建筑项目对自然环境所产生的负面影响,涉及容易对水、空气、动植物、土壤、区域环境等造成污染的所有输出物或要素。此内容主要分析建筑的存在过程是否能与周边环境相互协调,且其全生命周期是否能最小化对外在环境的不利影响。

(4)阶段(时间节点):建筑项目对人与环境的正负影响不规则地分布在项目前端的前端(前期规划之前)至末端的末端(拆除处废之后),此内容主要分析建筑能否在全生命周期的各核心环节衔接多阶段的子项目任务,统摄各阶段的输入与输出效果使其达到最优。

全生命周期分析模型(图9-3)表现出该设计方法的两层含义,在时间轴的宏观域层面,它是一种设计理念、思维、视野,要求在建筑由自然中来到自然中去的这一"从无(概念生成之前)到无(建筑本体消亡)"的全过程中,应通盘考虑其产生影响的极值状态水平和总体性综合效果。在操作环节的微观域层面,它是一种设计分析与评价的具体方法,建筑及其环境是其依据,项目过程所涉及的所有要素是其对象,设计目标则是其出发点,要求有关建筑项目的研究范围、条件假设、数据分析、工作方法和结果评述应具有相当程度的透明性、客观性和确切性。

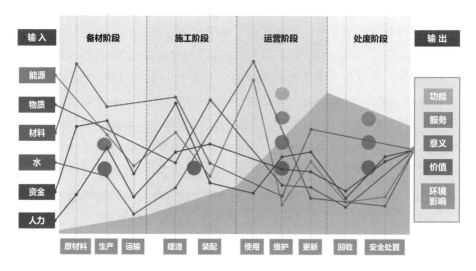

图 9-3　可持续建筑的全生命周期分析模型

全生命周期分析旨在帮助建筑实现必要品质和性能所需要的投入和负影响尽可能小;或在当量影响的情况下,产出的功能、服务、价值、意义尽可能大,持续时间也尽可能长。前者是从节约资源和满足基本需求的角度来说,这种问题解决方式显得比较被动,属于普适性或保守式的做法。后者则将思路聚焦在"价值拓展"上,从提高资源效率、扩大供给量的积极角度,主动推进项目的可持续化程度,这种做法需要一定的背景条件支持。在全生命周期设计法运用中,明确可持续目标、研究范围、分析要素,将两种分析指向理性融合,互作补充,在很大程度上能提升分析研究的深度和精度,确保该设计方法在项目预判与控制上获得更好的实践成效。

二、分析四步骤

依据国际标准 ISO 14040 对全生命周期评价的技术框架定义[①],可持续建筑设计分析中该设计方法步骤可以由连贯顺接的定框架、拟清单、做评价、调方案四个阶段构成,它是基于全生命周期的分析行为的一组基本流程模式。

---

① 根据 ISO14040 标准,完整的全生命周期评价研究一般要完成以下四个步骤(即四个组成部分):目标和范围定义、清单分析、全生命周期影响评价以及对清单分析及影响评价结果的解释。

（一）目的与范围确定

确定分析的目的与范围是全生命周期设计法的第一步。分析目的依据建筑项目的可持续目标预设而确定，包括可持续总体目标与阶段目标，以及相应的消耗上限、负影响上限与正产出下限要求。分析范围依据设计任务对设计要素、实施条件、流程模型的详细描述而确定①，它包括建筑环境与影响域的大小、阶段与节点的跨度、系统功能与子单元的边界、原始数据的精度、基本假设的基准、分析要素的数量、限制条件的宽度、评价方法的种类、研究过程的深度等。具体分析范围的设定很大程度上取决于建筑项目的特殊性，但必须保证所有分析要素与建筑及其环境的功能系统有关，各分析要素存在阶段内匹配和阶段间关联的关系，以便准确划分分析研究系统边界，顺利展开对功能、数据、方法、条件等分析要素的解释与评价。

（二）清单分析

建筑全生命周期的清单分析是就建筑项目在整个生命周期对资源（材料、水、物质、土地）与（传统）能源的消耗、人力与资金成本的投入，功能、服务、价值、意义的产出，以及向环境的负荷转移（废气、废水、固体废弃物以及声、光、辐射等其他有害物）进行的数据量化分析。此定量技术运作过程开始于建筑第一件原材料的选定，结束于建筑最后一个部件的处废，在全生命周期四个阶段的十个节点上，联系着建筑每个构成部分的所有生命阶段。对建筑系统的输入和输出清单进行的汇编和量化工作涉及对象要素的层次与类别问题，其主要工作内容就是建立各个子系统相对独立存在的数据库，并就各要素对人和环境的影响做项目方案的半微观性初步评价。数据的准确度和可信度②作为最大限制因来直接决定清单分析质量③，影响阐述与判断的正误。

（三）效果预判

对项目方案的效果预判是全生命周期分析的核心内容，它是根据全生命周期清单分析的结果，以定量与定性相结合的方式，判断建筑的全生命周期对人和环境

---

① Börjeson L，Höjer M，Dreborg K H，et al. Scenario types and techniques：towards a user's guide [J]. Futures，2006，38(7)：723-739.

② 数据的质量有其具体的要求：时效性、空间性、技术性（数据获得的技术前提，即在什么样的技术条件下获得的数据）、精确性、完整性、真实性、同一性（利用不同分析体系所获得的结论的一致性）。分析者面临的一个重要工作是评价和管理数据质量，输入数据的质量依靠于数据来源、分析者对所研究的对象和过程的认识程度、所做的假设以及计算和校验程序。

③ Ciroth A. ICT for environment in life cycle applications open LCA — A new open source software for life cycle assessment[J]. The International Journal of Life Cycle Assessment，2007，12(4)：209.

的各种影响的程度。要使其具有非常高的准确度是很不容易的[①],但多数情况下完全可以推断输入和输出的相关程度与确切关系。目前在分析过程中主要采用国际上主流的"环境问题法[②]"和"目标距离法[③]"两类评价方法,将清单数据归到不同的影响类型,整合相对分散且存在联系的信息,建立有机统一的、便于效果分析的要素体系,再把该对象系统和评价过程的输入和输出参数转化成半定量或定性的指标来表征建筑系统及项目全过程对人和环境的影响程度[④],最后就整合后的评价结果提出概括性、全面性的项目预测,给人以清晰的效果评判之直观印象。

(四) 方案优化

将清单分析和效果预判所发现的与项目可持续目标相矛盾的部分,对照起来做整体性解析,进行迭代方案的优化设计,是全生命周期分析的目的。设计中要根据项目每一个阶段、步骤、节点的特定情况,综合判断各因素影响程度的可变性,突出重点性、敏感性、时效性、多维性问题,识别和评价建筑在整个生命周期中与人和环境相关的消耗减少、负影响降低、正产出增加的可能性或途径。阐述既宏观全面又微观详细的改进建议,提出如何处理影响因素的一套整体性策略,并通过深入研究甄别各影响因素的侧重角度和限制条件,提供解决问题的关键技术或模型,以分项、量化、联动的处理方式,明确各阶段改良措施的可操作性具体做法,使整个生命周期分析过程完整、有效,为决策者提供直接而必要的信息,促进方案的升级和流程的改善,达成项目的可持续目标。

---

① 徐照.BIM技术与建筑能耗评价分析方法[M].南京:东南大学出版社,2017:34.由于建筑整个生命周期的时空跨度很大,所涉及的内容非常繁杂且相互影响,具有不稳定性,在设计阶段很难获取建筑材料和建筑性能的准确数据。另外,市场上的建筑相关产品种类繁多,其质量、性能都不一样,使得全生命周期设计法的运用具有多样性和复杂性。

② 黄东梅.竹/木结构民宅的生命周期评价[D].南京:南京林业大学,2012:7.环境问题法着眼于环境影响因子和影响机理,对各种环境干扰因素采用当量因子转换而进行数据标准化和对比分析,如瑞典EPS方法,荷兰和瑞士的生态稀缺性方法(生态因子)和丹麦的EDIP方法等。

③ 同②7-8.着眼于影响后果,用某种环境效应的当前水平与目标水平(标准或容量)之间的距离来表征某种环境效应的代表性,其代表方法是瑞士的临界体积方法。

④ 尹建锋.废弃手机资源化的生命周期评价[D].天津:南开大学,2014:21.在必要时或情况非常具体的条件下,还应在数据影响的归类和特征化之后,接着将研究结果做权重汇总,以便更恰当地做出判断。

第四节　递阶设计法

递阶设计法①是可运用于可持续建筑设计中的重要的整体系统性分析与决策方法②，特别适用于多目标、多层次、多因素的大型或复杂项目③。它采用数学方法描述分解与综合的复杂思维过程，以定性和定量相结合的路径进行建筑项目的细化研究与方案决策，其过程所涉及的项目问题本质、要素及内在关系分析相对较为透彻。递阶设计法主要运用在设计的前中期分析和方案选择与调整阶段，可促进设计人员对项目要素的结构化深入认知，利于决策者以系统化、数学化和模型化的形式实现对建筑项目及方案过程做出正确的把握。

一、层次结构模型

递阶设计法根据可持续建筑项目的目标确定该方法的分析、评估和决策内容，在系统分析基础上，连续性分解目标对象，得到下级子目标，再对接具体措施，与项目的各种方案形成对接，通过若干有序的递阶层次搭建起一个描述系统功能或特征的内部独立的结构树，然后辅之以数学权重方法计算出各个要素的重要性指数，并依其大小确定各个措施的优劣等级，进而为项目的分析评估与方案决策提供依据。该设计法既不单纯地倚重数学运算，也不片面地只注重逻辑推理，而是把这两个方法有机地结合，使庞大或复杂的模糊对象变得清晰、确切，将难以量化的设计问题简化为多层次单目标的要素构成问题，其基本原理是重要性排序组合的原理，层次结构分析模型（图9-4）由五类层次要素组成。

（1）目标层：建筑项目所要实现的总体可持续目标，一般不具有操作性，此单一要素是项目方案的决策指向和理想结果。

（2）准则层：由目标层分化成的若干分析维度和项目方案总则，归并和概括各项具体指标，是总目标引导下规约项目方案的高层次要旨。

（3）指标层：由准则层细化而成的项目方案的确切要求和分析评估要素，是最下层的众基础目标性要素，也是衡量目标与准则达到程度的评价指标。

---

① 本设计方法源于 AHP(Analytic Hierarchy Process)分析法，该方法是美国运筹学家萨蒂于1970年代提出的，它是对多个方案多个指标系统进行分析的一种层次化、结构化决策方法，问世以来，已在世界各地得到迅速普及和推广，并在包括建筑学与设计学在内的许多专业领域取得了大量的应用研究成果。
② 刘心报. GDSS环境下的群体推理方法及群体层次分析法研究[D].合肥：合肥工业大学,2002：45.
③ 王肖宇. 基于层次分析法的京沈清文化遗产廊道构建[D].西安：西安建筑科技大学,2009：73.

（4）措施层：一系列达成目标的实际操作性具体措施，作为中间环节衔接方案层与三个目标（评价）层，其各子要素是实现项目所有目标的最基本控制单元。

（5）方案层：供分析、评估的备选方案或迭代方案，包括若干带有具体措施的项目总方案、子方案等的完整设计方案。

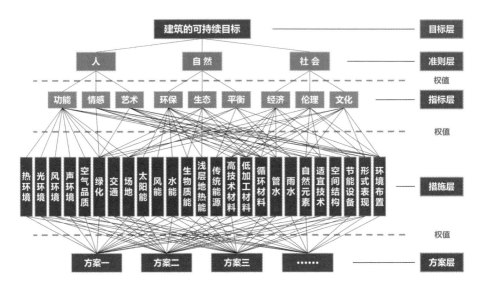

图 9-4 可持续建筑设计中的递阶层次分析模型

递阶设计分析模型有"宏观—中观—微观""主观—客观"两个层次结构类型，其本身也是一个非常庞杂的系统，一环连一环，环中再套环，各层次之间是一种明确的从属和影响关系，从上侧的目标层和下侧的方案层向中间指向措施层，各个层级间的元素关联性也清晰明了。该模型很好地拟合起分析过程中的需求因素与策略因素，使方法过程结构化、层次化、系统化，并采用相对标度对定量的与不可量的、显性与隐性因素做统一测度，进而把问题处理变得简单化、方便化，同时又不失严格性和精确性。作为分析、评估、决策方法的具体表达，结构层次模型具有适应性、简明性、整体性和组织性等特点，反映出该设计方法深刻的"分析—决策"外化机制和"目标—评价"效用机制。

在运用层次结构理论开展分析活动时，有三个会影响到分析质量但易被忽视的操作内容值得注意。首先，必须要在进行分析之前，充分理解建筑项目的设计意图，在此基础上对整个项目有一个清晰的把握，并通过项目前期调研与分析获得尽可能多的量化信息。其次，在分析过程中要尽力追求分析者的经验与理性的平衡，留意分析过程中人为因素的可能影响，避免层次结构和权重值不够精确、过于主观等问题①。再其次,应依据各层次间诸多要素的两两关系属性,将项目及方案整体分解为若干要素部分,运用每一个关键节点所存在的阶段结论及信息传递的作用效果,进行有目的、有侧重、有步骤的探索、分析与评价。正确的方法操作才能保证要素分析、策略组合、方案评估、项目决策四个方面应有的方法目的。

二、递阶四节点

可持续建筑项目中递阶设计法的操作流程是一个搭建层次结构模型并在其基础上做分析、出结论的过程,通过层级、关联、系数、决策四个关键环节,以带有直观性和准确度的系统综合分析对项目和方案做出评价与决策。

(一) 构造递阶结构

面对建筑项目中的分析对象,首先要理清可持续目标、需要解决的问题、所涉及的要素,再根据对项目要求的初步分析以及项目的有关条件,将所有要素以目标、准则、指标、措施的不同属性进行分组归类,并按照最高层、两个或多个中间层、最底层的秩序排列起来,构成一个由上至下、逐渐细分、各层次之间具有明确逻辑性隶属关系的层级结构,这是递阶设计法运用的首要环节。层次及其要素的组织形式较为多样②,应根据建筑项目的大小、难易、复杂程度做具体内容的确定与划分,尽量在合理的范围内减少层次和要素数量,避免出现后续工作量剧增、分析评价效率降低、错误概率增大的现象,为确立要素关系和进一步的分析做好基础工作。

(二) 建立层级关联

在层状组合的要素中,如果发现下(上)层的某个要素对上(下)层的一个或几个要素存在着一定程度的贡献、归属(支配、制约)的关系,即应做更深入详尽的要素作用研究,排除不必要的要素联系,在对项目或方案存在切实影响的要素关联间构建一条连接。当对每个要素都完成一对一(多)的连接后,层次结构模型便已初步建立起来,层级要素结构中呈现的是复杂网络状的两两关联。越是下层的要素

---

① 递阶设计法在分析过程中的层次要素划分方式和计分方式是无可厚非的,但是由于每一步骤的结果都受诸多因素的影响,如:所提供材料的真实性、确切性;分析者的知识、能力、经验、偏好、兴趣;对项目的意图、条件等情况的了解;做出分析判断时的状态;外界因素的干扰等,这其中的许多因素在多数时候是难以掌控的,它们使得所获得的分析模型和重要性分值存在具有随意性、欠缺准确性的可能。

② 图 9-4 中是以"人—自然—社会"作为准则层所构造的模型,还可以有许多划分方法,如"经济—社会—环境""人—建筑—环境""建筑—文化—技术",等等,下面指标层则应当做相应的要素设定及分类调整。

越不宜形成过多的关系连接,个别元素跨层连接的现象也应尽量避免[①],这些情况都将会为权重的设定造成困难[②],使分析结果的不一致性加大[③],故在实际操作中必须悉心定夺,建立一个要素关联条理明晰、递阶关联层级清晰的分析模型。

(三)测算要素重要性

要素重要性的计算是较复杂且有难度的分析环节,就一个要素的计算往往会牵涉多个相关要素和许多影响因素,这是一个逐一分析、相互对比、反复权衡的数值导出过程。从最高层开始向下比较每一个下层相关要素之间对于上层要素的相对重要性,将这些判断用数值表示出来,就是各层次要素的相对权重。此分析计算过程并非一个完全由上至下的单向定权重过程,如果在分析初期就确定要突出某一要素的重要性,则从下至上过程更容易计算出该要素的权重。通过各要素的相对权值,可以很容易地推算出实现项目总目标对该要素的需求系数,即该要素对于最高层的绝对重要性。对层次要素的作用和关系进行量化处理,是展开项目分析活动的重要准备,使递阶层级模型可以为分析、评估、决策提供关键内容与主要依据。

(四)方案选择与调整

为建筑项目确定一个最优方案,是递阶设计法最主要的目的和作用。通过对时间、人员、成本、方法、程序、技术、工具、平台等方案实施运作单元的综合考量,评估各备选方案中每一项措施所需要的人力、物力、财力,以及所产生的设计效果,用权重方法换算出方案与所采用措施之间的关联程度,再推算方案中每项措施对项目总目标的贡献系数,即措施在项目中的实际重要性。将方案中各措施的贡献系数做加法汇总,便可换算出每一个备选方案的贡献系数,依据其数值的大小可以将方案的优势等级进行排序,便可以此进行方案选择。若最佳方案依然存在迭代的空间,则应继续探索措施拟合方式,直至找出分析模型评价结果最优的项目决策方案。

第五节 设计试验法

设计试验法在可持续建筑设计过程中能发挥重要的作用,它可以用具象化、信

---

① 如出现难以回避的越层连接的情况,则要返回到递阶层次划分阶段进行再分析,看是否有进一步使层级关系更加清晰的可能,应尽量做到消除越层关联。

② 朱建军.层次分析法的若干问题研究及应用[D].沈阳:东北大学,2005:4.

③ 武广. 我国风险投资项目评估模型的探究[D].上海:华东师范大学,2008:79.

息化、及时化的方式创造出一个最为接近真实状态的设计结果,并以一种探索性、比照性的迭代思维反映出设计方案与预期目的的关系。该方法具有明显的就事论事、反馈迅速、结果清楚的特点,就设计方案的运行情况、良好运行的条件和该条件允许的范围等问题,能给出具有参考价值的答案。设计试验法适用于项目设计方案的分析、测试、调整与决策阶段,是一种增强设计呈现能力,完善方案优化路径,提升项目可持续品质的有效设计方法。

一、试验模型

可持续建筑设计本质上是规定性的,这种主观行为含有感性成分,规定性需要一定量的描述性阐释,感性也需要一定量的客观性检验①。当建筑项目的某一设计方案初步确定时,为了更直观、形象、具体地了解建筑运行状态和项目整体影响,即应选择适当的试验方式、工具,对建筑系统的整体或部分进行形式或功能的模拟。通过对自变量、无关变量的控制,分析其与因变量结果的关系,将系统内种种复杂的、不可见的、直接或间接的关系,以可见的、直观的、定性的或定量的方法表达出来,再进行比较、评估、改进的迭代过程,便可以获得最优化的设计方案。目前能够最透彻表达设计思想的模拟工具是虚拟现实技术,所有可用于设计试验的有效工具可以归为四类:

(1)手绘图:包括二维、三维的草图和效果图,适用于设计初期对概念、形式、色彩、材质、技术、场景等进行简单的描绘和表达,成本非常低、速度也较快。

(2)实物模型:实物材料制成的模型,在体量、造型、颜色、空间感等方面可以得到最为直观、真实的效果,还可模拟简单的几种物理环境,但成本略高、制作周期长。

(3)计算机三维模型:电脑软件制作的虚拟模型,方案设计和演示的灵活度极高,效果也非常逼真,造型、赋色、选材等自由度非常大,可内外全方位静态或动态地展示建筑效果,成本非常低,模拟费时少。

---

①　设计是科学与艺术的结合,但与它们不同的是,设计很少有出错的权利。一个科学理论或结论应用到实践中通常需要很长的时间周期,如果对其中的错误发现及时,科学家们是有时间对其做更正或补充的,并且这种错误总是可以促进或帮助科学的进步,再加上科学本身就具有探索、试验的属性,所以人们对科学的错误具有一定的容忍度。一个艺术作品的错误可以用语言批评来及时指出或矫正,避免其不良影响的传播。但是设计的情况完全不同,虽然设计的错误也可以促进设计反思,进而推动设计的进步,但一个设计会很快进入人们的生活,其中的错误即刻便会产生实实在在的影响,并且这种影响往往是不能回避的、长期的,有时还可能是深远的、不可承受的。所以,在方案的设计过程中必要要有一个客观试验的环节。

（4）计算机动态模拟①：电脑软件制作的参数化模型，模拟效果非常接近实际状态，能对建筑在功能、环境、社会等维度进行全面具体地模拟，较为准确地计算出功能状况、物理环境、环境影响、运行管理、空间情景等各项内容的动态情况和相应数据，成本非常低，模拟周期短。

设计试验模型（图9-5）有理论思维的形式，也有物质模型的形式，通常是在两者基础上形成的综合模型。它为分析研究提供了技术手段，一方面可以科学地描述建筑系统的结构要素和运行机制，另一方面可以预测建筑系统的未来情况。方案模拟的程度有简单与具体两个标准：前者的信息模型简单概括，方案建模较为快速；后者则要求有较为具体、准确和完备的信息来源，方案建模过程较为复杂、耗时。简单式常用于设计初期的定性试验，而具体式则往往用在设计后期的定量试验。设计试验的规模分为方案评估试验和方案优化试验两类，前者是对一个预案的效果模拟试验，后者是对方案中某个或若干要素的调整试验。

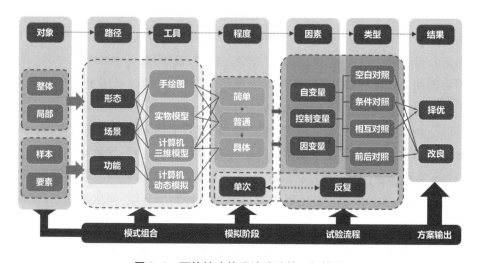

图9-5　可持续建筑设计试验的一般模型

建筑投入使用后的体验可能与最初的设想是难以形成"因果对等"关系的，也

---

① 核心建模软件有 Revit、Bently、ArchiCAD 等，方案设计软件有 Onuma、Planning System、Affinity 等，可视化软件有 3dsMAX、Artlantis、AccuRender、Maya、Lightscape 等，造价管理软件有 Innovaya、Solibri、鲁班等，机电分析软件有 Design Master、IES Virtual Environment、Trane Trace 等，结构分析软件有 ETABS、STAAD、Robot、PKPM 等，可持续分析软件有 Echotect、Green Building Studio、Energy Plus、斯维尔、天正等，建筑全能耗模拟软件（比较流行的）主要有 Energy Plus、DOS-2、TRNSYS、DeST 等，建筑光环境模拟软件（比较流行的）主要有 Radiance、Desktop Radiance、Daysim，建筑声环境模拟软件主要有 Raynoise、Cadna A，建筑风环境模拟软件 CFD 主要有 Fluent、Airpak、Phoenics，综合模拟软件主要有 ESP-r、Ecotect、IES（VE）。

很难绝对准确地探测出建筑使用多年后的性能变化，以及所可能产生的环境、社会影响①。尽管如此，当我们把所有的可用试验结果都放在一起，还是可以拼贴出一个设计师思考的大致图景的。建立因果当量关系最好的方法——事实上也是唯一具有完全说服力的方法——就是进行精心设计的试验，这样才有利于控制尽可能多的潜在变量的影响②。另外，值得注意的是，其他类似建筑设计试验的量化研究数据结论，即便是试验条件相同，也不可随便用于本试验分析中，特别是感性维度的分析，除非那些结论已被认定是归于普遍经验的范畴。悉心的方法运用可以更好地发挥设计试验的作用，帮助项目方案获得更完善的功能与价值。

二、试验三路径

不论是单一要素还是一套方案的设计试验，其内容和过程都具有相当的复杂度，目前还不太可能将可持续建筑项目以一个完全整体进行模拟试验。做建筑物及空间环境、使用中的真实情景、各种功能的运作情况三个交互影响部分的模拟和试验，是评估和优化设计效果的有效途径。

（一）形态模拟

形态模拟是建筑本体和形象的表现，也是方案设计的结果呈现。对建筑的造型、色彩、材料、体量、空间、环境的模拟试验，可以运用草图、效果图、实物模型、计算机三维模型来展开。草图和效果图的设计试验在概念设计和方案早期能推动设计初步方案的迭代进程。实物模型在对建筑实体、构成形式、空间环境的模拟效果上，特别是在一些对精神功能、文化情感有特殊要求的项目中，其具象化、真实性是其他模拟媒介不可替代的。计算机三维模型可以制作尺度准确的平面图、立面图、剖面图，以及精细逼真的二维、三维效果图和三维动画，能够非常清晰地模拟出方案的建筑形态，并且对任意形态要素做细节试验都非常容易，设计者可以从任意视点、视角审视建筑、感受空间，以验证、评价形态方案是否符合设计目标。在不同设计阶段将几种试验工具按恰当的比例组合起来，对建筑形态及表达语汇进行多方式、多维度的检查与推敲，可以很好地获得建筑形态设计试验的效果和意义。

---

① 设计试验的方式和工具很多，但每一个关乎设计本质的都或多或少有些瑕疵。试验环境是一个"中性社会环境"，而不是一个"发挥自身效果的具体社会环境"。所有模型也都存在不同程度"过度简化"，在内容、深度、计算精度和可靠性等方面都有一定的局限性。它们的全部复杂性和独特性总是不能百分之百地表现出来。虽然模拟的有意"整体性"并不总能令人满意地进行复制，但它在可持续建筑设计中目前仍可作为一种非常有效的设计方法来使用。

② Groat L N, Wang D. Architectural research methods[M]. Hoboken: John Wiley & Sons, 2013: 345.

（二）场景模拟

场景模拟是建筑使用的真实情况呈现，也是空间环境感受、认知、行为状态的表达。对环境舒适程度的模拟试验，可以运用实物模型、计算机动态模拟来展开。简单式的实物模拟作为计算机模拟的一种辅助，在设计的初期和中期发挥着部分作用。在计算机中能模拟室内环境中的光照、温度、湿度、风、声响和室外环境中的光照、热辐射、空气温湿度、主导风、雨雪等。对环境中人员分布和动态的模拟试验，可以运用草图、效果图、计算机三维模型、计算机动态模拟来展开。草图和效果图适用于设计初期静态场景的快速试验。计算机三维模型可以就静态场景和一般动态场景进行试验。在计算机动态模拟方式中可以模拟日常人流动态路线、人群活跃区域、楼道与场地交通、紧急疏散、工作疲劳程度、垃圾管理等场景情态。虚拟现实模拟可以让观者"有机会"进入空间，带给观者"真正的"实时场景，360°全息沉浸式体验，可以让人充分地感知和体察空间环境，这是目前多要素场景试验的最佳方式[①]。一个经过良好试验设计的场景模拟允许假设情形中的真实世界观点，可以在不破坏其自然环境含义的前提下，就环境品质或场所现象进行孤立的试验和探究。

（三）功能模拟

功能模拟是对建筑在全生命周期过程中的性能与状态的展现，也是一种功能之时间承诺的演绎。对建筑硬件功能、设备运行、环境效应等的模拟试验，可以运用计算机动态模拟来展开。在计算机中能模拟建筑结构强度与承重，围护结构热工性能、通风性能、采光性能、日照与遮挡、太阳能利用效率、机械设备功率与工况、生命周期里的性能变化及消耗、排放等内容。BIM[②] 是目前最好的四维"空间—时间信息模型"，它的系列软件能够将建筑的所有功能性相关变量以一种整体统合的方式复制出来，包括几何信息、结构信息、建造信息、功能信息、环境信息、运转信息、时间信息等资源信息，通过虚拟建筑的建造模拟，BIM 所有构成元素的控制参数和文本信息都能智能化地修改、编辑，可以进行单一或多项条件的动态模拟。通过虚拟建筑的运行模拟，可以试验建筑项目在真实时间周期内的功能价值与环境影响，预演建筑在建成后长时间周期内的表现。数字化模拟各种运转状态下的条件交互反馈和要素拟合结果，是试验建筑功能水平和建筑生命状态的有效途径。

---

① 全景式体验也有其不足之处，可能很快会实现对空气流动感、气味的准确模拟技术，但对触摸感的模拟很难在短时间内做到，空间准确度也有待进一步提升。

② Zhang J P, Hu Z Z. BIM- and 4D-based integrated solution of analysis and management for conflicts and structural safety problems during construction：1. Principles and methodologies［J］. Automation in Construction，2011，20(2)：155-166.研究者们普遍认同建筑信息模型（Building Information Modeling）技术是首个也是目前最好的四维"空间—时间信息模型"。

第十章 技 术 形 式

  建筑的可持续化发展根植于技术。按照海德格尔的观点,本真的技术才能实现本真的生活环境,即不试图挑战和征服自然又能美化我们的舒适生活的技术。单纯出于环境保护考虑的技术措施只能是生态技术的范畴,只有与经济、文化、伦理、艺术、情感等方面相结合、相平衡的生态技术才可称之为可持续技术。但是,技术作为一个具有自身属性的事物,它与人文之间却常常存在一种天然矛盾的关系,可持续建筑设计的任务并不仅仅在于设想出建筑方案和技术方案,更重要的是要设法将人的因素置于技术的中心位置,让技术尽可能地凸显出人性观照。

  在可持续建筑的生成与运行管理过程中,从对象认识,到分析判断,到价值预设,再到路径选择,其创造活动的最终落脚点是技术。无论我们现在的可持续建筑理论如何正面甚至崇高、前卫甚至激进、深刻甚至晦涩,我们的设计与建造依然需要依靠具体的可持续技术。它们既是技术,也是思路;既是策略,也是途径;既是标准,也是内容;既是过程,也是结果;既是设计风格,也是建筑类型。但它们是手段而非需求,是中介而非目的,是活动对象而非改造客体,是工具角色而非产品角色。对设计师来说,正确理解并善用可持续技术,才是实现建筑可持续目标的最切实的手段和最重要的步骤。

第一节 被 动 式 技 术

  被动式的可持续建筑技术①本着节能、环保、舒适和经济的原则,依据项目所处的场地条件和当地自然环境特征,遵循建筑环境控制技术的基本科学原理,在可持续建筑方案设计与生成的过程中,最大限度地运用建筑形式和性能方面的潜力,充分运用建筑节能的方法、技术和策略,为建筑设计出自身的自主式舒适度调控措

---

① "被动式"是由英文 Passive 转译过来,其英文原意为诱导、被动、顺从,有顺其自然之意。

施。让建筑具有较强的对气候和环境的适应与调节能力,使建筑物内部环境在与外界气候的能量和物质交换过程中,能够直接或者间接地实现消除或减少对机械设备和系统或相关设备的依赖,进而消除或降低对传统能源的消耗,以及二氧化碳等污染物的排放量,在以环境友好的方式满足人们对生活的舒适性要求的基础上,创造出有助于促进人们身心健康的良好建筑室内外环境。

被动式技术是要建立室外气候环境和室内舒适性之间的调节关系,它关注三大方面的内容:室外环境气候条件;被动式技术的目标、策略和措施手段;室内热舒适等要求以及必要的主动式技术补充。将这三方面内容联系起来看,被动式技术的内容应该是一个基于对室外环境气候条件的分析,确定有利和不利的环境气候因素,针对性地选取适用的相应技术,并通过一定的主动式技术补充来达到理想的室内热舒适标准的系统过程。被动式技术依据当地的太阳辐射、风力、气温、湿度等自然条件,充分利用太阳能、风能、植被绿化、地质条件等自然因素,通过将建筑的整体布局、方位朝向、形体构造、围护结构、平剖面设计、色彩计划、材料选择、环境配置等作为基础,合理组织和处理各种建筑元素,使建筑可以充分适应气候特点和自然条件,尽量减少或者不使用制冷、供热及采光等设备,以最少的能源消耗提供舒适的室内外环境并能达到可持续建筑的基本要求。建造节能、低耗、全程生态是被动式设计的三要素,它的技术策略主要集中在保温隔热性能优异的围护结构、保温隔热性能和气密性均十分优异的外窗、无热桥的设计与施工、建筑整体的高气密性、高效新风热回收系统、充分利用可再生能源等内容(图 10-1)。

被动式技术一般会采用多样技术的组合,在必要的时候,也会考虑借助主动式技术作为一点补充,但被动式技术不是各种高端技术和产品的简单组合,它是一种被动式节能的方法,它良好的节能效果主要是体现在对建筑全生命周期内"运行能量(operating energy)"的节约[1]。除了环保节能,被动式技术还有很多优势:更低的全年能源账单、更持续的舒适度、更少的维护费用、更好的空气品质、更高的质量保证、更长的建筑使用年限。被动式技术目标体系包括了功能目标、环境目标、经济目标和社会目标。被动式技术是现阶段建造和发展可持续建筑的最主流手段,它的使用范围不仅仅限于居住建筑,已被推广到办公楼、体育馆、医院、学校、酒店

---

[1] 节能 65%是我国当前实行的普遍的节能标准,被动式技术的超低能耗建筑则能达到比现行的节能75%的标准更好的节能效果,根据当前国内节能率的算法,被动式技术的建筑也就是我国节能率为 92%的建筑。其中,被动式技术的建筑在全年中的供暖制冷(这部分能耗占建筑全能耗的 1/2,甚至更多)需求明显下降,尤其在寒冷和严寒地区节能效果能高达 90%,以现阶段我国能效标准进行衡量,则全年功耗降低至 85%以上。

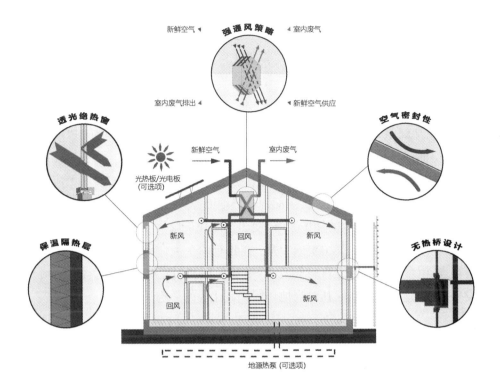

新鲜空气　强通风策略　室内废气

室内废气排出　新鲜空气供应

透光绝热窗

空气密封性

光热板/光电板
(可选项)　新鲜空气　室内废气

保温隔热层

新风　回风　新风

无热桥设计

回风　新风

地源热泵 (可选项)

图 10-1　可持续建筑的被动式技术模块

等其他类型公共建筑。目前设计研究界有一种声音,提出用被动式建筑代替绿色建筑、可持续建筑、生态建筑等概念,足以见得被动式技术在建筑可持续设计中的重要作用和意义。

第二节　主动式技术

主动式的可持续建筑技术的主要理念是在注重能源使用效率的前提下,保证建筑在舒适性、能效性和环境性方面的均衡,通过选择或者改进建筑设备的性能,利用高效节能的空调、暖气、照明、电器等先进设备和技术手段,对传统一次能源进行科学的高效率利用,减少能源消耗和污染,以主动节能的方式来实现建筑对温度、湿度、空气质量、照明等物理品质的良好控制,进而达到舒适的建筑室内外环境。主动式技术虽仍建立在消耗常规能源的思维方式上,但它主张建筑要有一定的能动性,不再只是一个"呆盒子",其"主动性"表现在三个方面。其一,强调"软技术"的主动作用,设计团队在设计、建造、运营、管理等方面应发挥其主观能动性。其二,强调建筑产能,即建筑不仅能被动节能,还可主动产能。其三,强调应组合各种能采取的技术、策略和手段,以技术的最佳综合适用性来实现节能目标。

主动式技术要点主要围绕舒适、能源和环境①三个方面展开(图 10-2),每一方面又涵盖着三小项。舒适性包括建筑照明、环境热舒适和空气品质,其主要内容是:建造更加健康、舒适的建筑,让使用者可以自主控制室内环境的物理品质要素,提升空间和环境的品质感受,使建筑的使用者更加安全、舒适、愉悦。能源包括建筑能耗、建筑产能和一次能源使用量,其主要内容是:在能源的使用上应该是高效的、简单易行的,提倡使用可再生能源和当地能源,不排斥使用电网供电,通过整合多种能源形式形成高效的能源系统,使建筑能耗最低。环境保护包括环境荷载、淡水消耗和可持续施工,其主要内容是:在建筑的全生命周期内,对建筑的环境荷载进行设计,尽量利用当地材料和资源,尽量循环利用建材和自然资源,并对建筑及设备进行监控管理,确保其对当地环境和文化等的影响最小。

图 10-2 可持续建筑的主动式设计要点

---

① 这三个技术要点,也是主动式建筑的评价指标。其中,在舒适性这个方面,主动式相比被动式有巨大的优势,但主动式技术在创造舒适度的努力上和被动式系统达到的效果其实并无区别,因为绝对的舒适并不等于绝对的身心健康,主动式技术追求适用即可的可持续性平衡目标。

　　主动式技术既是一个独立体系，又与其他技术有着密切联系，设计内容具有很大的弹性，虽发起的时间不长，但已形成了良好的学术和实践导向。主动式技术既要对气候和环境负责，又要确保建筑适用于人的身心健康和宜居生活，同时也在一定程度上可以在地域文脉、节约资源、社会关怀、道德责任等方面起到积极示范作用。当然，在能源利用效率不算太高的今天，主动式技术只能作为一个辅助补充、一种备用方案来发挥作用。但这种积极而又系统的设计手法，符合当下与未来社会技术进步、效益提高、资源节约的发展模式，也为可持续建筑进一步的深化普及和人性化发展指明了一个方向。随着可持续技术的迅速发展，建筑设备越来越先进，能源的利用效率会越来越高，主动式技术的价值会越来越凸显，其可适用的范围也将越来越广。

第三节　高　技　术

　　可持续建筑中的高技术①是指积极利用当时当地条件下先进的结构、设备、施工、材料等技术和方法，来达到提高建筑的能源使用效率，营造舒适宜人的建筑环境目的的建筑技术。它基于现代科学理论和最新工艺技术，借鉴系统设计、参数设计②、计算机辅助设计等一系列新的设计技术手段，通过资源优化系统、环境优化系统以及智能控制系统的集成，将智能化生产技术、新结构技术、新材料技术、新施工建造技术、计算机技术科学合理地嵌入建筑设计和建造的过程之中，运用计算机进行分析、监测、控制温度、湿度、通风、采光和照明等室内物理环境舒适度参数，并在建筑技术综合系统中最大化地发挥建筑的生态效应，使建筑成为能自适应和自我调节的"敏感机器"，从而营造出自动、精确、低耗、高效、舒适的人居环境，既改善人们的生活环境品质，又满足社会发展的多重需求。

　　高技术是人类面对当今严峻的环境问题的一种积极的理性探索，是知识、技术双重密集的技术综合运用，它是建筑中理性和科学的代表。所以高技术已不再是一种风格，它强调技术理性和逻辑性，有程式却无定式。表达高技术及其思想的方

---

　　①　建筑中"高技术（High-tech）"这一概念产生于工业革命时期柯布西耶的"机械美学"，以及后来的"高技派"建筑，都是今天高技术建筑的前身，也是高技术策略发展的理论基础。

　　②　参数设计的基本思想是通过选择系统中所有参数（包括原材料、零件、元件等）的最佳水平组合，从而尽量减少外部、内部和产品之间三种干扰的影响，使所设计的产品质量特性波动小，稳定性好。参数设计是在系统设计之后进行的，一般选用能满足使用环境条件的最低质量等级的元件和性价比高的加工精度来进行设计，使产品的质量和成本两方面均得到改善。

式是多种多样的,设计师们勇于探究基于先进技术的、超前性的、示范性的深层次解决方案,以追求技术发展、社会需求、美学表达的完美融合。高技术建筑在形式上目前有两种取向:一种是刻意表现材料、设备、结构等技术美的设计倾向,运用新颖形态、光亮面饰、银色美学和动感空间的艺术,给人们以未来的承诺;另一种是沿用一般建筑形式,弱化高技术的形式特征,甚至某些建筑设计将高技术形式完全消融在建筑之中,这是未来发展的主流。高技术在横向比较上是领先于同时代技术的,在纵向比较上是优于传统技术的。高技术与一般技术的不同之处并不在于技术本身,高技术有时也需要使用若干一般技术或其原理,但它是建立在科学的研究分析基础之上的,有时还会以先进的技术手段来表现。

当今的建筑高技术并不仅局限于技艺结合,而已经是功能、绿色、文脉、艺术和智能等诸多方面多位统一的综合结果,并明显呈现出仿生化、智能化、地域化的趋势特征,它们并非完全孤立,而往往是共存且相互影响的,同时还表现出一体化的发展倾向(图10-3)。建筑的高技术具有其自身的时空性、发展性、超前性、相对性、全面性特点,它的发展具有不连续性、突变性、跳跃性,高技术体系是一个处于不断迭代过程的开放体系,建筑创作中技术思维的重要性将会日益凸显,建筑中的人文情感、社会经济、历史文化、自然环境等因素在未来的高技术中也将越来越被视作与技术同等重要的地位。无技术不建筑的时代正在来临,高技术化是建筑的必然发展走向,但"高技术"这种说法将渐渐地淡化或不再被人们所提及,亦或者说,未来绝大多数的可持续建筑都将变成一个装载着众多先进技术的智能建筑。

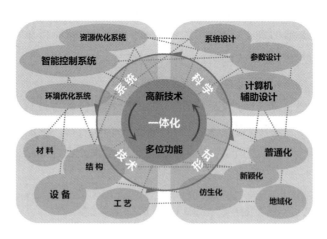

图 10-3 可持续建筑的高技术一体化系统

第四节 低 技 术

可持续建筑中的低技术①是指传统的和今天的简单建筑技术,它强调对地域技术和传统技术中相对简易且廉价可行的技术及其原理进行价值挖掘和活化利用②,不用或是辅以非常少的现代技术,以此思路方法来实现建筑的生态性、舒适性和文化性目的。低技术完完全全地顺从当地的气候、环境、经济、文化等实际情况与条件,尤其注重提炼乡土传统技术中至今仍然具有适用价值并能融合到可持续建筑设计中的技术和原理,力图通过巧妙而富有合理性的设计智慧去充分利用简便易操作的技术、当地的简加工生态材料、当地的廉价资源进行建造,以最小的前期投入、最少的经济支出、最低的技术要求、最小的周围环境扰动、最适宜的运营管理,在经济条件、技术水准、地域特征和建筑品质之间寻求一个低标准的契合点,进而营造一个既简单生态又功能全面的建筑人居环境。

低技术是基于丰富经验之上而形成的,虽然非常成熟但没有相应的理论体系。它一方面可能承载着传统技术的精髓又不仅仅只是传统技术,具有传统乡土气息和地域适用性;另一方面也可能是对今天的成熟低廉简易技术的改良或直接运用,具有平民化气息和广泛普适性。低技术有五个基本原则:简单舒适的建筑环境、资源消耗与环境污染的最小化、低廉的造价与运营成本、施工的简便与可操作性、形态的艺术性与文化性。低技术和低成本并不代表着低品质和低效率,它有时甚至更优于高技术。设计中合理运用土、石、木、竹、农作物纤维等生态材料,太阳能、风能等自然能源,自然通风、光照规律、温室效应等自然现象,并因地制宜地对简单技术加以改造重组再运用。低技术建筑形态构造并不复杂,有时甚至简单粗糙,但是非常实用,其四种空间形式模式结果——光适应型、风效对应型、热工适应型、景观契合型往往是与当地的气候条件、地理状况、地域风格完全匹配的,从而自然而然地获得生态、舒适、文化等诸多环境因素的良好效应。

传统简易技术是从十分具体的当地条件发展而来的,现代简单技术是技术飞速进步迭代的产物。前者稍做改良后在一些技术非原产地仍可发挥作用,后者很

---

① 低技术(Low-tech)这一概念出现于工业革命之后,在当时多指传统手工技术,后来泛指在某一时期里较为成熟的简单技术。

② 许多学者一谈低技术,则必谈及传统技术,低技术不应该仅仅限于对传统技术的改良和再运用。在今天,也有许多很成熟的、操作简便的、成本低廉的、已经非常普及化的简单技术,它们还比传统技术更易于推广普及,这些技术也应该是低技术设计的考虑范围。

容易在技术非产地推广使用。低技术非常适用于技术和经济相对落后但传统深厚的国家和地区,有些地域技术是具有其独一无二的不可替代性的[1],在当地合理运用这些低技术可以很容易地使建筑实现舒适性、经济性、文化性等内容。在技术和经济发达的国家和地区,低技术应用也同样具有其适用面和一定的发展前景。低技术主张用简单的办法解决问题,它应是今天可持续建筑设计的首选(图 10-4)。随着时代技术水平的发展,低技术一定会展现出更强的复合化改造能力,对简单技术进行提炼、延伸和发展,突破低技术的一些天然限制,赋予其新的生命力[2],使之更加具有经济性、可操作性、适应性和现代性特征,能够适应更多国家和地区的建筑设计需求和社会发展需求。

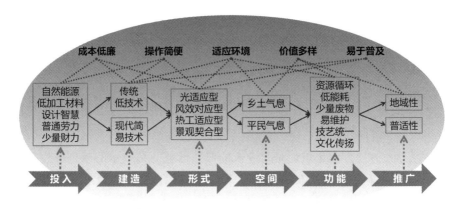

图 10-4 可持续建筑设计的低技术路径

第五节 五大技术系统

在可持续建筑设计的技术形式中,被动式技术和主动式技术不是相互矛盾的对立关系,低技术和高技术也不是针锋相对的互斥关系。被动式技术从节约出发,主动式技术从效率出发,低技术侧重保护的视角,高技术侧重发展的视角。在环境问题的目标指向上,它们是四种不同的思维理念和行事方式。这四种技术类型是

---

① 例如,我国北方黄土高原上的窑洞做法就不适合南方地区,而南方的吊脚楼则是南方建筑的特有技艺手法。

② 那些不能被重新赋予价值的低技术,只能进入古籍文献或是博物馆,但关于它们的直接、简单、纯朴的认识思维,则可能会传承下来,融注在后来的技术运用或是设计过程之中。

既有区别，又有联系，它们是各自独立的技术思维、原理、体系，也存在紧密联系、相互补充、相辅相成的关系(图 10-5)。被动式设计也追求主动式所强调的舒适性，主动式设计同样也提倡用被动式的构造和形式节约能源。低技术设计也吸纳被简单化的高技术，高技术设计同样也注重运用低技术原理。主动式往往更多地与高技术相联系，而被动式则与高技术和低技术都有密切的联系。

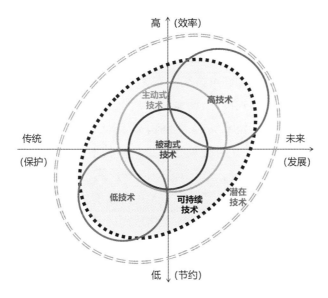

图 10-5　建筑的可持续技术关系图

　　可持续技术实际上是一种建筑设计的基本思路及价值取向，本质上是属于设计思维的一个组成部分，它会影响到总体规划、设计过程、最终方案。被动式技术常常不能完全满足建筑的可持续性功能需求，主动式技术并不提倡被过多使用，低技术会受到多方面的一定限制，高技术则意味着高成本。要达到建筑真正的可持续性，就今天的一般情况下而言，一座可持续建筑的设计和建造应该综合使用包括上述四种技术在内的多种技术，首先是要以被动式为技术的主体内容或主要框架，其次是不可排斥低技术[①]，而是应将低技术作为优先使用对象来考虑，再其次是要科学合理切当地利用主动式技术，然后是不要盲目跟风高技术，应把高技术作为一种必要的补充来使用，最后还应全盘考虑运用可以发挥效用的其他适宜技术。被动式简单技术为主，用高技术和主动式技术以及其他适宜技术作为优化补充，这是今天和近期未来的可持续建筑技术体系的主要组合模式。

在设计方案中选择什么样的技术,要依据项目工程的具体情况以及当地现实的建造水平、经济条件、社会状况以及各种需求程度。面对现有的气候、环境、社会、经济、文化、伦理、情感等各种有利因素和制约因素,认真分析场地的地形地貌、光照、风向风量、降水、植被、水文等实际条件,找到最具可控性的建筑技术方案,根据具体的作用对象和环境主体扬长避短地创建出具体的技术组合和相应措施。技术体系涉及面很广,是一组综合性的系统,它影响着相应的空间组织策略、材料策略、自然元素策略、能源策略、设备策略等设计内容。在考虑技术问题时,要同时兼顾到建筑全生命周期所涉及的"可持续—人文"宽广维度的内容要求。以可持续技术系统为暗线索,做好被动式设计、场地设计、平面设计、剖面设计、围护系统、空间塑造、材料运用、自然元素、技术优选、空间构造、形式表现、环境布置等一系列内容相互协调的人文化整体设计。可持续建筑设计的技术体系可以分为五大系统(图10-6),它们包括:外环境系统、建筑节能与能源系统、室内环境调控系统、建筑材料系统、建筑水系统,每个系统负责一个建筑可持续模块,并包含着许多技术子项,它们以功能组织集合关系构成了设计在操作层面的具体措施。可持续建筑设计对技术层面的要素重要性的充分考虑,才能够实现设计与技术的整合,使建筑很好地实现功能、服务、价值、意义的可持续目标。

图 10-6　可持续建筑设计的五大技术系统

第十一章　重　点　策　略

可持续建筑的人文内涵从形式到内容都比以往的传统建筑来得复杂得多、丰富得多,这些被重塑的人文含义之于人对外界的感知和体认而言,往往应该以具有一定效用的物质性的形态和环境气氛来表现,而之于建筑本体和外部的整体效益而言,则往往要通过贯穿全生命周期的设计手段来实现。可持续建筑设计可依据和参考设计中的基本原则和主要方法,在设计流程中以材料运用、自然元素、技术优选、空间构造、形式表现、环境布置、旧屋再用等七个方面来研究和展开具体饱含人文性内容的设计策略,做到个别分析又整体思考,独立展开又统一表现。设计目标是达到生态环保性、良好的物理品质、心理精神需求满足的统一,为我们创造一个外部与主体、生理和心理整体意义上的宜居空间环境。

第一节　材　料　运　用

亚里士多德曾经将"质料因"(材料因素)作为事物形成发展的原因之一,足见在设计中材料的重要性。材料是可持续建筑得以实现的物质基础,也是体现空间环境效果的基本要素。材料不仅物理性质能满足我们对使用功能的需求,具有环境属性和附带着伦理意义,还呈现着特殊的人文情感语义,附有表征人之文化、情感等方面的关联属性,隐含着与人的心理、情感、精神相对应的信息和体验。设计中做好建材的选择、处理和运用是营造可持续建筑的一个首要工作。

一、环保材料择用

可持续建筑设计所选用的材料必须是可信赖的或是通过环保认证的绿色材料。为保证空间环境的健康安全性,应避免使用对人体健康有害及具有潜在危险的材料,如过于光滑的地砖、含有过量放射性元素的天然石材、易燃及容易散发有毒气体(甲醛、苯、氨等)的不合格或劣质材料。材料还要便于清洁、保养,隔声、吸音性能也应是考虑的内容。对于环境保护而言,材料的来源应尽可能丰富,尽量采用少加工的材料、标准化生产及更换方便的材料、生产过程少破坏环境的材料、可循环和再生的材料、回收再利用的旧材料、容易自然降解的材料,少用高内含能量的材料,避免过度使用不可再生材料。选用本地材料和资源可以减少运输过程对资源的消耗,促进本地的经济以及社会的可持续发展,应首先考虑。若需要从外地取材,应尽量选择自重较轻、易于运输的材料。材料的使用效果要重点考虑到环境成本,包括材料的开采、加工制作、运输、使用、维护,以及它们在超过使用期限后的分解和处理等诸多问题。

此外,还必须以高度的社会伦理责任的态度来做材料选择,那些推行公平、安全、环保生产流程的公司,他们会更多地为普通民众和社会下层穷人的真实的切身的利益需求着想。应把选择这些公司的材料和产品变为一种普遍性行为,才能保障劳动工人有安全良好的工作环境,身体健康不会受到伤害,薪酬合理,福利有保障,儿童不会出现在生产线上,物件的原料来源安全可信,不会发生在缺水的地方生产纸或是钢铁件的情况,这是剥夺当地人有限的生活资源的恶行。有些材料的生产工艺简单,并且易于普通劳动者学习、上手快,在适合的项目中应尽可能多地采用此类材料,这可以为材料产地的普通劳动者提供更多的工作机会。

二、表意利用

黑格尔曾说:"建筑是用建筑材料造成的一种象征性符号。"材料是建筑的骨骼和皮肉,不仅具有支撑、围合分隔作用,赋予空间色彩、质感,实现建筑的使用功能和审美属性,其本身也会携带、表达某种含义和思想,每种材料都有自己独特的设计语汇,从远古文明起,建筑材料就是设计语言的内在组成部分,材料具有塑造空间环境的能力。设计中要明智、创造性地选择和运用材料,尊重材料本身的性质,将合适的材料用到合适的地方,善于展现、突出材料的特性,以隐喻性的透明信息关联呈现让材料向我们传递更多的信息,使我们在建筑环境中有更丰富的关于自然和我们自身的体验。

(一)质感

材料由于本身物理化学性质的不同而具有不同的质感,各种材料的形状、色彩、光泽、表面组织结构、花纹图案、透明度等性质都各不相同,给人的感觉自然也不尽相同。可持续建筑设计中采用的天然材料本身具有自然的质地、色彩、纹理等品质,常可以给人朴实、自然的感觉,而采用的工业加工的技术材料多具有机械加工的美感,表面光滑、细腻,技术材料的质感可以使建筑充满理性、优雅、简约、含蓄的气氛。例如,木是一种渴望被触摸的材料,它天然古朴的质感具有很高的观赏价值和良好的手感,木的自然纹理、富有弹性的特点,给人以亲切温暖的材质感,是与人类最亲密而且能让人亲近自然的材料;石材给人们的感觉是犹如大山般的稳重感、庄严感、耐久感,石材独特的纹理还具有山野、粗犷的气息;金属以其优越的造型能力、光亮的表面、高硬度、高抗拉抗压、耐久等属性给人一种刚毅、轻巧、灵活多变的感觉,并且铁的质感还会随时间变化,产生斑驳的锈蚀感;Low-E玻璃清澈透亮,轻巧、质脆的特质给人以灵动、清爽、畅快、澄明的体验,隔而不断的空间效果给人清透的呼吸感,使建筑充满动感情趣和自由感;竹、藤则在自然舒适的手感和形式感中体现出一种自然的质朴感,使建筑具有田园趣味。

设计中应运用材质质感体现出环境内涵,表现出"清水出芙蓉,天然来雕饰"的美好空间形象,使建筑以质朴而不做作的自然味道来做各种功能和意涵的表达。日本设计师隈研吾(Kengo Kuma)的充气特拉娜茶室(Inflatable Tenara Teahouse)(图11-1、图11-2)采用一种纺织品膜结构新面料,它延续了塑料材料的固有品质——耐久、轻便、适应性强,白色的表面可弯曲和缩胀,并且环境光透光率可达40%[①]。当你走进这个薄膜空间,就好像进入了一个生命有机体,膜壁结构上的小

圆状物好像一个个细胞,外围的环形包裹好似它的细胞核,这种材料的薄膜形状还能随环境温度变化而变换建筑形态,好似自然生命体在呼吸,在这种"有氧"空间中品茶,人会感到舒适,相信自己是寄居在一个好心肠的人的怀抱中,这种材料的巧妙运用既给人以美感和奇妙的联想,也让人经历了一次美好的建筑体验。

图 11-1　充气 Tenara 茶室

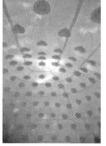

图 11-2　充气 Tenara 茶室内景

---

① Lee S. Aesthetics of sustainable architecture[M]. Rotterdam:010 Publishers,2011:182,183.

(二) 色彩

每一种材料包括木材、石块、砖、钢等都有自己本身在生成或加工过程中产生的颜色,拥有其难以替代的自然色泽,不需要我们使用着色剂、涂料、染料来改变,就可以呈现出令人舒心愉悦的色彩。可持续建筑中运用的很多材料的自然颜色是暖色和中性色,如灰色的石材、褐色的石板瓦、红色的砖瓦、黄白色和棕褐色的木材等,它们没有刺眼的、冲突的对比色,所以处理起来比较安全,并给人亲近大自然的感觉。虽然自然色的变化范围很小,但它并不显得单调,而且接近于自然界中的色彩变化范围对任何人都有吸引力,保留材料本身原有的自然色彩通常会使配色产生和谐感。例如,石材、砖因吸收较多的光而呈现暗色调,因此能给人以温暖的感觉;玻璃、金属光滑的外表对光的反射较多而呈现明调,给人凉爽、高洁、澄明的感觉;铜及合金具有丰富的色彩和光泽,使空间光彩耀目,富丽堂皇;高反射材料自身的属性会使材料不是一味呈现自身色彩,而是会把环境色融合进来,这能让建筑更好地融入周围的环境之中;现代镀膜玻璃具有丰富的色彩,可以带来良好的装饰效果,还可以映现周围的景色,也为建筑内外增色;玻璃等无色彩的透明材料,坚硬而透明,象征着清晰、公平、高效、智慧和技术进步,以及高伟的公正和民主精神,有着与社会意识形态与公共管理品质的关联。

色彩方案的设计中应尽量使材料的自然色在视觉特征和心理情感上占主导位置,从美学角度和功能角度合理利用固有色这一可贵的设计元素,让人在建筑中感受到自然、亲和、有人情味的情感。如图11-3所示,这项位于热带的建筑设计充分尊重材料自然本色的固有特性,作为支撑构件和屋顶的竹子、山墙部分的天然编织材料、墙面的石材、装饰的砖块、木质的门、地面的石砖都未做色彩处理,仅凭借设计对各种材料的精巧运用来充分发挥其色彩属性。环境的整体色彩搭配显得非常和谐,空间中蔓延着自然的清新、淳朴、素雅的感觉。设计师用材料自身的色彩语义赋予了建筑独特的气质,让人们感受到令人愉快、宁静、生机盎然的空间环境氛围。

图11-3 表现材料自然色的建筑

（三）文化性

在建筑发展的历史进程中，材料的产生、演变及其使用方式累计形成了材料附载的文化属性，并且其内容非常广泛，从地域性到全球性，从历史性到现代性，从传统性到可持续性。而材料的这些文化特征对于有着相似表达诉求的可持续建筑设计来说往往是无可替代的，它们是空间环境中最直白的文化形象符号。例如，木材、茅草、芦苇、石材、土坯以及烘制砖等，各自在很多地方都有相当的使用历史，它们都是带有地域文化特征的天然材料；竹往往能表现出中国和东南亚地区的地域风情和地方风格；较深颜色的粗糙的木材可以表达出非洲原始文化的古朴粗犷，而浅色的平整的木板材往往用在现代北欧和日本建筑中，体现出那里现代时尚的简约文化；曾改变世界面貌的那素面朝天的灰色混凝土会略带有象征现代主义的怀旧意味；工业材料的尺寸与表面质感、纹理、图案表现着新时代的秩序与简洁高效，它们体现的是工业与信息时代所特有的时代精神与文化；钢材表现的是时代感、商业感、前卫感，是成熟的工业文明力量；闪亮似镜的合金具有高科技的含义，也象征着永恒，给人以先进技术的优越感和对未来的憧憬之情；新型高技术材料给人的是浓烈的科技感和时代感，代表着人类智慧的结晶，让人有自豪之感；双层玻璃、太阳能吸收材料体现的是我们今天的可持续文化。

设计中要善于挖掘和准确地运用这些材料的文化内涵来表达建筑特定的文化理念，使我们的生活环境更具文化气息。隈研吾设计的高柳町社区中心（Takayanagi Community Center）（图 11-4）运用了日本传统材料和纸（Washi）。和纸这种生态环保材料具有日本传统文化特色，在日本人的传统观念中代表着有效和舒适[1]。和纸被艺术化地做成了一排扁条状的纸屏，其形式上也颇具日本建筑的传统感，这些和纸屏便自然地成了建筑的文化符号。纸屏还能为空间环境塑造静谧的光影效果，从外部看像一个安静的微微透光的白纸盒，这种形象传递出的是日本人安静、内敛的文化气质。设计师成功地用和纸赋予了建筑浓郁的日本文化气质，给予人们一种联系历史和过去的文化存在感。

（四）情感联系

可持续建筑设计所采用的材料附载着许多触发我们情感的关联性信息，它们是有生命的材料，带有情感的记忆，我们的情感生发就是因这些材料刺激触动内心而起，它们具有很强的叙事性功能。在地域和民族建筑的发展过程中，长期使用的传统材料习得了地域的和民族的历史情感，会与世代居住的人产生情感上的联系，

---

① Lee S. Aesthetics of sustainable architecture[M]. Rotterdam：010 Publishers，2011：180，181.

图 11-4　高柳町社区中心

这些传统材料能激发人们的乡情和寄托人们的乡思,从而让人们找到情感的回归点,如石材较容易形成历史感;厚厚的土坯就与我国黄土高原的窑民、热带干旱沙漠地区的人们有着特殊的情感联系;清水勾缝砖使人想起浓浓的乡土情;灰墙青瓦透露着生活的朴实和闲适。人们在日常生活中逐渐积累的对于各种材料的感觉和认知已经在一定程度上形成了认识经验,这种材料印象是我们情感的触媒,如石材让人联想到它的坚固、稳定,给人以安全感;粗糙的泥土让人联想到贫苦的农村生活,给人以厚重的沧桑感和略微的苦涩感;砖、卵石、毛石等使空间富有乡土气息;拆下来重新再利用的旧材料会在心理上让我们与它曾经的主人建立起情感上的联系。一些自己动手制作生产的材料也能成为丰富环境情感的媒介,如自家屋后林地的树木或竹林,这些材料本身便寄寓着主人的情感,用这样的材料修建的或是改造的房屋,其空间环境会很自然地给人一份安适的归属感。

普及可持续文化的最好方法就是让我们与之产生深入内心的情感上的联系,设计中不能一味地强调理性思维,而要观照人们与材料之间的这种情感联系,利用好材料语义这一使人获得情感认同的捷径,选用和开发能引起我们情感共鸣的材料,充盈建筑空间的情感体验。詹保罗·因布里吉(Giampaolo Imbrighi)设计的上海世博会意大利馆"人之城",利用智光(I.LIGHT)透光水泥制造的发光混凝土板(图 11-5)做主体结构。这种基质具有 20% 的透光率系数,在顺光的一面,这些板子看起来是实心的,而从板子的逆光面看则是半透明的,这片墙体可以隐约向室外透露内部的形象①(图 11-6、图 11-7)。人们在一探这种奇特的新材料时,看到的是人的延展在材料中的投射,这种自我力量的体认显然已建立了人与材料的心理联系,人的情感在这一刻移交到了这片微光点点的混凝土墙上,这便是我们愉悦和自豪的情绪来源。

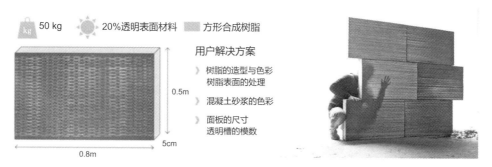

图 11-5 用于建造"人之城"的透光混凝土材料

图 11-6 "人之城"内部情形隐约可见　　　图 11-7 展馆墙体透光效果演示

第二节 自 然 元 素

　　自然元素在可持续建筑中的运用能节约我们的传统能源和资源,减少环境污染,具有许多保护生态和环境的积极效益,并且空间环境中的自然元素对人的生理

---

① 布莱恩・布朗奈尔.建筑设计的材料策略[M].田宗星,杨轶,译.南京:江苏科学技术出版社,2014:49.

和心理皆有很多益处。设计中要积极地将阳光、树木、水体、山石、花鸟等自然元素及其意义聚集起来,做到在节约资源、保护环境、调节和补偿自然生态的同时,还应该用一个可视、可听、可嗅、可触、可进入其中的自然意境的建筑为人创造一种欢愉、轻松的宜人气氛和情绪,使我们身心放松,体验恬静安适的舒畅感,让我们感受到大自然清新的气息和体验充满生机感的自然环境,在增进人与自然的沟通中使人认识到人与自然的真实关系,让我们在深刻认识自然与自我的自然情调和生命情趣体验中陶冶情操和净化心灵。

一、利用自然光照

勒·柯布西耶(Le Corbusier)说:"建筑物必须透过光的照射,才能产生生命。"自然光照影响着生命、自然,更影响我们的健康、生活和情感,它是最适合人类活动的光线。姿态丰富的自然光线是建筑中的空间表现形式,东方之光呈温暖的黄色,南方之光是明亮的白色,西方之光明亮耀眼,北方之光冷而含蓄。自然光照的强弱、方向、颜色、光影随着昼夜阴晴和四时节序交替变化会使静止的建筑及空间产生有层次的动感,为人们提供了愉悦的、动态的外部环境信息,使我们在视觉和心理上更为习惯和舒适。光影还可以定义我们的建筑环境,强化内外空间的关联性,让人感受到自然的恩赐,自然光的透射直抵我们的心底,让我们的精神也随之变得澄明而崇高。此外,自然光照可以节约传统能源消耗、减少环境污染,还附带有经济性、公平性等深层次价值效应,如:加快商店商品的销售;激励学生积极向上,减少学校学生的不轨行为,提高学生的学习质量;提高办公人员和工厂工人的出勤率和工作效率;融合人与人之间的关系,和谐社交生活;扩展文娱场所的精神境界;等等。

可持续建筑设计要积极主动地利用自然光照减少照明采暖能耗,保障人的身体健康和情绪稳定,营造自然意境,塑造明朗的建筑空间形象。通过设置在建筑界面的洞口,也可利用反光板、光导管、跟踪反射装置等诱导式构造和设备,以及合理的空间布局来对光进行合理地把握,满足空间环境中功能和精神情感的双重需要,以朗照的自然气氛来提升建筑的意境。例如查尔斯·柯里亚(Charles Correa)设计的古鲁(Guru)图书馆中庭(图11-8),其建筑本身是一个不规则形态,自然光线漫射的环境氛围透露出图书馆的宁静和智慧。天棚的遮阳格栅的影子投射到墙上、柱身、地面和水池中形成了奇特的光影效果,水池中的倒影同构出更复杂的虚幻视觉,自然光线明暗的离奇变幻和秩序演变形成了一种时间的矢量,赋予建筑一种层次感、时间的定向感。这种图景蒙太奇似的效果给人美的联想,建筑好似灵动起来,产生一种奇妙的幻觉。

图 11-8 古鲁图书馆中庭

二、利用自然风

自然风不可见但可感受到,它带给我们的新鲜纯净的空气是人体健康和精神振奋的必要保证,自然通风能减少机械通风和空调所带来的能耗和对大气的污染,自然风是消除建筑中余湿余热和保持干燥的经济而有效的方式,建筑微环境的舒适度与空气洁净度、空气流通情况有很大的关系。另外,要享受空间景观的乐趣,只有那动感和有生命力的景观元素才能更好地调动起人们的激情,才会创造一份令人惊讶的美丽。植物、布幔、织物、水面等元素在风的作用下,或摇摆、或波动,或在风力的带动作用下产生美妙的动感视觉效果;微风略过花草,将几缕馨香和清新洒向空间环境。所有这一切演绎出自然而和谐的乐章,给我们带来极其舒适而自然的体验,在自然界生机勃勃的幻象中人恍若已进入了大自然,充满律动的建筑舒解了人的压力,激发了人的活力,也引起人的心理愉悦和审美感受。

通风良好的建筑让我们得以拥抱一个全新的、清凉的世界,清风的情感细腻,如丝帛拂面,挟裹着泥土的清香,交织着春天的呢喃,实时向我们传递着自然的信息,吹开了我们脑海中那扇记忆自然的门。我们接受着大自然轻轻的抚摸,好像是被大自然无形的臂膀环抱,感受沾染了自然的气息,自己身上的某些东西在流动的自然中被带走,某种新生的养分被自然所赋予,自然的包被感使我们可以触摸自然,体验到融合自然的美感。可持续建筑设计应根据当地的风玫瑰图,合理确定空间划分、平面布置和气流组织设计,建筑构造和设计采用诱导式结构,运用穿堂风、烟囱效应等自然通风原理达到合适的空气交换量,必要时还应采用机械通风,保证自然通风能达到建筑每一个需要新鲜空气的角落。

三、利用水体

水体调节空间环境的温湿度和改善微气候的效果非常显著,还能分隔和联系空间,并且具有生态保育的功能,如滋养植物,供养鱼虾,为陆生动物提供活动环境。水是现象的还原,是一种现象镜,具有可以反射和折射时空的功能。水在空间既是要素,也是线索,水赋予建筑以生命力与情感。空间有水则活,因水的存在而灵动。水常常是建筑中最活跃的因素,它集流动的声音、多变的形态、斑驳的色彩等诸多要素于一体。空间环境中的水能具有丰富的表情,静态的水平展如镜,水面满盈而没有波纹,它会交合反映出瞬息万变的天空和室内外景致,映象如画,宁静而幽远,可以使人有心旷神怡的静谧之感;动态的水波纹如绉,光影浮动,通过反射、折射光线和周围的景物可为建筑带来无穷变化,极富生命之感的魅力,呈现欢快、活泼、热烈的气氛,能创造出形光声色的跳跃变化,丰富我们的感观。观水和亲水皆可体验水的自然存在,使人在愉悦中感受接近大自然的美好。

在构造设计时应根据建筑的功能和性质,以及地势、水源状况因势利导地布置水景,为人们提供观水、触水、听水、感觉水的空间,也可减少建筑调节温湿度的机械设备能耗。可在开敞区域做水槽、水池、水帘、水幕、叠水、喷泉、涌泉、溪渠、水坡、水道等形式。同时应尽量把建筑水净化处理系统暴露在人们的视野中,让人们意识到节水的重要性。水景最适于布置在人们独立思考和亲密交往的场所,如图书馆、办公楼、会议室、美术馆等的内部空间和四周环境。设计师齐小勇为一幢别墅的一层设计了一个具有多重功能的水池(图11-9),这个水池的面积比较大,可以调节环境的温湿度,对建筑微气候起到一定的控制作用,特别是在夏季能起到很好的降温作用。水池砌成弧形边缘,看起来更为柔和,而旁边堆砌的乱石使得整个池子有点野趣。池子底还铺上了非常自然的圆滑鹅卵石,平静时的水中倒

图 11-9　别墅一层的多功能水池

映景象与之相映成趣,可起到烘托环境气氛的作用。水面上几根清瘦的竹子相互搭配,最上面的竹子接上了水的管道,可以出水,出来的水直接浇到大而宽厚的石墩上,显出水的活跃,能为建筑增添几分欢愉、自然的动感。这个水池不但可以调节建筑微气候,还具有让人亲近自然的观赏价值。

四、利用植物

植物能提高建筑环境质量,有益于人的身心健康,具有净化空气、防暑、降温、

降噪吸声、保湿等改善微气候和小环境的诸多环境功能;绿色植物还可以消除我们的眼睛疲劳,起到提神醒脑和减缓压力的作用。植物(特别是室外植物)还有生态补偿的作用,如为昆虫等小动物提供栖息和活动空间。植物是填充和丰富建筑层次的重要手段,并且还可以使空间保持通透顺畅,也能起到组织、过渡、引导等空间功能。各种植物的形态、色彩、质感、尺度天然而优美,丰富而不规则,比任何陈设物都更具有生命力和魅力,是柔化硬冷、热闹、简洁等空间环境气氛最好的装饰性元素。植物是活的生命体,总能显示出蓬勃向上的精神,启迪人奋发向上、热爱生命、热爱生活,净化人的心灵;同时也使人感受到大自然的气息和生命的韵律,产生回归自然、返璞归真的感觉。许多植物还具有文化含义,寄托着人们的情感和意志,如梅兰竹菊都有它自己一定的精神和文化象征寓意,竹子具有中国传统的人文精神气质,樱花是日本人浪漫忧伤的表征。

可持续建筑设计应尽可能将绿色植物引入空间环境中,并使之融合为建筑环境的一部分。植物绿化要尽量采用室内绿化、建筑主体绿化、内部庭院绿化、外围环境绿化的全面绿化方式,让植物形成空间美、时间美、形态美、韵律美和艺术美,极大地丰富和加强建筑的表现力和感染力,从而使建筑具有自然的气氛和意境,为人们提供生理和精神上的舒适和愉悦。韩国设计师曹敏硕(Minsuk Cho)与朴基顺(Kisu Park)设计的安·德穆鲁梅斯特时装店(Ann Demeulemeester Shop)(图11-10)是一个将自然与人工以及内部与外部之间的关系定义为一种融合的绿色洞穴,过道的墙壁、楼梯的两侧、屋顶、外立面及墙脚周围都以四季常绿的草本植物覆盖,这些植物很好地调节了空气品质和温湿度,对建筑内外都有环境补偿的作用,并且起到了自然化又具有时尚感的装饰效果,弱化了建筑的封闭感。空间中的自然生气和活力,使整个建筑郁郁葱葱、意趣盎然,人们在此购物的过程也是一次体验自然的经历。

图 11-10 安·德穆鲁梅斯特时装店内外的大量的绿化

五、利用声音

人的感知觉从声音中获得的信息仅次于视觉,声音是最富有侵略性的一种力量,我们都无法漠视它的存在。人对自然界的声音是有记忆和联想的,自然声被认为是一种神秘的艺术,它能引起听觉共鸣,这种共鸣可以进一步引发我们情绪的共振。自然声首先是一种愉悦的节奏、一种沁心的音乐,以水来说,同其视觉表现属性同样重要的是水产生的丰富又具特色的声响,这是水尤为真实的一面,无论是缓缓流淌的潺潺溪流、岩石上叮咚跌落的水滴,还是被人工雕凿的水渠两侧撞击着的滔滔水流,这些声音都赋予建筑一份特别的生命和活力,它还富有文化气息和装饰意味。或清脆婉转或欢快激越的水声打破寂静的氛围,能使人放松,让人浑然忘我,这都会有助于建筑感染力的加强。自然的声音创造的是空间动态的气氛,但有时这种声响还能给予我们一份清幽、宁静、安适的心理感受,尤其在深夜,微微的风声,树叶的沙沙声、蛙叫、虫鸣,它们似乎分别在述说大地的神秘故事,又似乎在轻轻地互相倾诉,这种显静的心理体验仿佛已经把人带入自然环境中,使我们内心产生"蝉噪林愈静,鸟鸣山更幽"(《入若耶溪》)的清净感,这对建筑的意境营造有非常重要的意义。此外,自然界悦心的声响还可掩饰其他声音的刺激,特别是在人多的公共场所。

自然界的声音是我们触及、感知自然的必要条件,对于塑造不同场域的环境意象起到积极的作用。可持续建筑的声环境设计中应多借用自然的声音,如水声、雨声、风声、雷声、树叶声、蛙声、虫鸣声、鸟声等,以营造建筑的特定自然氛围和情绪体验,让这种聆听深入触及我们的灵魂,直接与我们的精神情绪对话,使我们的心绪保持积极状态,进而优化人的心理品质。

六、利用气味

气味对人感知的强迫性与声音相似,气味能向人传递建筑中更为丰富的内涵,各种气味都会通过人的嗅觉影响我们对周围环境的心理感受。自然的气味对建筑有特别的意义,它使我们对自然环境有更切身全面的体验和更深刻的认识,花卉、树叶、干花、熏香、精油或是新鲜的水果,以及水气的蒸发传递出的水质的味道都会渲染出清新的空气,若有微风,常会产生一种香远益清的效应,创造出清新、淡雅的气氛,帮助我们舒缓情绪,缓解疲劳,振奋精神,它健康积极的催化效果能使人心情舒畅,令人陶醉,让我们的心理及生理状况都得到改善。有时还可建成以自然气味为主导的环境,种满芬芳植物,有透风的树篱围合的空地中,香气可以聚集起来,提供富有生机的感受,增添日常生活的情趣。人的嗅觉具有掩蔽效应,利用自然的清新味道还可以缓解建筑中的不愉快气味。一些散发清香的植物还具有可以去除有害气体异味的功效,如可吸收甲醛等刺鼻气味的植物有仙人掌、吊兰、芦荟、虎尾兰、常春藤、龙舌兰、菊花等。

气味是可持续建筑空气品质的重要部分,设计中对嗅觉元素应多加考虑,避免选择有异味的植物,多利用有益的自然气味创造清新的、积极的、向上的心理感觉,渲染空间气氛,使我们产生美好的联想,给我们某种心理描绘,让整个建筑提升一个层次感。建筑要多通风换气,以保持空气清新自然,让各种芬芳的气味穿联几个单元空间,时时刻刻围绕建筑环境中的我们,给予我们更为丰富立体的自然舒心的建筑体验。

第三节　技 术 优 选

虽然技术本身和人文范畴常常会存在矛盾,技术似乎总有抑制人文的倾向,但并不等于说技术对人文的贡献只能局限于技术在建筑中的物理存在。只要在可持续策略中充分发掘,不难发现,矛盾调和的结果是能够产生较大的人文价值的。当将各种建筑技术作为一种可持续设计策略概念来考虑和运作,并把它们与材料选择、自然元素、空间构造、形式表现、环境布置这些设计策略相结合进行综合策略设计时,技术同样可以成为建筑创造丰富人文特质的一种支点。技术作为整体策略的一部分,是可持续建筑必须要高度重视的设计内容。设计中要根据实际的条件和需求采取多层次的技术结构,综合"高—低""主—被"的全面技术主体,以先进技术与普通技术两种形式将技术整合进设计策略,寻找可持续技术与设计手段之间的嫁接载体和通道,努力提高技术性策略应用对自然、人和社会三个方面的积极影响,为营造可持续建筑提供更加合理的技术支持,让可持续技术实现更大的人文价值和意义。

一、首选适宜技术

可持续建筑设计的技术策略路线必须要针对地方气候与环境条件、当地的技术发展水平、经济发展状况、地方文化风俗、受用对象的各种需求等条件来做出选择,不可盲目崇拜新兴技术,也不应排斥一般性技术,只要是适合当时当地发展现状的技术都可以被整合使用,既要从地域传统文化中汲取各种经验与技术策略,又要积极地利用先进科技,并且要善于将普通技术与先进技术相结合,在对被动式技术、主动式技术、低技术、高技术加以综合利用、继承、改进、创新的过程中寻求最适合作用对象的技术整合路径,获得技术系统的最佳综合效益。

所以,适宜性必然是一个相对的、动态的概念,只有在技术方案解决具体问题时,才能显现出其综合效益的适宜性,无法孤立地判定某项技术是否具有适宜性。技术所携带的综合效益不是本身固有的,它随着作用对象的改变而变化,综合效益最好的方案相对于其他方案也未必是具有适宜性的,针对不同的作用对象也会有不同技术组合以符合适宜性原则。当某项技术的采用或改进,降低了项目的成本,提高了技术的综合效益,便可以说是它的适宜性得到了提高。技术适宜性必须要在具体的问题中去权衡。

设计中必须坚持走以适用为宗旨的适宜性技术之路,运用适宜技术的典型案例就是陕西省延安市枣园绿色住区设计(图 11-11～图 11-14)。该项目遵循生态良性循环的基本规律,结合当地人的生活习惯和当地人主要从事的农业、林业等,以及与历史遗迹保护的关系,对枣园地区进行整体的综合分析和评价。利用地形和原始建筑的有利条件,结合现代化绿色科技手段,实施和推广了一套适合当地气候和发展现状,又对地区发展具有促进作用的可持续技术策略,使这个古老的建筑具有了现代的生活品质,保留窑民的传统生活方式的同时也美化了他们的生活环境,还为他们带来了经济收入,这个项目的技术体系适宜地为住户和当地创造了环境、社会、经济、文化等方面的多重价值。

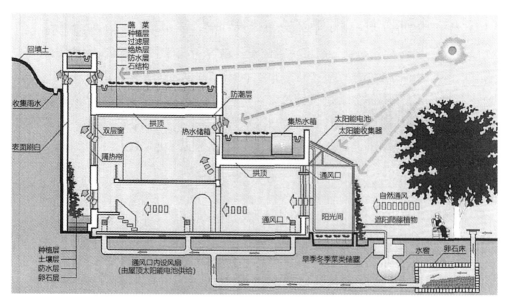

图 11-11　枣园绿色住区适宜技术原理图

图 11-12　枣园绿色住区建筑环境

图 11-13　新型窑洞外观

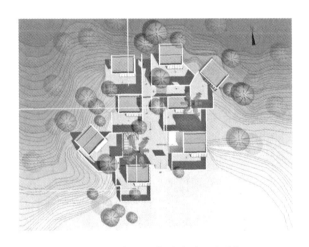

图 11-14　枣园绿色生态窑洞规划图

二、发挥先进技术潜质

现代技术的进步已使其力量和作用清楚而强烈地影响到建筑的可持续化,先进的被动式技术运用于建筑设计已是必然趋势。设计中要主动采用先进和新型的技术、结构、材料、工艺和设备,如光控与声控技术、建筑空调变频技术、智能型材料技术、硬铝、塑料、水净化与循环设备等,还应采用科学化的管理优化技术设备的运行和控制系统,从而提高能源的利用效率,降低建筑的供暖、空调、照明等所产生的能耗,减少建筑对自然环境的破坏。此外,还应运用现代技术手段尽可能地去主动调配能源的社会平衡供给,如蓄能技术能在用电低峰时蓄电,高峰时可断开电网用储存电力自主供电,保障偏远地区能够持续稳定地有电可用,积极带动地区的技术快速升级,如热电联供技术可以促进配套设施的更新换代或是增设新的先进设施。

新技术发展所产生的新结构、新材料、新工艺、新设备都具有不同于以往的新形式,这为建筑形象的塑造提供了更多的可能,设计师可以在更大的自由度中进行创作,进而丰富建筑的表现力和感染力,如采用对比、类推、共生、重复等结构形式来构成形态各异的建筑,运用钢梁、钢索、网架、风管、外张式幕墙系统形成各种夸张、暴露的审美形象,等等。先进技术的形式美代表的是现代工业文化、信息文化和时尚文化的特质,可以让建筑的文化气息更加富有现代感。同时,这种科技力量美也帮助我们揭开了许多自然的秘密,让我们认识自然、认识自己,体认到人自身力量的伟大,从而使我们在意识上能体悟到某种自由度。

设计中除了要主动地运用强有力的技术以解决节能环保的问题之外,还应积极强化其功能和自身形式上所展现出的艺术、情感、文化和社会等属性和特征,实现其更加广泛的功能价值,并且要尽量将可持续意义的技术形式表露出来,给人以直观的印象,引导人们去感受和领悟技术化新形式中传递出的多层次丰富信息,深化人们脑海中的可持续意识。布鲁克斯+斯卡帕(Brooks+Scarpa)建筑事务所(原普格+斯卡帕)设计的科罗拉多州公寓(Colorado Court)在南立面上安装了大面积的太阳能电池板(图11-15),能为建筑提供大量的电能,若有多余的电力还能输向国家电网。这些光电板同时也是遮阳设施,不论是从外部还是从内部观之,这些板片构件的造型都极富节奏感和秩序感,并且色彩与建筑墙体形成鲜明对比,这样的形式非常显眼,其时尚性的美感也是不言而喻,观者对它们的接受度非常之高,这种心理上的认可也成功地达成了向人们传播可持续观念的目的。

图 11-15 大面积的太阳能电池板美观而引人注目

三、勿忘普通技术效用

普通技术是指成本和操作难度都不太高的技术,具有资金投入不多、建造技术要求不高、适宜管理、方便维护、大众熟悉、接受程度高等特点,一般性技术往往是具有普适性或是在地区范围内具有广泛的适用性的技术,可以通过很少的资源消耗达到建筑的功能需求,对环境的影响程度很小,节能环保是这种技术的天然属性。同时,普通技术还与文化、艺术、情感、伦理等方面有广泛而深刻的联系,它是最能全面具体地诠释可持续建筑人文属性的技术策略和设计手段。普通技术在今天仍然具有活力,设计中可作为现代先进技术的一个必要补充,继续发挥它的可持续意义。

设计中可以适时地采用和改良一些普通技术,发挥它少耗资源,对环境影响小的优点。利用这种技术营建的建筑应强调采用吻合传统、地域、时代文化的设计风格,如采用地方意味的生态材料或是具有普遍意义价值的材料,并探索其现代表现形式,融合时代的气质和历史的神韵,把简单技术的人文属性转译为当时当地的文化认同,让技术成为可持续建筑发扬优良文化和彰显时代风尚的有效途径。设计要将物理品质融合于艺术形式中,把人的喜好、生活追求、民族情感、价值信仰等进行客观的生态化和艺术化表达。采用天然环保的材料、自然原理的技术、融合环境的流通空间、仿生的造型赋予建筑自然属性,借用传统文脉的符号和时代语境的场景使建筑具有人文气息,让富有感官和精神愉悦的一种技术化人工志趣带给人们诗意的天人合一美境。另外,设计中要利用易掌握易操作的一般性技术为当地劳工提供更多的就业机会,促进经济发展和社会稳定,通过"设计师—业主"合作模式,使家园拥有户主的热情、智慧、想象力,让贫困地区的民众自己动手来提高他们的文化水平,丰富他们的生活并增强他们的自信心。运用公众参与性普通技术创造富有文化亲和力和引人入胜的工作,通过构建合作团体和增强人民的自主意识来促进社区关系重建,实现社会和睦,给予人们一份环境的归属感,以小成本的简单方式实现真正的人性关怀。

在一些落后或是发展程度不高的地区实施普通技术可以很好地展现出其可持续属性的淳朴魅力和近人性、大众化的人情味气息,让建筑的功能性在环境、文化、情感关怀、社会公平、艺术等方面都能有所表现。P. T. 班布(P. T. Bambu)设计的巴厘岛绿色学校(The Green School)(图 11-16)是一个建在巴厘岛森林和稻田里的乡村教育社区。设计师发掘了当地木材和竹的多种潜能,把这些材料用于主体结构和装饰材料,以及用于制作地板、座椅、桌子和其他器具,参考和借助了当地传统竹结构技术,将当地的传统建筑形式与当代设计有机融合,雇用当地的劳工建造建筑及其环境。建筑建成后即被视为一个成功的绿色设计案例,也是一个当地的特质文化符号,美观而富有人情味的建筑吸引了许多当地和国外的艺术家多次探访这里。

图 11-16　巴厘岛绿色学校

第四节　空 间 构 造

可持续建筑的各种功能总是要依托特定的空间来展开并实现,设计应就整个空间环境进行分析,将诸空间的功能要求按照用途、性质、效果来构建、组合,使各具意义的空间环境相互联系,在建筑的组织化和结构化中将各空间整合为一个环境综合体,使空间效用和可持续属性达到最大化。

一、自立化

不存在毫无保留的会同自然的建筑,人的生活空间总是有相对的独立性,人与自然万物、自然环境有物质和心理上的界限设定,可持续建筑的空间构造和组织的首要目的就是在建筑与周边环境双向负影响最小化的前提下,结合外部环境的有利条件划定围合出一个可供人安定生活的环境。

可持续建筑设计要顺应场地、气候环境和作用对象的实际条件,用最小的资源消耗和环境代价来构造和组织一个属人的自立化空间环境。设计中应优化围护结构的热工性能,实现保温隔热的基本功能,如:设置温度阻尼区,增强门窗的气密性,采用外墙外保温结构,使用保温玻璃、农作物纤维板、加气混凝土砌块等热阻值高的建材;根据当地的气候特征确定是否有必要在结构中采用砖、石、混凝土、相变蓄热材料等蓄热体;合理设置采光口的开口大小及数量,并选择必要的自然光调控设施,如反光板、反光镜、集光装置、输光管、光纤等,保证建筑能获得充足的自然光和日照,在必要条件下还应采用遮阳和眩光控制构造和装置,如遮阳板、遮阳百叶等;利用自然通风的诱导式构造确保建筑中良好的空气品质和适宜的自然风,并防止或减少外部气流对建筑的不利影响,必要时还应采用机械通风控制设备;合理布局空间以回避噪音源,采用适当的降噪措施以减少噪音干扰,如设置缓冲区,围护结构采用多孔吸声材料、共振吸声结构、强吸声结构;确保场地内电磁辐射源产生的电磁波不影响人们的健康和仪器设备的正常使用。

这样的一个建筑让人在里面可以不受阻隔地看到和感受到外面的世界,天空的清晰明朗、大地的亲切优柔、太阳和月亮的交相辉映、四时的变幻、自然的生气,都可以为我们的视野、身体和心灵所触及;而恼人的气候因素、炎热、害虫、刺眼光亮等,则被建筑冲淡和遮蔽。夏季成荫,有自然的微风带走空间里的热量,冬季向阳,有厚实的墙壁阻挡北面的寒风,犹如伊甸乐园一般的建筑才能为我们提供一个舒适安妥的生活环境。

二、可适化

可持续建筑适应性的最基本要求就是要适合人的生理和心理的基本尺度,任何阶段的空间组合都应可适于人的尺度,在此基础上尽可能地赋予建筑更多的功能和意义,以经济又环保的方式扩大空间和资源的功能效用,如公共空间应有专门的休憩空间和吸烟区,图书馆应设有可供人交谈的空间。设计要能适应特殊群体的需求,特别是要顾及病人、老年人和残疾人生活的方便和身心的舒适,如建筑入口和主要活动区域要有无障碍设计。

人们对空间使用的方式和对建筑的期望会随着时间的推移而不断发生变化,有些变化甚至是十分剧烈的,只适合一个特殊功能的建筑会很快失效。可持续建筑设计要用静态描述和动态分析相结合的方法,达到空间的规定性与灵活性的辩证统一,使建筑有不同的诠释方式,提高空间的使用效率,延长建筑的使用寿命,减少资源消耗,节约成本开支。设计中要针对不同的建筑具体分析灵活性的适用范围,关注的问题不仅仅止于设计实施的完成阶段,还要在进行设计时周全分析每一环节,在一个单位空间内考虑不同人的多样化需求,预测使用者的需求在未来可能发生的变化,让建筑的技术、结构、空间、构件具有适应性、弹性和灵活性,适应需求的变动性,能方便地更新、升级、改造和重新利用,在全生命周期都能对内部环境和外部环境达到最大化的可适性。如建筑层高和载荷余度适宜;为后续技术系统的升级换代和新型设施的添加应留有操作接口和载体;使用易于拆除、回收再利用的构造材料;使用通用化的构件,易于更换;空间布局应可以灵活变化,能形成多种空间构成方式和组织形式。

建筑的可适化就是要在空间和时间范围内使其功能多元化,以满足人们的多种需求,实现建筑在使用上的可持续性。琼斯与合伙人事务所设计的位于洛杉矶的南加州建筑学院(SCI-Arc)会议室与活动室(图 11-17)是一个老货运站历史建筑的改造项目,这个建筑要能容纳一间主任会议室、学生咖啡馆和活动室。设计师在不改变原有建筑形式的情况下,很好地将三种截然不同的功能以充满活力的方

图 11-17　可形成 24 种布局的会议室与活动室

式融入了两个空间。巧妙之处便在于一间按照抽屉原理运行从建筑侧面移出的房间,采用一架巨大的工业升降机为建筑增加了更多的灵活性,从而使空间可具有 24 种布局形式,并且建筑主体的很多构件都可更换,这个可适化的建筑具有功能的持续进化的能力。

三、集约化

可持续建筑的集约化即意味着小型化、紧凑化、兼容化,减少材料、能源、土地资源的占用,提高建筑的利用效率和经济性,是一种紧凑、合理、高效的空间组织模式。设计中应使建筑结构和布局紧凑,横向收窄,纵向扩展,可以将空间向上发展,也可借用地下空间;优化空间结构和组织,加强各功能区域之间的相互交融和渗透,实现功能更大的集中和更大的分散,让某些特定的东西在有限的空间内具有更大的反响,达到最大化的多种功能复合,如休息区与等候区的复合;对总体布置后边角小空间的有效利用;减少交通等媒介空间。

集约化的建筑中的环境事物围绕在每个人身体周围的心理最小范围内,建筑倾于内向的围合,与外界周围的交流性小,在物理环境和感知觉等方面都有很强的独立性。建筑给人以静止而凝滞的包围性、私密性,人可以通过有效控制,有选择地决定与他人或环境的开放、封闭程度,使我们能够按照自己的意愿和想法支配空间。对空间的这种控制感很容易让建筑成为人之情感的有力延伸,给人心理感受和情绪上的领有感。而建筑的私密感和归属感体验让我们可以自在地宣泄感情,反省行为,修养身心,排除杂念,沉心纯思,在静谧、沉寂中回忆过去,思索自我与世界,在冥想中寻找未来之路。

设计中应注意到集约化建筑的情感性和心理功能,让建筑在减少资源消耗的同时,也能体现更多的情感关怀,给予我们安适、放松、自得的环境感受。香港设计师张智强(Gary Chang)设计的"手提箱"住宅(图 11-18)是一个窄长的小型住宅,各种生活行为被交织在同一的空间中,小小的环境重叠并诠释了许多建筑意图,集结了居住和生活必需的所有功能。建筑功能的集聚和融合使客厅、工作区、卧室、卫浴室……所有空间都小到了极致。人的情感被聚集在环境事物中,在其中的人能体验到恰到好处的私密性和包被感,这个"小领地"提供了一种与众不同的自适感,让人从心理上能自主性地把握工作、交谈、休息等行为活动,设计师利用最小的空间占有和资源消耗为建筑创造了一份温馨、适怡的人情意味。

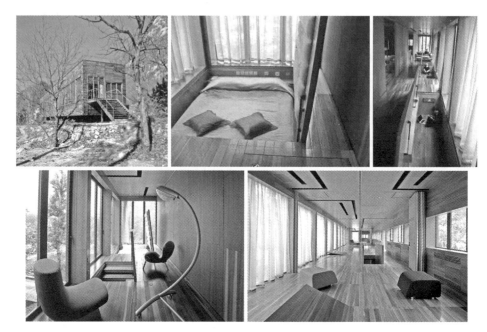

图 11-18 "手提箱"住宅

四、开放化

开放化的可持续建筑限定度小,具有外向性,能够最大化地融合于周边环境,在与外部世界的交流渗透中保持紧密而充分的联系。这样的建筑能获得更多的自然光照,更好地利用自然通风,减少能源的使用量;给我们更广阔的视野,提供更多的建筑景观,从而获得小中见大、虚实相生的环境效果,不禁会让人心情舒畅;采光和换气良好、开阔明亮的空间感,外界的自然景致和活跃气息能舒展我们的心理情绪,我们的心理和性格也随之得以舒展、开朗、活跃,甚至常能给人一种游弋于建筑和大自然的无拘束的身心自由感;有时还可能将相邻建筑连接在一起,增强公共性、交往性和社会性,促进人们的交流和沟通;使人与自然环境有更多的接触和交流,能够洞察光影、季节等信息,饱览自然景物的变化,体悟天地四时之交替,在这个感知过程中让我们体认自然,感受融入自然的美好;阳光充足、空间通透,给人的情绪感受能打开人的心扉,涤荡人的心灵,仿佛赋予了我们发现心底澄明和精神崇高一面的能力,特别是设置向上逐渐扩大的中庭,上方顶部的天光穿过开阔感和上升感的空间投射在我们身上,让人在庄重、光明、崇高以及神圣的体悟中精神得以升华。

设计中应尽量降低墙、地面、屋顶、棚的围合感,并使内部空间之间以及内外部空间之间体现出连续性,可用开口减少围合界面和增加开窗面积,如开大面积的落地窗,也可利用透明和通透感的围合产生意象性开放效果,如用双层玻璃幕墙做围合界面,要灵活地借助实开与虚开两种手法来获得空间的开放性。开放式建筑给人的心理感受常常是集约化效果的一个反转概念,但若将一个开敞的紧凑空间进行精心布置,既能得到更大的环境效益,也可以巧妙地同时发挥两者关于人心理情感的优势表现。卡罗琳娜·孔特雷拉斯(Carolina Contreras)和托马斯·科特斯(Tomás Cortese)设计的位于智利萨帕亚尔的美丽都(Mirador)(图 11-19),用最少的木材、钢材、混凝土等材料打造了一个高度开放化的通透小建筑。这间现代化的"quincho"[①]作为一个居住建筑把优雅生活巧妙地嵌入智利中部海岸高低起伏的大自然中,突出而伸向半空的空间、通透的虚拟分隔让人可以充分领略山脉间流向太平洋的河流和连绵峡谷的自然景观,它作为一个房间的功能投射着人的情感,人们可以在信步中自由把握乘凉或是小歇的方式[②]。这个建筑提供的是一个让人既感受到情感庇护,又交流于自然,享受边界之外的自由的好机会。

图 11-19 "quincho"是一个向周围环境开放的通透小空间

---

① Contreras C, Cortese T. Asadera y mirador[J]. ARQ, 2003,2(1):64."quincho"是这个小建筑的昵称,这个词在当地方言里是指一个用于做饭和吃饭的室外空间,从这个被寄寓空间意义的形象称呼便足以见得这个建筑功能的开放化意图。

② 同①.

第五节 形式表现

形式依附于功能、技术、空间等要素,但它仍有其自身的独立表现特征和相应的处理方法,一方面是具有可持续属性的具体形式,另一方面暗示着某种综合性的气氛,它能具有完善、丰富空间,增加空间层次,调节环境色彩关系等作用。正如建筑师劳伦斯·斯卡帕(Lawrence Scarpa)所强调的:审美和优秀设计的重要性都不应被低估,"一个电老虎总比一个没人喜欢的高效节能建筑要好。不要担心'可持续性设计',重点是设计"①。毕竟人情化的建筑才更易于为人所接受,在形式上进行一些附有功能性和艺术化的处理并不是难事,只要在设计上多做一点文章,往往不需要或只需很少的额外成本投入。可持续建筑设计应当注重表面形式的考虑,赋予形式功能价值,借助象征、隐喻等语义手段来表达复杂的建筑含义,以此来服务和美化我们的生活,并给予我们更多精神意义上的内容。

一、造型表现

建筑造型是构成可持续建筑形态的最基本要素,造型应能符合人使用和行为的尺度,特别是要考虑到老年人和儿童的安全性,残障人士的使用方便性,以及其他特殊人群的相应需求,形式所附载的功能要灵活、简单、直观、易识别。自然和文化的形式和符号是设计中要融合与表现的主要内容。造型设计可以从阳光、土壤、江河、花草、山石、动物、植物等自然原始素材中提取元素,或直接套用,或进行抽象化表现,或加以联想而创造新的形象,以生动如真为贵,在建筑环境中引入自然、再现自然,使人们可以在有限的建筑空间中领略到无限的自然带给人们的自由、清新、愉快,在心理上拉近人和自然的距离。形态塑造也可从传统和地域文化资源中选择能代表和体现传统文化、民族精神和地域特征的符号、片段为元素,或直接运用,或结合现代设计的时代气质,将富有特色的传统和地域的文化和精神表现于现代性的建筑中,在展现时代文化的同时传承和发扬民族文脉,实现过去与现在、传统与当代的文化并存,为建筑增添文化气氛,使人产生情绪上、心理上的向心力和认同感。此外,建筑造型还要注意对生态和环境问题的考虑,如向外出挑的窗檐便

---

① 玛丽·古佐夫斯基.零能耗建筑:新型太阳能设计[M].史津,张洋,康帼,等译.武汉:华中科技大学出版社,2014:161.

可以为鸟类提供短暂歇息的处所。

　　建筑造型设计应体现出以上内容实质,在点、线、面、体的造型元素上遵循均衡与稳定、节奏与韵律、对比与微差、重点与一般等形式美原则,以良好的造型使建筑富有诱惑力、感染力,甚至是震撼力,引发人们的关注、联想、赞美,唤起人们的激情,给人以美的享受。建筑师文森特·卡勒博(Vincent Callebaut)等为香港设计的香水森林(The Perfumed Jungle)方案(图 11-20)由外而内完全借用了自然形态,塔楼似多根茎植物,结构沿主干在竖向上延伸,树状分支纵横交错成网状,各个空间像细胞一样交叠式横列重叠,蜿蜒曲折的线条与中国的彩陶艺术相呼应,空间似乎不受柔化的墙体限制。这里不只是香港市民的活动场所,也供各种动物穿梭、植物生长,并为它们提供宜居的环境①。充满生机的建筑已被融合为自然的一部分,让人可以在略带中国传统意味的自然美环境中舒适生活。

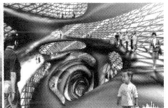

图 11-20　香水森林方案

二、色彩表现

　　色彩是改变建筑效果最简单、最低成本的方法之一,当材料本身的颜色不适合环境气氛时,便应用天然矿物颜料之类的环保漆做表面色彩处理。色彩具有性格特征,可以在心理上调节建筑的大小,利用带有前进动势的暖色彩使空间感觉上小一些,让人感到包被的安全和温馨。色彩性格也可用来增强或弥补气候或方位等环境因素的影响,以降低空调采暖能耗。在气候寒冷地区,向北面而不能直接接受太阳照射的区域,宜采用如象牙白、奶黄色或桃红色等暖色调,可以产生阳光感,给人温暖的感觉;在热带地区,光照充足的区域,则可选择青、蓝等冷色调,能起到心理降温的作用。

　　高明度色对可持续建筑具有重要意义:接近于白色的高明度色彩可以为空间反射更多的自然光;可使人思维清晰,振奋精神,提高注意力,减轻眼睛的疲劳,提

---

① 　Jodidio P. Green:architecture now![M]. Hong Kong:Taschen,2009:102-105.

高工作效率;为内部空间创造更加整洁的环境场所;能扩大空间的视觉尺度,让建筑具有更开敞、空旷的感觉,使人的心情开朗、舒畅;能在光线不足的条件下帮助视力不好的人进行区别形状、判断深度的空间识别行为;象征着社会公正与平等,体现着新型社会的特征和内涵。当然,设计中也应把握白色调的尺度,防止环境产生苍白、冷漠、严肃的感觉。

色彩也能被用于表达我们的民族情感和文化,中国江南地区粉墙黛瓦的素朴用色,与江南文人和庶民阶层的清雅审美偏好与生活情趣紧密相关;浓重而碎片化的对比色彩可以表现出西藏的地域特色;轻盈、文静、明快的色彩表现的是朝鲜族的民族风格;意大利的居民喜欢砖红色,建筑外表也用砖红色,而建筑装饰色彩则向补色环境调整,倾向蓝、绿色;北欧的居民喜欢蓝、青、绿色,建筑外表也喜欢这些颜色,而建筑装饰则倾向暖色;路易斯·巴拉甘(Luis Barragán)在建筑中所采用的浓烈色彩,易于获得墨西哥本土梅斯蒂索人(Mestizo)的民族情感认同,在设计中可以运用色彩给予人建筑的认同感和使建筑作为一种展现文化的符号。

色彩方案要根据具体情况利用好上述色彩效应,运用色彩的性格特征改善、协调、平衡建筑的视觉感受,融合独特的人文环境色彩表现出建筑的情感和文化性,并积极运用色彩的非寻常的对比、调和等搭配组合创造出新鲜、愉快、夸张、奇异、戏剧化、虚幻、神秘等形象,渲染喜悦、舒适、新奇的气氛,烘托建筑的形态,进而触动人的情绪,引发人的心理联想,达到以色传神、以色抒情、以色写意的建筑效果。

第六节　环境布置

可持续的建筑从根本意义上来说是一种关联外界的整体性存在,周边环境有时甚至会在建筑物理品质方面起到决定性作用。设计活动不仅要以环保的态度对内部的家具、饰品、织物做精心的设计、选择、安排,恰到好处地为建筑的自然、文化和情感等特质增色,并实现陈饰物设计更多维的可持续价值,还要对建筑的场地环境做良好的环境布置,使之能最大限度地服务于建筑功能,和谐于当地的自然和人文环境,多元化地丰富我们的生活环境。

一、内部陈饰

陈饰是可持续建筑中最具趣味性的设计内容,它能起到强化建筑风格、烘托环境气氛、组织空间等作用,同时还能反映出民族传统、地域自然等文化特色和个人品味,调节生活情趣,陶冶人的情操。陈饰设计需要细腻的设计思维,尽量采用环保和具有可持续意义的方式来使空间具有秩序性、层次性,丰富环境主题,提升建筑品质。

(一) 家具

家具在多数情况下是可持续建筑必不可少的物件,也是重要的表现角色,家具的选择和摆放要考虑到安全性和使用方便,特别是要照顾到老人、残疾人、儿童的特殊性,如避免使用一些易翻倒的带尖角硬边或金属、玻璃材料的家具;为老年人选择高扶手、硬坐垫的座椅,以便于他们轻松地站起来。制作家具的材料要尽量是可回收材料或可再生材料,陈设设计中也应尽量选用这样的家具,如:美国 HAG 家具制造公司用可回收的瓶盖制作设计了一把可调节的 Scio 座椅;藤枝能弯曲成各种设计需要的形状,可用来制作椅子、桌子、床;高强度又质轻的竹子可以用来制作轻型家具。

形式上要注重家具的文化性和自然意味,或表现出时代感、传统地域文化特征、民族风情,让人感受特质文化的熏陶,或表现出有机自然的形态,让人亲近自然。如藤家具往往采用传统制作工艺,能体现出热带地区的地域文化,自然的色泽和柔软感充满大自然的气质,具有浓郁的乡土气息和地方特色,且线条流畅、造型丰富,颇具艺术感,既富有文化内涵又显露自然气质的藤家具创造出别具一格的空间气氛,常能给人留下深刻的印象。

家具要具有功能应变性和形式灵活性,能与不同情形相协调,适应建筑空间的布置变化,从而满足更多的功能需求。家具最好具有两种以上的功能,如组合式的家具可依使用者的需求进行自由的组合和安装;家具的容量应有一定的延伸内容,以便必要时可容纳更多的物品,供更多的人使用;家具最好是便于移动的,使之可适应各样的布局,如在家具底部设脚轮,便可随时方便移动;家具要能便于收纳、储藏、运输,如选用充气家具、折叠家具、KD 家具,它们都可以在不使用时缩小体积,少占用空间。

家具设计应在符合上述内容的情况下尽量美观一些,一件造型别致、色彩美观,并具有功能和环境等方面价值的家具可以成为建筑的装饰品,提升整个空间的内在气质和艺术氛围。赫尔曼·米勒(Herman Miller)的米拉系列椅(Mirra)(图11-21),就是依据人体工程学和从摇篮到摇篮的循环模式而设计制成,其材料从供应源头把关,经过非常严格的化学成分评估,均须达到绿色健康的环保标准。米拉椅可以用普通家用工具在 15 min 内被拆开,每个部件都易于识别,运输、储藏和组装非常方便(图 11-22)。除了背部弹簧、坐垫、塑制小扶手因材料特殊性不可回收

（图 11-23），占重量 96％的部件都可以回收再利用，可作为原始构件投入新米拉椅的生产。米拉椅造型简约时尚，前卫大方，茶柚色和石墨色、黑色和石墨色的搭配，极富时代文化气质①。米拉椅在建筑中能体现出功能、环境、形式的多重综合性功效和价值。

图 11-21　米拉椅

图 11-22　拆解后的米拉椅部件

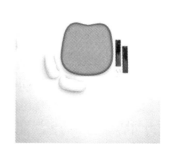

图 11-23　4％的部件不可回收

（二）饰品

画龙点睛般的饰品才能赋予可持续建筑以最完整的生命，它主要起到美化建筑空间，增添情趣，烘托气氛，陶冶人们情操的作用效果。饰品能主宰空间并影响其设计效果，是建筑装饰中必不可少的一部分。制作饰品的原料应尽可能是可再生或可回收再利用的。饰品艺术的创造要能表现出文化气质和自然气息，这应是

---

① Rossi M，Charon S，Wing G，et al. Design for the next generation：incorporating cradle-to-cradle design into herman miller products[J]. Journal of Industrial Ecology，2006，10(4)：196-205.

饰品设计的两大审美题材,如中国传统的剪纸、刺绣、玩具,原始淳朴、带着旷野泥香的中国传统陶艺品,表现出浓郁的乡土气息和自然风情的草编、竹编的陈设品;来自自然的装饰品如水晶球、贝壳、漂流木等。饰品最容易贴近、反映使用者的个性,情感上最容易与使用者产生共鸣,邀请使用者深度参与设计创作便是一件容易而有意义的事情,这样可以为建筑融入一份温馨感和亲切感。可持续建筑中的饰品随意性很大,大多不需要很高的技术,常常能为普通劳工创造工作机会,甚至能激发人民的智慧,得到意想不到的好效果,饰品的这种特殊的社会价值也应是设计活动和制作过程中值得注意和加以发挥的。

可持续建筑中的饰品设计和选择不应仅仅看重形式美的艺术外观,要积极挖掘和运用饰品丰富多层次的内在功能、环境价值和附加效应,让点缀建筑的饰品具有更全面的功用。流浪狗牌台灯(Stray Dog Lamps)(图11-24)的制作使用了铁、废弃水泥袋等可回收循环的材料,并且其设计者简·格蕾(Jane Grey)还为穷人的生活保障和情感关怀着想,她放弃了没有灵魂的大规模生产,而是选择雇用第三世界国家的工匠进行生产,公司同意工匠们授权他们周围的人们进行艺术创新并使用他们代代相传的手工艺制作。制作者本身非常珍惜这一手工制作的经历,结果便是,他们的每一件饰品都让人回想起生活,海地(Haiti)的工匠们非常感激这样的机会,地震和频繁的余震吞噬了他们的土地,这些富有情感的艺术灯饰给了他们重新生活的希望。普通劳动者创造出了各种有趣美观的灯具,这些饰品点缀出奇思妙想的快乐空间,给欣赏它们的居住者的生活增添了乐趣。

图11-24　造型丰富而美观的流浪狗牌台灯

(三) 织物

可持续建筑中的织物主要用于遮阳、挡风御寒、分隔空间、创造私密性等。织物要尽量用天然的、未加工的、不染色的有机纤维来制作,如新型织物材料天丝(Lyocell)就是一种优质的绿色织物,它介于人造纤维和棉之间,手感良好,富有光泽,悬垂性好,可生物降解和重新回收使用,很结实,耐磨性良好,可用于制作日用织品、床单、床罩等。织物原料也应对能回收再利用的旧材料多加利用,如世界商务地毯制造业的领头羊美国 COLLINS & AIKMAN(C&A)就是以发展环保织物产品而著称于世,该公司能够将现有建筑中的回收旧地毯百分之百地通过再循环过程制成新地毯。它的图案设计千变万化,能符合客户的各种要求。

织物在建筑中既可扮演重要的角色,也可以成为建筑中附属的背景存在,是建筑软环境创造中必不可少的重要元素。英国诗人威廉·柯珀(William Cowper)这样形容织物:"像梦一样静静地出现,那儿没有锤子和锯的声音。"织物的质地给人柔软、文雅、温和、细腻的舒适感觉,能营造出温馨和谐的生活环境并抚慰人的情感。略微透明的织物可以像屏幕一样,增添一种朦胧、虚幻、神秘的气氛。织物依附性强,具有变异性的形态特征,女性化的独特魅力使建筑产生柔和、亲切的感觉。运用帷幔、窗帐、织物屏风、糊纱隔断等进行空间分隔处理,能使空间产生隔而不断、意境幽深的效果。织物不同的质感、纹路、图案、色彩特征,可以很轻松地艺术化表现自然风情和文化、情感特征,如天然的棉、麻、羊毛、丝具有自然的视觉和质感。织物可以数不清的方式运用于建筑之中,创造性地布置织物可以重新定义整个空间环境。5+1AA 设计事务所(5+1 Architetti Associati)在法国马赛码头(Les Docks)设计的一家杂货店(图 11-25)用天然织物作简单的遮阳,薄纱从屋顶处自然垂下,在平面上呈波浪状断续效果,让少许的阳光可以从薄纱间投射下来为建筑提供适当的采光①。略带透明的织物质地柔软粗拙、色彩温雅,具有复古的风情,柔软的薄纱随微风轻轻摆动,变幻着光线,使整个建筑显得多姿多彩。这样一组织物显然已成为建筑的主角,给人以情绪的撩拨,使格外富有情调的建筑充满生动、愉悦的气氛。

图 11-25　这间杂货店运用天然织物创造了奇幻而引人入胜的空间效果

二、周边环境

对建筑周边环境的设计应能使建筑充分利用场地有利条件,减少外界环境对建筑的制约,创造出一个既具有环境功能,又令人感觉适宜的外围环境。设计中应

① Heybroek V. Textile in architectuur[D]. Delft:Delft University of Technology,2014:15.

对场地及周边环境的自然植被、地形地貌、地表及地下水系的形态、水量、水质做出科学的环境影响评价,尽量做水域和多品种的绿化,实现调节气候、防御风沙、遮阳纳凉、消弱噪声、保持水土的功能。在池底应覆底土和淤泥,并做自然护岸,为鱼虾、藻类、鸟类、昆虫等提供自然食物资源和栖息地,这些会促成外围场地乃至当地的生态系统平衡。场地环境应多使用当地植物,顺接地区环境机理,融合于当地自然环境,并对地域特点进行有效把握和适当发挥,显露当地的地貌原形态特征,使地域不可替代、不能重复的特殊地景价值得到彰显,在此基础上最大限度地体现出不同地域的风情,凸显出鲜明的当地的文化特征,避免产生水土不服的奇怪效果。自然生态而又富有地方特征性的外围环境便是人们进行休闲放松和体验大自然的极佳场所,并且这样的美景也能为建筑空间所借用,这对人的身心都有很大的益处,自然形护岸有利于人们观水、亲水、戏水,鱼虾可增添观赏价值;在岸边观景,欣赏水景时,会让人有一种辽阔、虚蒙、冥静之感。

在建筑的审视中唯有将对象做整体性把握,做好外围环境的规划和布置,才能获得空间环境中最良好的身心舒适度和建筑可持续意义上更多的综合效益。HAL 建筑事务所设计的伦敦南大使馆花园遗产建筑项目(Embassy Gardens Legacy Buildings)(图 11-26)的外部做了大片的水域,水中种植有各种水生植物,还有鱼儿在游动。水岸尺寸考虑到了人的亲水需求,并设有木栈桥伸过水面。建筑周围种植了大量的植物,建筑物之间的整片绿植地坪上草木丛生。充满自然气息的场地环境还透露出几分慢活风格的自然时尚感。大片的水域和丰富的植物能很好地调节建筑微气候,也为各种小动物进行觅食和繁衍等活动提供了极佳的场所,并且还可以成为人们观景、游憩、亲近自然的处所。

图 11-26 建筑场地满布着绿植和水池

第七节 旧 屋 再 用

老旧的建筑是人类过去存在的表现,它本身就具有丰富的文化和情感等人文价值,若对其加以利用还可创造出环境和经济价值。现在存有大量的老旧建筑可以为我们所利用,可持续建筑设计要处理好新环境与旧环境的关系,积极利用老建筑自身的建筑形式、空间特点、历史价值、文化特色及其所处的环境,用建筑来代替地球开采资源,让老旧建筑的保护和改造成为替代废弃、拆毁的另一项措施,使之既为环境的可持续做出贡献,也让人在情感和文化生活上的体验更加丰富,并且还可以承担一些文化、经济等方面的社会功能。

一、传扬文化

老旧建筑的一个最重要作用就是能展现和传播当地的历史文化,传承当地的文脉。对于具有重要历史文化价值,并且建筑已经无法再负担使用功能的古建筑,应对它进行内外完整的全面保护,尊重它现有的真实面貌。要防止对建筑古迹的破坏行为,特别是要加强旅游管理,杜绝对建筑不利的隐患,尽量少触碰。只有在必要时才应对古建筑进行修旧如旧的修缮行为,为修葺和加固所加上去的东西都要能被识别出来,保护古建筑从诞生起的整个存在过程直到采取保护措施时为止所获得的全部历史信息,切不可以仿制而破坏文化的真实性。对古建筑的保护要能使其继续成为一个地方的重要文化标志,让人可以从建筑中读到当地发展的历史和传统的、地域的、民族特有的文化。

对于那些在保护中可以再利用的老旧建筑,在改造和使用的过程中要尽量保护其历史文化感,特别是外部形象的处理一般要采取比较谨慎的态度,尽量不改变建筑的原始外部特征,可以进行小规模的维护整修或更换局部部件,新建部分要与原始风格协调,从而最大限度地体现出旧建筑的原始面貌。而内部空间则可以比外部形象的改动稍大一些,但对有一定历史文化和艺术价值的部分也应尽可能完全保留和合理利用。要力争把历史文脉与时代特征有机地融合起来,通过新旧元素对比和融合的手法,在表达对历史的尊重的同时也创造出具有现代感的建筑效果。对老旧建筑的改造要让当代文化与传统得以共存并能相得益彰,进而为地方的文化形象增色。

老旧建筑的修葺和再利用要尽量彰显其地方文化的含义,表现和传扬当地的文化特质。由奥地利建筑师君特·多明尼戈（Günther Domenig）改造的纽伦堡纳粹党国会大厦的文献中心（Dokumentationszentrum Reichsparteitagsgelände）（图11-27）尽可能地保留了建筑外立面和各个展示空间原本粗糙且未经粉饰的状态，很好地保持了建筑的历史面貌。用现代钢结构重新组织了内部交通，空间围合多为玻璃，以保证在视觉上少破坏旧建筑，展览设施多为不（或少）伤及建筑主体的悬挂和展台形式。一个钢框架结构主体像一根尖锐的标杆刺穿文献中心大楼，象征着对法西斯意识形态的瓦解，人们在这个"标杆"建筑中穿越时能有很形象的体会，并深刻领会其中的意义。新旧两部分既是对照，也是一个整体。该展馆很好地留存了一段世人应该铭记的历史，也展现着今天的德国人追求民主、和平的当代民族文化。

图 11-27　纽伦堡纳粹党代会集会场档案中心

二、传达情感

老旧的建筑是有生命的，有自己内在的情感，人们对它们怀有一种发自内心的、真诚的、无可替代的心理依恋。古建筑遗迹承载的是当地人的民族情感，是他们的历史情结和精神寄托，生于斯长于斯的城市居民与那些见证过他们生活的历史建筑环境有"恋地情结"的心理联系。世代居住的老房子曾经熏养出家族里每个成员的独特生活态度和文化品格,是描绘他们的生活记忆、亲族关系和内心情感的精神家园。名人故居是其主人的身份和情感印记,向你传递的是他那独有的精神气息。所以,对老旧建筑的保护不等于必须要复原它最初的样子,只有准确保留建筑存在过程中被赋予的一切有意义的特征,保有时间的记忆,才可能是真正的保护,这些有意义的表征可能是生活方式,是人为的痕迹,是历史事件,是大自然的影响……即必须要保护建筑情感的可读性,保护人与建筑的情感纽带。

对老旧建筑的修缮和再利用要保留其历史、生活、社会、环境的真实性,保护和再现建筑的情感关怀,尽量不破坏现有的场所环境,特别是有历史情感特征的部件、材料等,在新建部分将符合人心理的情感表意元素吸收和整合为建筑中有意义的符号,保护建筑中的情感传达和转译能力。一个向人们诉说着关于过去和现在的故事的建筑让人看到的不仅仅是空间环境,更是另一个自己,它成为日常生活的一部分,继续表达和传递着人之情感。龚滩古镇的搬迁改造项目(图 11-28)采用原来的建设方式,依自然地形地势而建,用当地传统的工匠技艺,注重建筑原始风貌的保护。采用人随房走的模式,房屋按区位对等的原则迁建,使得搬迁前后的街巷邻里关系不变,保持原社区的生活模式。在不影响外观和重要历史特征的前提下修缮翻新老旧建筑,解除结构安全隐患,按实际使用要求对房屋功能进行分隔,做好水电安装及防火、防虫和防腐等技术措施的配套和完善,增加厨卫设施。搬迁改造加强了环境保护,提高了原住民生活品质,并很好地维持了原住民的传统生活,保护了他们与古镇建筑环境的情感联系,建筑的生气和活力得以延续,居民们乐于在此居住生活。

图 11-28 搬迁改造后的龚滩古镇依旧展现着昔日的风貌,保存着乡民的那份情感

三、"绿"经济

对于老旧的建筑不仅要做好保护工作,还应充分挖掘和利用它在存在和使用过程中的潜在价值。很多著名古建筑、古镇民居、乡村建筑、名人故居、近代的重要建筑都是很好的旅游资源,应该把对这些建筑的保护与促进经济发展结合起来。保护方案中要注重保留建筑在形象、文化和体验方面的特色,表现出建筑的异质性和独有性,使这些建筑成为当地的旅游品牌,如:对西域藏族古建筑的保护应维持建筑意境中佛教氛围透出的神秘、深邃、粗犷、深远之印象;对江南徽派建筑的保护要保留江南水乡的清丽灵秀与恬淡雅致,水墨丹青渲染的艺术格调;对传统生态建筑的保护要继续表现建筑与自然融合的意味,让人在空间环境中既能读到一段历史,又能体验到自然的气氛。用独特的地方风格、乡土风味、民族特点的最本然面貌的原生建筑吸引人们前来旅游休闲,促进本地旅游业和服务经济的发展。

而对于一些被认为不具有重要历史文化意义的老旧建筑,可以对其进行更新再利用,运用现代技术重新整合建筑和功能,赋予建筑新的使用价值,这样能节约有限的土地资源,如将麦芽旧仓库改建为避难所,老教堂转变为篮球场,煤气厂改造为展厅,旧军营变为旅店,炮台改为军事博物馆,等等。改造后焕然一新的建筑既具有古朴的风韵,又具有时代的气息,给人不寻常的个性化建筑体验,能吸引人们前来入住、参观、游玩,区域经济也随之繁荣,同时为社会创造了更多就业机会,带动了片区的整体发展。

对老旧建筑的保护和改造都要尽量显示出其在今天具有现实意义的价值和效用,丰富我们的物质和精神文化生活,促进地区经济和社会发展。伦佐·皮亚诺(Renzo Piano)设计的都灵文化商业中心(图11-29~图11-32)是当地标志性建筑林格托(Lingotto)会议中心大楼的改造项目,建筑立面保留了原来的样子,结构变化幅度最大的是屋顶,新的屋顶结构能确保建筑的最佳光照,屋顶上设有一个半球形玻璃会议大厅,会议大厅对面是丝克瑞格(Scrigno)小型博物馆,里面陈列的艺术品包括马蒂斯、毕加索、雷诺阿等大师的油画和雕塑作品。这个建筑综合体中还改建有购物中心、办公室、餐馆、大学教学场所、电影院、多功能礼堂、商品贸易大厅和酒店。改造后的建筑成了人们的一个生活、工作、休闲、交流等活动的极佳场所,每年的经济收益颇丰,并且还在教育和文化发展等多个方面为当地提供了社会服务的功能。

图 11-29　改造前原为菲亚特汽车工厂

图 11-30　屋顶上的半球形玻璃会议大厅

图 11-31　高朋满座的音乐厅(多功能礼堂)
　　　　　即将上演一场音乐会

图 11-32　丝克瑞格小
　　　　　型博物馆

第十二章 评 价 体 系

评价体系是"看得见的指挥棒",是可持续建筑设计控制、管理工作的重要依据与基本实施前提,它的合理、完善程度将直接影响到设计进程、工作方式,以及完成质量。以人文思维为基调的可持续建筑所关联的专业领域和涉及范围是广泛的、复杂的、多样的,其评价工作是一个多因素、多层次、多目标的复杂的系统工程。"要素网络-内在秩序-实施机理-表达形式"和"理论原理-评价设计-信息采集-成效分析"两个维度的内容是评价体系中不可分割的重要部分,正如霍尔三维结构体系[①]一样,涵盖人文内容项的可持续建筑综合评价体系应是一个由时间维、逻辑维、方法维构成的三维结构。其中,时间维对应着评价程序、步骤的时间序列;逻辑维是理论框架、评价模型、要素结构、宏微观关系等思维路径;方法维是指各项评价过程中运用的各种科学方法、技术与手段。

评价体系的关键内容是科学健全的评价指标体系和正确有效的评价方法,整个评价体系的内容结构严密与否,是否反映了对"经验—分析"和"经验—归纳"逻辑的遵循,直接决定了评价过程的客观性和评价结果的说服力。一套完整包含了纲要、内容、指标、标准的评价体系,之于设计者来说,等于是有了一本简明扼要的设计手册,而之于评价者来说,等于是有了衡量可持续建筑综合性能的科学尺度。就评价体系中的评价对象、评价方式、评价过程、评价表达等进行研究,可以更好地规约可持续建筑设计行为,实现全面、科学、高效的评价,保障可持续建筑整体效能与完整意图目标的完全落实,推动可持续建筑走上节约资源、保护环境、健康舒适、功能多元、内涵丰富的综合性平衡发展轨道。

---

① 刘春江.绿色建筑评价技术与方法研究[D].西安:西安建筑科技大学,2005:19-20.霍尔三维结构体系是由时间维、逻辑维、知识维(方法维、工具维)组成的一个立体的跨学科的体系。霍尔三维结构方法论认为复杂系统工程的问题是一个三维体系,要既个别又整体地从三个维度出发,应用定量化的分析手段求解问题。它从理论层面上提供了一种分析和解决复杂系统性问题的一般思维和方法。

第一节 "质一量"综合评价

评价方法是评估行为的基石,是发挥评价工具价值的技术保障。在建筑之人文拓展的可持续视域中,具体的评价方法种类繁多①,其一般程序是确定评价对象、明确各个评价对象之间的关系、明确评价结果的形式、建立评价模型、选择评价技术与工具、开展评价工作、解释评价结果。从方法论分野来看,所有的可持续建筑综合性能评价方法总体上都可以归为质化与量化两大谱系类属。这两种评价范式可以涵盖包括探索性评价(为初步发现问题、探索评价的正确方向而进行的先导性研究)、描述性评价(评定目前的设计"是什么"状态)、解释性评价(解决"为什么"的问题)、诊断性评价(解决"怎么样"的问题)在内的所有评估内容及要求。质化评价和量化评价的发生机理决定了两者的适用范围依然是模糊、弹性的,在两类方法的选择与组合上有灵活的适用空间,如果要发展一种评价方法,必须有足够的建议和措施来应对其结构中新因素和影响源的变化。质化和量化的辩证统一是可持续建筑科学评价方法的重要发展途径和趋势,必须以评价效力为根本取向,以开放的姿态吸收多元化理论和方法的精髓,坚持评价的全面性和应用方向,走综合化的评价发展道路。

一、质化评价

质化评价是一种人文主义、自然主义、经验主义的评价方法,在建筑设计中的运用已有较为悠久的历史。这类评价方法将人的评估视为一个由简单"刺激—反应"的复杂信息综合加工到整体性认识与感性反应的理性评判过程。质化评价的背后有许多非实证的思想和研究范式,它从人的角度出发,提供一种以人的尺度为中心的参照,从环境中来,到环境中去,一切都是自然的过程。可持续建筑的质化评价标准是人感受的社会心理趋势、环境价值准则,具有主观性、时代性、易变性的特点,评估模式不预设评价因素指标,直接通过观察、体验等科学手段得到现象图式,并由此形成评价,其代表性方法有同行评议法、德尔菲法、专家评议法、调查研究法、定标比超法等。

---

① 大致来看,从是否预设评价因素的视角来分,有确定性的构造型评价方法和非确定性的非构造型评价方法;从评价的空间关系视角来分,有现场评价、调查评价、非介入性评价、准实验方式评价等;从评价方法技术与语言的关系视角来分,有基于语言的评价方法和非语言的评价方法;从使用者介入程度的视角来分,有介入性评价方法和非介入性评价方法。国外研究评价方法也通常按数据采集的方法来分类,大致有问卷法、访问法、观察法、量表法、准实验法、影像分析法、认知地图法、物理行迹分析法、文档资料分析法等。

质化评价方法在可持续建筑的评价活动中应遵从信息论、反映论原则,建立"心—物"关系模型,用行为观察法、使用方式调查法、物理痕迹法、心理地图测试法、深度访谈法等观察与采访形式的方法去收集资料、信息,注重采用如心理学、行为学、社会学等人文学科的语言性分析方法来展开定性的非量化分析、心理与行为现象理论分析和必要的数据统计。评估行为应从整体上介入建筑项目,真实而全面地探索设计方案的复杂性和内在特质,以开放的观念整体研究建筑的背景及意义,进而在归纳的基础上和复杂的关注点中建构评价理论,确定分析变量间的相关关系。这种评估过程具有一定的专业难度,需投入大量的脑力劳动,主观体验、文化价值观、感性经验是建筑设计认知和价值判断的主要因素,人本身的内在差异性决定评价中的有效因子,所以多数情况下是由少数具有专业知识水平的人(有时甚至是仅一位专家)来完成这种评价与观察、研究、分析对象交替发生的同时性评价工作。

二、量化评价

量化评价是采用数学方法收集和处理数据资料,对评价对象做出定量价值判断的一类评价方法。这种方法侧重于事物的量的方面,用外在性的评价为人提供一种客观参考,能够很好地对建筑各种要素的特征、关系和变化进行数量化的评估,揭示要素、局部、整体的相互作用的因果关系和演变趋势。可持续建筑的综合性能量化评价方法已经基本脱离了"原子论"倾向,加入了许多新思想和新方法,产生了大量公认的统一性专业技术标准,并强调从两方面内容量化评价指标:其一,通过测量和计算将现实中可以获得的建筑有关资料和数据变为可评估的指标;其二,运用计算机软件对建筑的可持续综合性能和各项功能进行指标化的数据模拟。相关的评价标准与规范是量化评分的重要评价依据,量化后的指标能够直接为设计师所用,能够使评价结果更直观地指导设计师对方案进行优化。

量化评价在可持续建筑中的评价活动应遵从系统思想和逻辑严谨的科学程序,注重"要素—功能"构成关系分析。利用量表法、评分法、实测法等易于量化的测量、调查方法收集数据信息,以统计数据作为评价信息,按照评价指标体系建立评价数学模型,采用环境质量评价学、系统评价工程学等自然科学的数据性分析方法来展开着重数理逻辑的数学和统计方法分析,并通过计算机软件中线性因果关系的处理和定量标度测算,对建筑的各项可持续性能用数值进行描述和判断,便可清楚直观地得出抽象又精确的评价结果。在整个评价过程中,理论框架和评价模型是程式化和标准化的,数据采集的准确性是关键,数据分析则是相对简便化的步骤,计算机软件可以很好地完成绝大部分评估工作,并输出建筑评价项目的各项指标及其数值。

三、质与量结合的评价

关于可持续建筑综合性能这一复杂对象的评价过程,在某些阶段是具有·定难度系数的,可能涉及前期研究、概念思维、方案推敲、综合决策全过程的许多方面,很多时候需要同时考虑生态价值、技术价值、经济价值、社会价值、文化价值、伦理价值、美学价值、科学价值、政治价值等多方面价值中的多个标准[①],它们可能某些是冲突的,某些是相互独立的,某些是存在叠加效应。所以,质与量互补的评价已成为当代可持续建筑评价的一种比较重要的评价方法。这种混合式方法最早源于荷兰学者冯福特(Voogd)于 1983 年提出的质化与量化多准则评估方法。质化与量化是两种不同的评价思维(表 12-1),两者之间的差异性表明各自的地位和作用都无法被取代,都有自己最佳的使用情形,但也有各自难以克服的不足。从两者的内在特征来看,它们具有互补的可能性和必要性,把两者有机结合为遵循统一方法论原则的一个整体,并将两者当作一个体系下解决不同问题的可选方法来对待,可以在自然、科学与人文之间建立起沟通的桥梁,使评价方法走向新的综合。

表 12-1　质化与量化的评价特征对比

	对比项	质化评价	量化评价
理论	认识角度	主观性倾向(事实、状态)	客观性倾向(现实资料数据)
	评价思想	评价是一系列主观知觉、认知和情感反应的复杂过程	通过定量标度测量获得评价信息
	思维特点	归纳推理的逻辑思维	演绎推理的逻辑思维
	依托学科	人类学、社会学	统计学
	相关方法论	实证主义、经验主义、现象学、信息论	结构主义、科学主义、实证主义、分析还原
方法	评价模型	描述性/解释性模型(相关性模型)	数学模型(因果性模型)
	方法类型	偏向人文科学方法	偏向自然科学方法
	信息收集方法	观察、采访	测量、调查
	信息类型	多为描述性信息	多为数据性信息
	分析方法	语言性分析	数据性分析
	评价体系	问题体系	指标体系

---

① 汪应洛,王宏波.工程科学与工程哲学[J].自然辩证法研究,2005(9):59-63.

（续表）

对比项		质化评价	量化评价
工具	主要工具	人	测量/计算工具
	辅助软件	分析软件	计算软件
	体/脑力劳动	少数人、大量劳动	多数/少数人、少量劳动
	指标系统	等级指标	分值指标
程序	技术路径	观察体验—现象图式	建立模型—收集信息—量化评价
	评价过程	自然主义的	机械的
	关注焦点	多为 How/Why	多为 What/When/Who
	评价发生时间	评价行为中	评价行为后
	结果形式	图示或文字表达	统计图表等数学语言抽象表达
特征	适用范围	难以定量化的评价对象	可定量化的评价对象
	可靠性	一般	高
	可操作性	一般	较好
	灵敏度	较高	一般
	实用性	较好	较好
优点		收集信息的方法和途径多样,整体性评价效果较好,使用得当更具客观性,易于把握评价的复杂性和模糊性,更真实地反映评价对象和问题的本质	易于规范化和标准化,可清晰测评客观对象,分析过程相对简单,可建立预测模型,结果具有可推广性、可演绎性、可比性
缺点		评价技术门槛相对较高,缺乏统一的评价标准,易受操作者知识、理解力、动机的影响,可比性相对较差,评价方案和结论缺乏普适性	系统模型略显僵化,要求操作者具备一定的数学基础,存在事前引导不足的现象,对项目背景和较复杂问题缺乏解释力,结果难以做到问题全覆盖

这种弹性思维的折中性评价策略能够以较高的适应性应对设计中的复杂评估问题,表现出多元化、系统化、开放化、连续性、综合性、适应性的方法论特征。在评价过程中既重视显性物质因素的研究,又重视隐性主观因素的反作用;既考虑量化准则(即可以数量化的准则),又兼顾质化准则(即无法数量化的准则);既具体定量评估各种要素,又全面评判综合效益。依据建筑要素和评估目的的不同,使用不同的方法与准则,其结果能够形成设计行为的自觉更新机制,并且具有更佳的推广意义。

评价活动中要积极利用质量一体化评价体系框架下的各种方法,同时还要做到善于吸纳和整合一切契合具体评价目的的其他学科的评价方法,并将从外部引进的新方法与原评价体系内的方法以共同的目标融合为一个整体①。通过单一多元测定和整合式多元测定②的思路进行系统方法、原始资料、分析者与理论观念四个维度的检视,针对具体评价问题的特点展开多元优势互补的混合性评价,并运用多种有效的评价法去主攻比较复杂的评估问题,借鉴多种观点、角度、方法、工具、途径进行评估,以达到完满评价的目标。这里的多元方法,不仅仅指多种测量方法、多种收集资料的技巧或多种分析与评价方式的综合运用,而且指评价取向和指导思想有着根本区别的多种评价法的复合使用。在方法论层面,应囊括经验实证的、系统的、结构的和人文的方法论思想。在资料获取方式层面,既要运用适于定量研究的结构化问卷、访谈、观察方法,也要运用适于质性方法的无结构访谈和观察方法。在具体的评估方法层面上,既要采用适于定量的测算方法如数理逻辑分析、统计分析、归纳和演绎等科学研究的基本方法,也要采用人文方法中的经验分析、现象学分析、逻辑推理等定性分析方法,还有介于两者之间的半结构、半程式化方法。在具体分析技术层的复合可以是低标准的,但在研究思路层的复合则应当是高标准的。

质量结合的具体评价方法主要有评分型评价法、统计调查评价法、层次分析评价法、模糊综合评价法、心理物理评价法、认知类评价法、行为测量评价法、建筑游览式评价法、非介入性评价法、基于研究者参与经验的评价法等。它们一般应遵循五个步骤:将评估准则分类,分成质化准则与量化准则两大类;优化程度的量测;优越程度的标准化;求算整体的优越程度;计算各个方案的相对评估分数③。整个评价方法的设定不能要求过于高,切不可低估获取数据、信息处理、进行评价的整个过程中所耗费的时间、精力以及可能的困难情况,既要灵活运用不同方法,也要

---

① 朱小雷.建成环境主观评价方法研究[M].南京:东南大学出版社,2005:62-63.质与量结合的评价离不开相关学科方法的补充和高一层次的整合,对其他评价理论和方法的引进,不能只重某学科、某国、某学派或某学者的理论,应当站在学科发展甚至科学的大背景下去认识这一问题。例如,心理学科的评价法,以实验方法为中心,这对可持续建筑评价来说却不完全合适;社会学评价方法只有社会行为和心理分析部分与可持续建筑人文评价有交叉,如果不假思索地运用会产生一定的问题;一般建筑评价学的方法,多数是基于客观评价标准的方法,许多数学模型也不适用于人文视野下的可持续建筑评价。

② 多元测定又被称为多重检定法、三角交叉法等,最早应用于导航、测量及社会调查领域,目前已经越来越多地被运用在建筑领域中。概而述之,这种评价方法是从两个或多个不同角度来测量同一事物,得出较为精确的结果。多元测定的基本假设是任何一种资料、方法和研究者均有各自的偏差,唯有纳入各种资料、方法和视角之后,才能达到全面而客观的状态。

③ 褚冬竹.可持续建筑设计生成与评价一体化机制[M].北京:科学出版社,2015:119.

考虑到方法在项目实际条件下的易用性。质与量结合的评价方法体系中,具体化和明确化的指标应尽可能成为直接评价对象的主体,以减少主观因素的干扰,无法用数据衡量的定性指标应采用描述性语言作为评级基准,并根据实际情况尽量将它们量化①。对于一些模糊性的评估对象,需要综合多种方法和思路进行权衡,确保最终得出最佳评价结论。

第二节　全程性评价

全程性评价是一种新的一体化评价理念、机制,也是一个在执行过程中不断发展、深化的系统行为,包含着多种不同的评价模式与具体方法,涉及系统评价理论与技术应用。这种评价往往可以部分隐匿于建筑设计的生成过程中,与每一步的设计生成都形成一个互逆的过程,它是一种特殊的动态评价模型,具有鲜明的"设计—评价"集成性,表现出理性成分与感性成分有机结合的特征。目前主要的可持续建筑评价体系都并不完全具备一体化评价功能,不能直接为设计进程中的设计师所用。在强调效能与价值平衡性的可持续建筑设计中有必要增设历时性评价,将评价融入设计过程,实行双重评价机制,是一项迫切而又有意义的工作。通过切分与定格能够更透彻地说明设计过程中那些微妙却又极其重要的细微环节,达到局部剖析、逐步优化、全面完善的目的,再结合设计后的全面性独立评价,可以将因为模型系统性问题而出现的评价缺憾和评价偏见降到最低,得到更可靠、更有效的评价结果,使设计评价更好地促进设计品质提升。

一、过程评价思维

可持续建筑设计评价的过程性并非刻板的分布式规则,而是性能整体性设计的前后一致性、逻辑性要求下的不同思维模式体现,它更多地表现为评价认知、方法、路径的转变。分布式评估有利于降低线性思考导致的偏误或盲点,及时发现问题,并进行针对性的修正,将一些可能对设计目标产生不良影响的行为和因素控制或消除在萌芽状态,更好地做到对项目的整体性进行控制和掌握,增进设计结果的解释效力。设计过程中的评价是一种设计辅助工具,设计末评价是一种建筑评价工具,两者功能有所区别,前者的执行主体可以是设计人员或专门的评价人员,也

---

① 齐安超.绿色建筑评价体系的研究[D].西安:长安大学,2012.

可以是他们组成的协同评价团队,后者的执行主体则更多数情况下是专门的评价人员。早期的评价可以相对模糊、宏观,中后期的评价必须是比较精确的、具体的、细化的。早期的评价可能有一些较为主观、经验性、质化的评价方法,中后期则更多地需要一些客观、理性的、量化的评价方法。但在设计末期,评价者的主观能动性必须占据评价方式的主导,将局部性的评价结果统合起来,回归到建筑的基本问题,对功能、空间、形式、感知、效应等整体可持续性能进行综合处理。

作为一种设计辅助工具——设计生成的同时性评价,需要从评价框架的结构转换来重新对它进行考虑。设计过程中的评价应兼顾评价行为与设计活动,要把握好两种评价:认证导向型评价和设计导向型评价,前者负责评估体系如何有效评价设计者的工作成果;后者负责评估设计者如何利用评价体系指导自己的设计工作。这类评价机制应当具有以下特点:操作性(设计师并非专业评估人员,评估方法、工具、界面应更加友好、便于理解)、适应性(不同设计阶段的侧重点不同,评价机制应能灵活服务)、简便性(设计是一个不断修正的过程,必需的指标不宜过多)[①]、经济性(将人力和时间等评估成本控制在适度范围内)。

一体化评价不仅要包含设计过程里的关键节点和最终的评价问题,还要包含整个过程中发生的细小的、局部的评估与决策。从第一次过程中评估到最后的总体评价,它们必须是完全贯穿设计始终的。设计者与评价者必须有效控制许多需要考虑和整合的因素(或参数),并把最终需要呈现出来的效能以"逆向"的目标分解为多个子一级的小型目标,通过对小型目标的生成及实现程度测评,共同构建出对可持续建筑综合效能的整体性判断。再参照设计定位、目标这个大前提,将上述测评结果与该范围内的设计创新点、重难点正向关系做论证与检验。最后依据整体性判断与论证、检验结果,从部分到整体地进行方案修正,逐步优化建筑设计成果。

二、关键评价模块

整个建筑设计过程可以被看作由问题研究、方案拟定、优化调整、综合决策四个步骤组成的,四块关联所有评价要素的中心内容构成设计评价的对象主体,把这

---

① 田蕾,秦佑国,林波荣.建筑环境性能评估中几个重要问题的探讨[J].新建筑,2005(3):89-91.

四个评价模块处理好是全程性评价的关键①。它们是在设计流程横剖面的宏、中、微三个层面上进行的全方位建筑评价,是对可持续综合性能的界定、解释与影响效力的逐渐深化、细化、泛化、优化。四个关键评价模块间要有承上启下的联系,前一阶段的结果应是后一阶段的条件,并形成紧密连接又相对独立的四个阶段。

(一)问题研究评价

统合人文观念的可持续建筑设计的内容非常庞杂,必须在设计启动前,确保有充分正确的设计规划。该模块评价应能保证可持续建筑设计的最终目标定位、功能基本要求、工作内容框架、总体实施策略从模糊变得清晰起来。设计前期的信息数据处理与设计策划分析是比较模糊、比较整体的,必须通过反复的评估对信息进行价值判断及有序的归类、解释、组织、重构。这便要求评价者从人、自然、社会的整体维度出发,凭借经验与个性、数理统计与逻辑能力,参照相关的设计规范②,运用质与量结合的解题、演绎、归纳思维,进行显性与隐性相结合的评价。这一阶段的评价任务包括对所收集信息质量、信息归纳整理、数据分析研究、问题目标定位、核心问题判断、研究内容和要素范围界定、资源与条件分析等的评估。其评估活动以分析、研究为主,它们在多数时候也同时伴随着筛选的思维和行为,其中既有客观的评价,也有参评者的主观评判。同时,这一模块的过程阶段性较为明显,一体化评价模式更多的是分析生成与结论评估的交替。所以,在这一阶段无法对所有的决断都用绝对理性、量化的标准来衡量。设计师必须参与其中,因为确定设计发展走势这一重要工作是具有某种主观倾向性的,评价者除了做明确量化的信息数据评估外,还应该尽可能多地给予建议。

(二)方案拟定评价

在设计要素与资源的整合过程中,在方案探索的过程中,在方案创作的过程中,都应将评价活动介入其中。尽量运用实时检查、验证的思路、方法与策略,对用地外环境、能源、材料、基地环境设施、室内环境、形象与文化、价值需求、效率与效益、全生命周期投入等设计信息进行分析评估,判断设计方案是否很好地对建筑问题和性能目标做出了回应。求异、形象、直觉的质化思维是这一阶段设计生成的过

---

① 事实上,设计全过程中的每个子部分和独立环节也都可以分解为问题研究、方案拟定、优化调整、综合决策四个步骤,同样可以套用这种模块化评价思维与方法,但这种极度细致微观层面的评估行为,高度依赖于设计自觉意识,且工作量相对较大,往往需要由与每一个细小的设计变化节点几乎同步的自查行为来完成。

② 现行的与可持续建筑设计相关的规范包括一般建筑规范、绿色建筑系列规范、城市设计规范、生态环境规范等,以及与之相应的评价指标体系,也包括人文方面的建筑设计规范,以及下文将要解释的人文性综合评价指标体系,这些设计规范和评价指标对设计行为和结果起着重要的辅助和支持作用。

程特征,评价不可过于标准化,否则容易使评价作用适得其反。要将设计规范、资源条件、背景环境等客观因素和先例、专业、性格、灵感、阅历等主观因素综合起来考虑,再结合设计的问题与要求,进行合理的多元检测与校对,给出符合实际情况的评价结论和设计建议,确保高效地生成尽可能考虑周全的、完整的设计方案。

这一评价模块中不存在明显的子单元,一体化评价模式更多的是方案推敲与方案评估的交替,具有双向非线性的嵌入式评价特征。生成工具与评价工具应该配合起来使用,但也要谨慎地把评价问题从与生成的交融状态中抽离出来解析。源于设计师自身的经验和喜好的作用不容忽视,这种隐性评价是旁人难以看到的,它很容易在评价活动中占有主导地位,需要有意识地增加量化评估的项目与方法,防止过于个人化的评价,使设计偏离可持续建筑的效能综合性目标。但是,设计师也必须从头至尾地深度参与此阶段评价,因为方案设计总是具有主观性的,设计团队成员的作用往往是团队外人士难以完全替代的。所以,这一评价模块的评价工作由设计人员与评价人员共同来完成是较为理想的。

(三)优化调整评价

针对方案迭代效果的设计问题深度描述是一种深入评价,其行为目的是要保证对建筑可持续品质、性能的优化与调整达到最佳的状态和成效。从数理思维、次协调思维、理论检验的量化思维出发,评估活动应运用量化、模拟、数理等工具,结合客观的现实条件和设计师个人的主观倾向,对质化评价和量化评价进行综合权衡考虑。质化评价内容主要是建筑的视觉形象、地域文化传承、情感表达、特殊关怀,以及人的生理、心理、社会、文化等方面的设计效果。量化评价内容主要是能源、材料、设备、水、室内物理环境指标(光环境、热环境、空气质量、声环境等)、经济投入等。这一阶段的评估应具有靶向性,评价的要素要非常明确,相应的指标也应该是非常细化的(如表12-2中的指标层C)。在检验每一种优化过程及其所形成的新的可持续策略是否符合"少资源消耗—大建筑效益"的同时,也要关注评价指标所对应的策略对整体综合效能的提高程度。此过程中的评估行为是一个不断促进迭代拓新的或多维度、同步、往复过程,一次单项评价的意义不大,需要将生成与评价结合起来进行,才能实现较好的效果。另外,此阶段需要计算机的辅助,对于单项指标进行模拟评估是计算机的专长,但是对于多项指标进行综合评价,计算机则很难完成,需要评价人员根据自己的经验对模拟结果综合之后进行决断。

(四)综合决策评价

这一阶段评价者所进行的是总体评价,与前面三个阶段的评价对设计过程的介入层次相比较,其评估活动具有相对的外围性和一定的独立性。设计与评价的分解应略大于整合,思维模式也应由分析转向综合,需要质与量整合的系统、辩证、理论评价等思维倾向。要求评价者具有相当高的宏、中、微观统合与切换的全局把控能力,通过不同角度和信息的整合,协助综合决策达成方案效益的最大化。该模块的实现机理是整合评估要素,发掘冲突点,全局性修正,时效性决策,评价人员将分析进展基于各项因子的整合,通过因子耦合与博弈的协调推敲,寻求所有因子的利益平衡点,直至获得综合评价最佳的方案。

在最后一个评价模块中,显性与隐性评价的协同进行,对于完善设计的最终决策是非常重要的,必须再次回到人、自然、社会的理论架构,从形式和功能结果上反向考虑建筑质量性能、建筑环境负荷、社会文化价值、建筑经济效益等综合问题,并尽可能用量化的数据指标进行评价。从表面来看,此阶段类似于方案拟定评价模块的初期的事物形态,但本质上这一阶段的评价内容则是更为清晰的,是将优化调整评价模块中的要素进行进一步整合,融入评价者的专业评估和经验判断的过程。每一项设计都会有终点,这个终点亦是下一个流程的起点,整个设计过程的结束就是设计成果转化的开始,故这一"终/起点"被称为转换点,选择最佳的转换点是综合决策的时效性体现,它的衔接性具有一种普遍张力。做好综合决策评价工作,既是为了充分完善设计方案,也是为了更成功地将项目实施与落地转化。

第三节　评价指标系统

评价目标是评价对建筑项目所要达成的总效果的描述,具有高度的原则性、抽象性、模糊性。一般来说,目标难以直接作为评价的依据,需要把抽象目标的内涵和外延具体化,分解为若干精确的、具体的、可测量的评价指标。它们是评价目标的具体体现,是反映建筑某一现象的特定概念(如符合与否)或者具体数值,每个评价指标都是从不同的侧面刻画评价对象所具有的某种特征的度量。而评价指标系统则是由表征评价对象各方面特性及其相互联系的多个指标所构成的具有内在结构的有机整体[1]。在人文拓展的可持续建筑设计中,评价指标系统是建筑各方面综合评估的集合,这其中存在很多影响因素,该系统具有层次性、复杂性和动态性

---

① 王会,王奇,詹贤达.基于文明生态化的生态文明评价指标体系研究[J].中国地质大学学报(社会科学版),2012,12(3):27-31.

的特点。对建筑可持续项目详尽评价清单的建构性研究①,有利于建立起设计思维更全面的关注点,使设计过程包含可以自我评估的切确标尺,提升设计思维的完善性和设计结果的品质,为可持续建筑评级提供一些更为客观和有说服力的依据。

一、指标准则

建筑的可持续性综合评价是多指标、多层次、多向度的,评价问题所涉及的内容包含文化、经济、技术、生态环境等,为确保评价过程的高效性和评价结果的高质量,对可持续建筑项目的综合评价指标的构建,应遵循以下四个原则。

(一)系统性

系统性是评价指标系统建立的重要原则和首要特征,选取的所有指标应符合科学、客观、公认的标准,要能真实地反映建筑方案中功能服务、经济技术、资源利用、环境保护和社会影响等多方面的状况。指标必须符合明确性、一致性、相对独立性、典型代表性,以及部分关键指标的不可替代性。指标体系的设置应层次适中、分类适度、权重适宜,质化指标与量化指标相互结合,指标之间要有系统性和逻辑性的内在联系,避免指标间的相互隶属、相互重叠。

(二)可比较

评价就是各项要素之间的比较,指标与标准之间、指标与指标之间,应该是容易对比的。评价指标应尽可能采用国内、国际标准或公认的概念,相容于统一模型中,并反映出被评估对象的质的一致性。选择指标时要考虑其定量处理的有关问题,将不可比因素设法转化为可比因素,将评价的数据换算成统一的当量数值或无量纲数值。尽可能采用定量指标或能进行量化操作的指标,以便于进行数学计算和分析,对于量化困难的因素,也应尽量进行分级定性评估。

(三)全面性

评价指标体系要力求达到最广的覆盖面,全面综合地反映出建筑方案不同方面的要求,要本着整体观和全局意识,以动态性、时间性的眼光来选择评价指标。既要从"宏—中—微"环境的角度考虑问题,也要兼顾"环境—人—建筑""环境—社会—经济"的复杂性;既要考虑宏观评价体系的制定,也要兼顾微观评估落实的效果;既要有阶段性评价,也要有重点性评价,还要有全生命周期维度的评价;既要考虑指标的普适价值和当前作用,也要能适应调整修正和更新完

---

① 对设计问题的解答的正确性(先进性、完整性)无法否认其他方案的合理性,就当下的评价技术和认知深度而言,要精确地建立评价指标系统,并在这其中确定更多的硬性标尺,尚存在很大的探索空间。

善的要求。

（四）可操作

指标应含义清晰、数据规范、易于理解：评价指标体系的设置不宜太细，过于烦琐的指标体系会增大评估的难度，影响评估效率和操作性；指标体系也不宜过于笼统，这样会降低评价的可靠性和精确度。指标应易于获取，易于建立模型，便于量化和计算，具有一定的现实统计基础，在评估中可以通过测量得到或通过科学方法聚合生成，并具有可重复性。指标系统要具有区域适应性，应能根据当地的实际情况因地制宜，形成最恰当的指标组合和权重设置。

二、指标体系

评价指标体系是所有评估要素集的一个映射，这其中选取合适的指标是重要环节，它是构成综合评价体系的基石，合理的评价指标体系就是在多个映射指标集中择优的结果。指标体系的整体结构是评价内容与评价指标关系的映射框架，层次关系是各要素之间相互隶属关系，同层级指标间关系则是各要素的重要性测度。可持续建筑的评价指标体系的建立就是要确定该体系中各指标之间的相互关系如何，层次结构怎样，越是复杂的综合评价问题，其评估项目往往越是多层次多指标的。这种指标体系一般可以最基本的三层结构形式出现：评价对象（目标层）、评价内容（子目标层）、评价指标（指标层）。目标层是宏观性评价，它的指向是建筑综合可持续性能的四大方面，即以建筑品质为载体所创造的"人—自然—社会"属性；子目标层是中观性评价，它的指向是上述四大方面的具体内容板块；指标层是微观性评价，它的指向是评价子目标所包含的可以用于评估的具体项。

评价指标的种类繁多：既有量化指标，也有质化指标；既有硬性指标，也有软性指标；既有宏观指标，也有微观指标；既有一般指标，也有特殊指标；既有显性指标，也有隐性指标；既有动态指标，也有静态指标；既有物理指标，也有心理指标；等等。从评价方式的角度来看，一般以数据化与等级化两大类来做指标的评价结果表述与分析。对各层指标的权重设置是非常关键的问题，它直接影响该指标评估的结果分量，也影响上一层级的评估重要性，最终可能左右整个评价项目的结果。如果评价项目的要求较高，还应根据具体的方案设计要求，就指标层的所有或部分指标有针对性地附加若干指标细则，该举措是对评价指标的进一步细化分解，它可以使评估更加精准，更加有针对性，更加有的放矢（表12-2）。

表 12-2 可持续建筑综合性能的评价指标体系①

评价项目			重要性	评价方式 （质▌） （量○）	指标细则
评价对象 （目标层 A）	评价内容 （子目标层 B）	评价指标 （指标层 C）			
环境影响 （EI）	自然环境 （EI1）	大气 （EI11）	★★	○	有毒气体
					温室气体
					大气环境的生态补偿
		土地 （EI12）	★★	○	利用效率
					土壤、湿地的生态补偿
		水 （EI13）	★★	○	节水
					雨水利用
					污水处理
					湖泊、河流、海洋的生态补偿
	能源 （EI2）	传统能源 （EI21）	★★★	○	使用方式
					利用效率
		自然能源 （EI22）	★★★	○	使用方式
					利用占比
		二次能源 （EI23）	★★★	○	转化方式
					利用占比
	物质 （EI3）	自然材料 （EI31）	★★★	○	生产过程
					运输距离
					使用占比
		新型材料 （EI32）	★★★	○	生产过程
					运输距离
					使用方式
		循环材料 （EI33）	★★★	○	加工过程
					运输距离
					使用占比
		旧建筑 （EI34）	★★	○	改造过程
					使用方式

① 在本评价指标体系的"重要性"一列中,指标内容的实现困难程度,获取指标信息的难易程度,都是指标重要性评定的考虑因素,某些指标的实现难度比其他指标都要大很多,所以在评价中理应适当地降低这些指标的比重。

（续表）

评价项目			重要性	评价方式 （质▌） （量○）	指标细则
评价对象 （目标层 A）	评价内容 （子目标层 B）	评价指标 （指标层 C）			
建 筑 品 质 （AQ）	室内 物理 环境 （AQ1）	光环境 （AQ11）	★★★	▌○	自然采光
					人工照明
					眩光控制
					遮阳控制
		热环境 （AQ12）	★★★	▌○	室温控制
					湿度控制
					空调方式
					保温隔热方式
		声环境 （AQ13）	★★★	▌○	噪声
					隔声
					吸声
		空气质量 （AQ14）	★★★	▌○	污染源控制
					新风状况
					运行管理
					电磁辐射控制
	基地 环境 （AQ2）	绿化 （AQ21）	★★★	○	绿化量
					生物多样性
					水域面积
		铺装 （AQ22）	★★	○	透水性
					光热反射性
		设施 （AQ23）	★★★	○	电力设施
					管水设施
					交通设施
					（分布式）能源设施
					休闲设施
		物理环境 （AQ24）	★★★	▌○	热岛效应
					风害

（续表）

评价项目			重要性	评价方式（质▮）（量○）	指标细则
评价对象（目标层 A）	评价内容（子目标层 B）	评价指标（指标层 C）			
建筑品质（AQ）	基地环境（AQ2）	物理环境（AQ24）	★★★	▮○	光污染
					噪声
					振动
					异味
		交通（AQ25）	★★	○	车行道路
					人行道路
					停车场
		景观（AQ26）	★★	▮	形式
					材质
					风格
	建筑物（AQ3）	功能（AQ31）	★★★	▮○	方便性
					全面性
					动态性
					通达性
		可靠性（AQ32）	★★★	○	部件与材料的耐用年限
					抗震与减震
					防灾性
		形态（AQ33）	★★	▮	形式
					材质
					风格
		适应性（AQ34）	★★	○	空间裕度
					荷载裕度
					部件与材料的可更新性
		设备（AQ35）	★★★	○	暖通空调设备
					消防设备
					照明设备
					供（热）水设备
					（电梯）交通设备
					能源设备
					排污设备

评价项目			重要性	评价方式（质▌）（量○）	指标细则
评价对象（目标层 A）	评价内容（子目标层 B）	评价指标（指标层 C）			
人性关怀（HC）	使用者（HC1）	生理（HC11）	★★★	▌○	安全
					卫生
					实用
					舒适
		精神（HC12）	★★★	▌○	习惯
					审美
					交往
					情感
					自我实现
		心性（HC13）	★★	▌	认同
					归属感
					认知升华
					体验
	业主/投资人（HC2）	建造成本（HC21）	★★★	○	时间成本
					人力成本
					资金成本
		环保成本（HC22）	★★	○	一次投入
					后续投入
		运行/维护成本（HC23）	★★★	○	使用/消费成本
					维护成本
					改造成本
		经济利益（HC24）	★	○	延长使用时间
					创造收入
		形象宣传（HC25）	★	▌○	知晓率
					影响范围
					好评率

（续表）

评价项目			重要性	评价方式 （质▮） （量○）	指标细则
评价对象 （目标层 A）	评价内容 （子目标层 B）	评价指标 （指标层 C）			
社 会 价 值 （SV）	文化 （SV1）	传统文化 （SV11）	★★	▮	历史性
					宗教信仰
					乡土风俗
		当代文化 （SV12）	★★★	▮	流行风尚
					时代主题
		绿色文化 （SV13）	★★★	▮	生态环保
					素朴简约
	经济 （SV2）	工作质量 （SV21）	★★	○	出勤率
					工作专注度
					员工凝聚力
		传统经济 （SV22）	★★	○	投入减量
					产出增值
		绿色经济 （SV23）	★★	○	循环经济收入
					旅游收入
	伦理 （SV3）	公平 （SV31）	★★★	○	通用性
					为弱势人群的设计
					惠及多方利益
		秩序 （SV32）	★★	▮○	场所秩序
					家庭秩序
					社会秩序
		和谐 （SV33）	★	▮	自由共享
					平等共处
	公共管理 （SV4）	环境教育 （SV41）	★★★	▮○	具体造型
					空间意象
					绿色故事
		参与式教育 （SV42）	★★★	○	参与分析
					参与设计

（续表）

评价项目			重要性	评价方式（质▮）（量○）	指标细则	
评价对象（目标层 A)	评价内容（子目标层 B)	评价指标（指标层 C)				
社会价值（SV)	公共管理（SV4)	参与式教育（SV42)	★★★	○	参与建造	
					参与评价	
		方案推广（SV43)	★★	▮○	典型/示范性	
					普适性	
		管理与监督（SV44)	★	▮○	组织管理	
					信息公开	
					公众监督	
1. 问题研究	2. 方案拟定	3. 优化调整				对应评价模块
4. 综合决策						

评价指标体系的建立,必须遵循指标体系构建原则,依据具体情况来进行,对它的构造应是从目标确立到总体结构,再到指标遴选,再到层次组织,再到指标排列的这样一个"高—低""低—高"的双向反复过程。只有理清了总体的评价目标和主要对象,才能明确低一级的具体评价内容项目,也只有在低一层次完成了分析展开,才能在高一级做出准确的设置判断。评价指标体系的具体构建过程应该是:首先对评价目标的内涵与外延做出完整的解释,确定综合性目标和子目标,然后划分评价概念的层次结构,再将每一子目标的概念细分为若干具体评估子项,直到这些子项都能从不同角度、不同层面反映出评价目标的要求,最后设计每一评估指标的具体标准要求或是指标细则,其结果应是一个层次结构明确,指标次序、位置关系合理,细节清晰,各项要素一目了然的评价指标体系。

三、测评标准

评价中的测算方法与标准制定是非常重要的,两个方面的思维方式在隐藏的时序角度的线索里展开,这是每一个评价指标被科学地、准确地赋予评价价值的关键环节,其运用是整个评价工作的最后一个大的步骤,关系到评价结果是否具有好的评价效力和指导意义。

（一）权重系数

各指标对评价结果的影响程度不同,就其做出客观、科学的判断对评价指标体

231

系的评价价值具有重要意义,指标的相对重要性一般用加权系数来表示。评价权重是一种融合了指标重要程度和获取困难程度的机制,确定权重是评价工作中将定性问题转化成定量问题的一个基础。各个指标之间的权重值是相互制约的,权重不仅影响某一指标的评价结果,而且还直接影响其他指标的评价结果。当增加某一指标的权重值时,其他指标的权重值必然会减小,这还可能引起评估对象的优劣顺序发生变化。计算权重的方法很多,从统计学的基础角度及权重的确定原理来看,概括起来可以分为主观赋权法和客观赋权法两个大类。主观赋权法是指根据专业水平、知识和经验,并按重要程度对各指标进行比较、赋值和计算来得出权重的方法。主要应用方法包括:层次分析法、专家咨询法、最小平方和法、二项系数法、比较矩阵法等。客观赋权法是指依照实际数据所显现的指标差异性来确定指标权重的方法。主要应用方法包括:因子分析法、利差最大化法、熵值法、均方差法等。

上述两种赋权方法各有优势,也都有其不可逼免的缺点。为了保证评价指标体系的科学性和公正性,通常做法是依据项目实际情况,采取不同程度的主客观相结合的综合赋权法,该方法的运用应达到综合权重与主观参考权重、客观参考权重之间的均衡,使综合权重和主客观权重之间的离差达到最小值①。目标层指标无独立实测值,其达标程度与下一级指标相关联,且需依据项目的具体情况而定,故该层指标权重一般多可运用 AHP 法、德尔菲法等偏主观性方法来确定;子目标层指标同上一级指标类似且无实测值,但相对更为细化,故采用综合性方法进行赋权;指标层级的指标多为对二级指标的标准、性能、措施的评价条文,一般不具有明显的重要性差异,因此多可参考以往成功案例中的方法和研究用于确定主观权重,然后综合实测值与简单关联函数法的客观权值结果完成赋权。设置权重是一个在比较中测算、权衡的相对值确定过程:首先要了解评价指标体系中各因素之间的关系,并建立系统且有层次的结构体系;其次是要就同层各指标因素对上一层指标因素的重要性进行两两比较,构造出一组判断矩阵;再其次将该矩阵进行归一化,计算得到比较元素对于该层级的相对权重;最后计算各层元素对系统目标的合成权重,并通过一致性检验来确保判断思维过程的一致性和各权值的准确性。

(二) 分值与评级

评价结果无疑是评价工作的意义起点,它是人们准确认识建筑的"可持续性",并在有需要的情况下进行后续完善的重要节点。这里包含两个问题:其一,建筑

---

① 王瑶瑶.基于可拓评价方法的绿色建筑评价体系研究[D].大连:大连理工大学,2016:38.

是否是一个全面价值的可持续建筑；其二，如果是，那么该建筑的可持续综合性能好到何种程度。测评体系的数学模型同样也包括两个方面的内容：一个是如何将评价指标中有量纲的数据或者定性的评价转化成为评价可用的当量化值；另一个是如何将这些当量化值经过数学演算得出最终评价结果。就第一方面内容而言，定量指标评价一般采用设定阈值的打分方式，即设定了某一指标的极限值（最高或最低），根据具体评价指标数值在阈值内的分布情况打分；对于难以量化的定性指标，则利用模糊与灰色①的概念进行分值化表达，按满足指标具体描述的情况进行打分。就第二方面内容而言，适用于评估计算的数学模型包括：加权线性求和法（加法合成）、乘法合成、加乘混合法。后两种评价模型和计算过程较为复杂，评价结果也不易于理解，一般多采用加权线性求和法，其数学公式为：

$$s = \sum_{j=1}^{n} w_j s_j \quad （总分＝求和：指标权重系数 × 指标分数）$$

式中，s 表示评价对象总得分；s_j 表示评价对象的 j 指标项得分；w_j 表示指标项的权值；n 表示指标个数。若评价体系设定了一些参评条件，则应采用有约束的线性加权求和法，其数学公式为：

$$s = k \sum_{j=1}^{n} w_j s_j \quad k = \prod_{j=1}^{n} k_j$$

式中，k 为判断评价指标是否达到最低要求的逻辑值，如果达到，则 k 取值为 1，如果没有达到，则 k 取值为 0。加权线性求和法符合人们对事物理解的一般逻辑，其数学模型把事物的特性分成若干类别，并进行分别评价，再依据各类别的重要性综合评分，该数学模型是可持续建筑评价中运用最为广泛的计分方法②。

评价结果多是以分级评定的方式给出的，一般采用十分制，将评判标准分为五个等级：

优异（Excellent），0.85～1 分，该建筑的可持续综合性能非常好，在人、自然、社会三个宏观维度，以及各个具体方面，都表现得非常出色。

良好（Very Good），0.7～0.85 分（含 0.85 分），该建筑的可持续综合性能比较

①　在系统论和控制论中常用颜色的深浅来形容信息的完备程度。"白"指信息完全，"黑"指信息一无所知，"灰"则指信息不完全或不确知。因此，用来表示确切知道信息的量度称为白色数（简称白色），而用来表示不确切知道信息的量度称为灰色数（简称灰数）。一个信息不完全的元素，称为灰元。客观事物对人类来说是灰的（系统中的信息部分确定，部分不确定），只是由于人们对一些不确知因素忽略不计，才把某些灰色系统当作白色系统来认知和处理。显而易见，作为复杂巨系统的建筑设计评价系统也是一个灰色系统。

②　翟宇.绿色建筑评价研究：以 LEED 为例[D].天津：天津大学，2010：11.

好,在人、自然、社会三个宏观维度的某一个或两个方面略有不足,但总体表现较为令人满意。

中等(Good),0.55～0.7分(含0.7分),该建筑的可持续综合性能一般,总体上较好地处理了环境问题,也在一定程度上对人文问题做出了回应。

合格(Pass),0.4～0.55分(含0.55分),该建筑基本具备可持续综合性能,没有较平衡的考虑环境问题和人文问题,或是两方面的属性均表现平平。

不合格(Poor),0～0.4分(含0.4分),该建筑不具备可持续性,对环境问题和人文问题的考虑均严重不足,或是只表现出一个方面的属性。

正确确定评价值的设定方法,选择合适的综合评价算法,通过分析、计算、判断,从而得出科学的、确切的综合评价最终结果,这是可持续建筑的评价方法流程,也是评价可靠性的体现。评价结果是一次设计的结束点,是对方案的价值论证,但它更多的时候还应成为促进方案优化的重要动力因素,提升、超越、丰富,追求设计中的"更好"——这种反向作用力才使评价结论,以及整个评价活动实现最全面的价值目标与过程意义。

结　　语

　　本书依循从可持续建筑出发批判传统建筑的思维方式重新审视了当今的可持续建筑,以往的建筑设计从来就是具有人文属性的,只是在自然和人文之间没有找对平衡位,功能设定和价值取向的钟摆一直摆向人的一边,忽视了自然的价值和意义。当今的可持续思想的介入,使建筑的可持续设计开始重新看待自然、认识我们的环境,"环境保护说"从不起眼的角落一跃而上,迅速成为大家关注的焦点,生态牵引力的影响似乎使钟摆的回摆又过了头,建筑设计从只见人的一个极端走向了只见环境的另一极端,很多可持续设计师只是把大部分注意力集中在解决节约资源和保护环境的问题上,没有或仅部分注意到可持续建筑的文化、伦理、情感、经济等应有的人文内涵,现在的可持续设计中反过来渐渐显现出自然遮蔽人文的倾向。如果我们说现代主义对新材料、新结构、新技术、经济性的过度关注,造成了建筑的理性、冷漠、单调、乏味、不近人情,后现代主义是对建筑现代性进程的修正、补充、丰富、完善、人本的回归,那么,今天建筑可持续化的更健康发展和快速普及,也同样需要一次人文主义的回归,一个价值化、意义化、泛功能化的过程。

　　当今的建筑正在快速地可持续化,其中所伴随的人文内涵也比较丰富,其自然观念、社会属性、人情表征是显而易见的。设计自然观是可持续建筑设计的基本指向,为了人类能持续生存和繁荣在这个星球上,必须保护供养我们的自然环境,设计中表现为顺应自然环境,少破坏自然生态,对受损害的自然环境进行修复和补偿,通过对自然的直接或间接模仿来创造自然化的人工环境。在社会属性方面,可持续建筑能为人们提供身心健康的基本关怀,能照顾到公平、秩序、人际和谐等伦理问题,具有节约成本和创造经济利益的作用,传播和发扬地方的文化特色,增进人们的生态环保和可持续意识。人情表征主要表现在可以产生美观的建筑形态,愉悦人的心理,增添人生活的情趣,传递情感并给予人情感上的关怀,让人体验回归自然的美好,体认人与自然的根本关系。

　　可持续将会在看得见的未来全面主导建筑设计,只有可持续的建筑才能被称之为建筑。建筑的此次重大转变不仅仅应给我们提供生态化的持久性解决方案,而更应该成为具有人文关怀的一种存在,使之在满足和谐自然和保护环境的基本需求的同时,还能为身在环境空间中的人创造一个可解释的新天地,让我们能把自觉的和不自觉的、有意识的和潜意识的、可言说和不可言说的经验、感悟和意向加以新的熔铸,从而使可持续建筑真正成为一个不断生长的、具有人文关怀的生命世界。可持续建筑的人文含义应该是在可持续思维下让人得以诗意栖居的终极人文关怀指向,以一种绿色生活方式展现社会生态和人存在之真善美的本质状态。设计中应该把视野拓展到自然和人文两个领域,运用并继续挖掘可持续策略中的人文特质,让可持续化的人居环境更加具有人文精神。在为减少温室气体排放、降低自然资源消耗和保护地球的努力中,每一个好的设想都应该是具有人性关怀的、智慧的、优美的、情感化的、文化的、长效持久的……我们要寻求的是自然与人互利的最大公约数,在自然对栖居的邀请中实现饱含人文色彩的诗意生活。

这一切都对设计师提出了更高的要求,要求设计师涉猎更广泛的领域,做更充分的设计准备工作,可持续建筑设计可以依据和参考本书中所讨论的人文原则、程序、方法、技术来使建筑做到环保节约又宜居适用,友善自然又充满伦理关怀,发扬特质文化又富有人的情感,形象美观又触动人心。在具体设计实践中应选择既不破坏环境又能带来人性关怀和社会效应的材料;尽量运用光、风、水、植物等自然元素,以自然方式实现功能目的;选择适宜当时当地的技术,并积极利用高新技术,适时采用传统的简单技术,达到技术系统的综合效益最大化;使建筑构造和空间组织能具有舒适安妥、少占空间、多功能、适应性、开放性等特征;用富有自然意味并具有文化和情感的功能化美观形式为建筑增色;巧用环保的建筑内含物完善和丰富空间环境,并发挥它们多重的积极附加效应,将顺应环境和保护生态的外部空间为室内环境及人的室外活动所用;利用好老旧建筑传扬我们的文化,传递人的情感,促进经济和社会发展。

可持续建筑必须是一个融合自然和人文所形成的和谐统一的属人场所,人若不能诗情画意地栖居,所有的关于生态性的努力都已失去了意义,只有真正获悉了可持续建筑的人文属性,积极展现和表达可持续建筑的人文关怀,我们的设计工作才能对历史进步有创造性的参与和贡献。随着我们对可持续化过程中人文价值和含义的认识深化,以及现代技术的发展,相信会有更多的方法可以表达可持续建筑的人文含义,为我们创造更加富有人文关怀的舒适、宜人、优美生活环境,人文姿态的充分展现将使可持续建筑成为绿色生活情景的散文和诗歌。

图 表 来 源

图 1-1：作者自绘

图 1-2：作者根据资料 United Nations https://www.un.org/sustainabledevelopment/zh/编绘

图 1-3：139 优课网 http://www.k139.com/pptshow/2032274_108786_3041

表 1-1：作者自绘

图 1-4：作者自绘

图 1-5：作者根据资料 The Water Cycle https://water.usgs.gov/edu/graphics/watercycle-usgs.pdf 改绘

表 1-2：作者自绘

图 1-6 左：图行天下 https://www.photophoto.cn/tupian/bingwumoxingtupian-25063515.html

图 1-6 右：The Wallpapers https://thewallpapers.org/desktop/18816/all-the-comforts-of-home

图 1-7：蜂鸟网 https://pp.fengniao.com/452788_s240.html

图 1-8 左：Getty http://blogs.getty.edu/iris/happy-100th-birthday-john-lautner/

图 1-8 右：ArchDaily https://www.archdaily.com/401528/ad-classics-the-dymaxion-house-buckminster-fuller

图 1-9：Arcosanti's Architecture https://www.arcosanti.org/architecture/

表 1-3：作者根据资料《欧美生态建筑理论发展概述》(宋晔皓)绘制

图 1-10：新浪 http://blog.sina.com.cn/s/blog_55173e9b0101649f.html

图 1-11、图 1-12：筑龙学社 http://photo.zhulong.com/proj/detail2450.html

图 1-13：李华东,《高技术生态建筑》,第 48 页

图 1-14：作者根据资料《高技术生态建筑》(李华东)改绘

图 1-15：李华东,《高技术生态建筑》,第 151 页

图 1-16：作者根据资料《高技术生态建筑》(李华东)改绘

图 1-17：筑龙学社 https://bbs.zhulong.com/101010_group_201803/detail10026002/

图 1-18：腾讯 https://news.qq.com/a/20100906/001862_7.htm

图 1-19：花瓣 https://huaban.com/pins/1560342943/

图 1-20：Dezeen magazine https：//www.dezeen.com/2011/10/31/icditke-research-pavilion-at-the-university-of-stuttgart/

图 2-1：作者自绘

表 2-1：作者自绘

图 4-1：作者根据资料 *Workbook for workshop on advanced passive solar design*（J. Douglas Balcomb，Robert R.W. Jones）绘制

图 4-2：作者自绘

图 4-3：作者根据资料 Victor Olgyay，*Design with climate：bioclimatic approach to architectural regionalism* 绘制

图 4-4：伯纳德·鲁道夫斯基，《没有建筑师的建筑：简明非正统建筑导论》，第 81 页

图 4-5：作者根据资料 H. Fathy，*Natural energy and vernacular architecture：principles and examples with reference to hot arid climates* 改绘

图 4-6：Archdaily http：//www.archdaily.com/359982/lakeside-retreat-gluck/

表 4-1：作者自绘

图 4-7：archdaily http：//www.archdaily.cn/cn/614453/ecologic-pavilion-in-alsace-slash-studio-1984

图 4-8、图 4-9：A963 http：//www.a963.com/news/2008-11/16222.shtml

图 4-10：Sang Lee，*Aesthetics of Sustainable Architecture*，p.253

图 4-11：作者根据资料 P. Steadman ，*Energy，Environment and Building* 改绘

图 4-12：诺伯特·莱希纳，《建筑师技术设计指南：采暖·降温·照明》，第 153 页

图 4-13：作者自绘

图 4-14、图 4-15：作者根据资料《建筑师技术设计指南：采暖·降温·照明》（诺伯特·莱希纳）绘制

图 4-16：罗伯特·克罗恩伯格，《可适性：回应变化的建筑》，第 173 页

图 4-17：杨柳，《气候建筑学》，第 262 页

图 4-18：D. L. Jones，*Architecture and the environment：bioclimatic building design*，P.91

图 4-19：作者自绘

图 4-20：塞尔吉·科斯塔·杜兰，《生态住宅——实现更绿色更健康的住所》，第 15 页

图 4-21：作者根据文献 大卫·伯格曼，《可持续设计》改绘

图 4-22：作者根据文献 大卫·伯格曼，《可持续设计要点指南》改绘

图 4-23：INTERIOR DESICN http：//mixinfo.id-china.com.cn/a-12479-1.html

图 4-24：刘伯英，李匡，《北京工业建筑遗产保护与再利用体系研究》，第 3 页

图 4-25：堆糖 https：//www.duitang.com/blog/?id=30284204

图 4-26 左：BudCS http：//www.budcs.com/cluster/866778.html

图 4-26 右：新浪 http：//blog.sina.com.cn/s/blog_a071c3100102v6jx.html

图 4-27：花瓣 https://huaban.com/pins/2779122782/

图 4-28：搜狐 https://www.sohu.com/a/240915111_100089210

图 4-29：云芽 http://www.budcs.com/cluster/806928.html

图 4-30：林宪德，《绿色建筑——生态·节能·减废·健康》(第二版)，第 83 页

图 4-31：Sandy Halliday, *Sustainable Construction*, P.300

图 4-32：作者自绘

图 4-33：易网 https://www.163.com/dy/article/DSCH23F20524IML1.html

图 4-34：M. Melaver, P. Mueller, *The green building bottom line：the real cost of sustainable building*, P.143

图 4-35：D. L. Jones, *Architecture and the environment：bioclimatic building design*, P.235

图 4-36：太平洋家居 http://zhuangxiu.pchouse.com.cn/huxing/1104/85274_all.html

图 4-37：搜狐 https://sz.focus.cn/zixun/95ae233d5c73936f.html

图 4-38：建 E 室内设计网 https://www.justeasy.cn/works/case/1414076.html

图 4-39：INTERIOR DESIGN http://mixinfo.id-china.com.cn/a-601-1.html

图 4-40：房天下 https://home.fang.com/news/2012-12-12/9153067_all.htm

图 4-41：作者自绘

图 5-1：慧信网 http://www.huixin163.com/news/news/c2530.html

图 5-2：AURO https://www.auroeshop.com/products/ecolith-no-341-interior-lime-paint

图 5-3：AURO https://www.auroeshop.com/pages/the-real-natural-paints-non-toxic-allergy-safety-auro-germany

图 5-4：上海喜晴园艺有限公司提供

图 5-5 左：作者自摄

图 5-5 右：新浪 http://k.sina.com.cn/article_5397887375_141bd398f00100v3n2.html?from=home

图 5-6：冯道刚，《全球首座生态型超高层建筑——法兰克福商业银行总部》，第 85 页

图 5-7：D. L. Jones, *Architecture and the environment：bioclimatic building design*, P.229

图 5-8：冯道刚，《全球首座生态型超高层建筑——法兰克福商业银行总部》，第 85 页

图 5-9：玛丽·古佐夫斯基，《可持续建筑的自然光运用》，第 294 页

图 5-10：菲利普·默伊泽尔，克里斯托夫·席尔默，《综合医院与康复中心》，第 221 页

图 5-11：深圳市艺力文化发展有限公司，《HOSPITAL DESIGN＋医院设计 VOL.1》，第 213 页

图 5-12：大卫·劳埃德·琼斯，《建筑与环境：生态气候学建筑设计》，第 189 页

图 5-13：大卫·劳埃德·琼斯，《建筑与环境：生态气候学建筑设计》，第 188 页

图 5-14：大卫·劳埃德·琼斯，《建筑与环境：生态气候学建筑设计》，第 189 页

图 5-15：詹姆斯·斯蒂尔，《生态建筑：一部建筑批判史》，第 205 页

图 5-16：筑龙学社 https：//bbs.zhulong.com/101010_group_201808/detail10012315/

图 5-17：Dopress Books，《绿色建筑·住宅》，第 221 页，第 223 页

图 5-18：智筑网 https：//www.iqbbs.com/picture/view/201610093838641

图 5-19：Lawrence Scarpa.，*Portable Construction Training Center：A Case Study in Design/Build Architecture*

表 5-1：作者根据资料 Melaver M.，Mueller P.，*The green building bottom line：the real cost of sustainable building* 绘制

图 5-20：筑龙 https：//bbs.zhulong.com/101010_group_678/detail33468013/

图 5-21：作者自摄

图 5-22 新浪 http：//travel.sina.com.cn/news/2013-08-09/0906207189.shtml

图 5-23：筑龙学社 https：//bbs.zhulong.com/101010_group_3000036/detail19151253/

图 5-24：作者自摄

图 5-25：作者自摄

图 5-26：携程 https：//huodong.ctrip.com/ottd-activity/dest/t15370092.html

图 5-27：马蜂窝 http：//www.mafengwo.cn/sales/2998669.html?cid=1030

图 5-28：知乎 https：//zhuanlan.zhihu.com/p/22901657?from_voters_page=true

图 5-29：新浪新闻 http：//k.sina.com.cn/article_2288064900_8861198402000ac85.html

图 5-30：筑龙 http：//photo.zhulong.com/proj/detail48876.html

图 5-31：一田一墅 https：//www.yitianyishu.com/homestay/M59c8a354ed0e8

图 5-32：2015 米兰世博会中国馆官网 http：//www.expochina2015.org/c_1140.htm

图 5-33：序赞网 https：//www.vsszan.com/forum.php?mod=viewthread&tid=288720&highlight=%e6%84%8f%e5%a4%a7%e5%88%a9%e4%b8%96%e5%8d%9a

图 5-34：威卢克斯公司提供

图 5-35：budCS http：//www.budcs.com/pick/8112679.html

图 5-36：大卫·伯格曼，《可持续设计》，第 114 页

图 5-37：西恩·莫克松，《可持续的室内设计》，第 73 页

图 5-38、图 5-39：Sang Lee，*Aesthetics of sustainable architecture*，P.255

图 5-40：作者自绘

图 5-41：大卫·伯格曼，《可持续设计要点指南》，第 132 页

图 5-42：筑龙学社 https：//bbs.zhulong.com/101010_group_678/detail33468013/

图 5-43：作者自绘

图 6-1 左：Xah Arts http：//www.xaharts.org/dinju/eden_project.html

图 6-1 右：风景园林网 http：//www.chla.com.cn/htm/2011/0714/90457_2.html

图 6-2：李华东，《高技术生态建筑》，第 220 页

图 6-3：designboom http://www.designboom.com/architecture/heri-salli-viennese-guest-room-gegenbauer-vinegar-brewery-01-28-2015/

图 6-4：布莱恩·布朗奈尔,《建筑设计的材料策略》,第 67 页

图 6-5：昵图网 http://www.nipic.com/show/17197923.html

图 6-6：西恩·莫克松,《可持续的室内设计》,第 26 页

图 6-7：dezeen https://www.dezeen.com/2012/09/03/wind-and-water-bar-by-vo-trong-nghia/

图 6-8 左：全景 http://www.quanjing.com/imgbuy/iblmkl01910121.html

图 6-8 右：易网 http://tech.163.com/07/0308/16/3930703B000927NT.html

图 6-9：李华东,《高技术生态建筑》,第 151 页

图 6-10：李华东,《高技术生态建筑》,第 121 页

图 6-11：林宪德,《绿色建筑——生态·节能·减废·健康》(第二版),第 47 页

图 6-12：搜狐 https://www.sohu.com/a/206962200_99981122

图 6-13：James Wines,*Green architecture*,P.141

图 6-14：新湖南 http://hunan.voc.com.cn/xhn/article/201910/201910091133487822001.html

图 6-15：朱毅,《低技下的材料演绎——英裔印度建筑师劳里·贝克的地域创作实践研究》,第 36 页

图 6-16：玛丽·古佐夫斯基,《零能耗建筑——新型太阳能设计》,第 101 页

图 6-17：Philip Gumuchdjian,*Gumuchdjian architects：selected works*,P.102

图 6-18 左：Philip Gumuchdjian,*Gumuchdjian architects：selected works*,P.104

图 6-18 右：Philip Gumuchdjian,*Gumuchdjian architects：selected works*,P.109

图 6-19：菲利普·理查森,《XS 绿色建筑》,第 83 页

图 6-20：菲利普·理查森,《XS 绿色建筑》,第 87 页

图 6-21：西恩·莫克松,《可持续的室内设计》,第 19 页

图 6-22,图 6-23：Heybroek V.,*Textile in architecture*,P.14

图 6-24：Tuvie https://www.tuvie.com/rotterdam-post-office-in-2012-by-unstudio/

图 6-25：goooood https://www.goooood.cn/caixaforum-madrid-by-herzog-de-meuron.htm

图 6-26 左：张绮曼,《为中国而设计 西北生土窑洞环境设计研究：四校联合改造设计及实录》,第 106 页

图 6-26 中：张绮曼,《为中国而设计 西北生土窑洞环境设计研究：四校联合改造设计及实录》,第 162 页

图 6-26 右：一苇,张绮曼,邱晓葵,等.《地坑窑洞的蜕变——陕西三原县柏社村地坑窑洞环境艺术改造设计》,第 24 页

图 6-27：一苇,张绮曼,邱晓葵,等.《地坑窑洞的蜕变——陕西三原县柏社村地坑窑洞环境艺术改造设计》,第 24 页

图 6-28 左：UNIVERSITAS INDONESIA — INTERNATIONAL OFFICE https：//international. ui. ac. id/about-ui. html＃

图 6-28 中：University Work http：//universitywork.com/university-of-indonesia.html

图 6-28 右：UNIVERSITAS INDONESIA — INTERNATIONAL OFFICE https：//international. ui. ac. id/about-ui. html＃

图 6-29：视觉同盟 http：//www.visionunion.com/article.jsp?code＝200910180020

图 6-30：Cal Earth https：//www.calearth.org/blog/jason-erlank-architects

图 6-31：Cal Earth https：//www. calearth. org/blog/2020/12/12/superadobe-in-the-news-usa-today

图 6-32：Cal Earth https：//www. calearth. org/blog/2020/12/6/urban-development-in-hormuz-island-iran

图 6-33：菲利普·理查森，《XS 绿色建筑》，第 125 页

图 6-34：Arian Mostaedi，*Sustainable architecture lowtech houses*，P.36

图 6-35：ArchDaily https：//www. archdaily. com/catalog/us/products/12448/metallic-roof-system-span-lok-hp-aep-span

图 6-36：刘晨，《绿色建筑》，第 126 页

图 6-37：玛丽·古佐夫斯基，《零能耗建筑——新型太阳能设计》，第 70 页

图 6-38：陆邵明，《让自然说点什么：空间情节的生成策略》，第 17 页

图 6-39 左、中：Sang Lee，*Aesthetics of sustainable architecture*，P.193

图 6-39 右：Sang Lee，*Aesthetics of sustainable architecture*，P.194

图 6-40 左：菲利普·理查森，《XS 绿色建筑》，第 56 页

图 6-40 右：菲利普·理查森，《XS 绿色建筑》，第 55 页

图 6-41：e-architect http：//www.e-architect.co.uk/dubai/masdar-headquarters-abu-dhabi

图 6-42：李岩，《马斯达尔总部》，第 124 页

图 6-43：e-architect http：//www.e-architect.co.uk/dubai/masdar-headquarters-abu-dhabi

图 6-44：作者自绘

图 8-1：作者自绘

图 9-1 至图 9-5：作者自绘

图 10-1：高云庭，《可持续建筑设计中的技术策略研究》，第 32 页

图 10-2：作者根据威卢克斯公司提供的资料改绘

图 10-3 至图 10-6：作者自绘

图 11-1：Thomas P. Kelmartin，*TENARA® FABRIC*

图 11-2：Sang Lee，*Aesthetics of Sustainable Architecture*，P.183

图 11-3：张青萍，《室内环境设计》，第 226 页

图 11-4：KENGO KUMA AND ASSOCIATES http：//kkaa. co. jp/works/architecture/

takayanagi-community-center/

图 11-5 左：作者自绘

图 11-5 右：凤凰网 http://home.ifeng.com/zixun/chaoliu/detail_2015_03/31/3727419_10.shtml

图 11-6：凤凰网 http://home.ifeng.com/zixun/chaoliu/detail_2015_03/31/3727419_11.shtml

图 11-7：网易新闻 https://www.163.com/news/article/5E3UQDEV00013F4C.html

图 11-8 左：陆邵明，《让自然说点什么：空间情节的生成策略》，第 18 页

图 11-8 右：The Architectural Review http://www.architectural-review.com/archive/nehru-memorial-museum-in-jaipur-india-by-charles-correa/8684881. article? blocktitle = Buildings&contentID=7715

图 11-9：A963 http://www.a963.com/news/2006-05/7066.shtml

图 11-10：e-architect http://www.e-architect.co.uk/korea/ann-demeulemeester-shop-seoul

图 11-11：刘加平，《黄土高原新型窑居建筑》，第 41 页

图 11-12：马丽萍，王竹，《从"红色"革命到"绿色"革命——枣园绿色生态窑居的可持续发展之路》，第 26 页

图 11-13：马丽萍，王竹，《从"红色"革命到"绿色"革命——枣园绿色生态窑居的可持续发展之路》，第 29 页

图 11-14：马丽萍，王竹，《从"红色"革命到"绿色"革命——枣园绿色生态窑居的可持续发展之路》，第 27 页

图 11-15 左：凤凰空间·北京，《世界经典生态建筑》，第 193 页

图 11-15 中：Archdaily http://www.archdaily.com/89665/colorado-court-brooks-scarpa/

图 11-15 右：Archdaily http://www.archdaily.com/89665/colorado-court-brooks-scarpa/

图 11-16：Archdaily http://www.archdaily.com/81585/the-green-school-pt-bambu/

图 11-17：罗伯特·克罗恩伯格，《可适性：回应变化的建筑》，第 164 页

图 11-18：道客巴巴 http://www.doc88.com/p-904857055261.html

图 11-19：Contreras C,Cortese T.,*Asadera y mirador*,P.64-65

图 11-20 左：李昭君，《香水森林——香港》，第 3 页

图 11-20 中：搜狐 https://www.sohu.com/a/316355896_99894978?sec=wd

图 11-20 右：李昭君，《香水森林——香港》，第 3 页

图 11-21：HermanMiller https://www.hermanmiller.com/zh_cn/products/seating/office-chairs/aeron-chairs/product-images/

图 11-22、图 11-23：Mark Rossi, Scott Charon, Gabe Wing, James Ewell, *Design for the next generation: incorporating cradle-to-cradle design into Herman Miller products*, P.199

图 11-24：Stray Dog Designs https://straydogdesigns.com/collections/lighting

图 11-25：Heybroek V.，*Textile in Architectuur*，P.15

图 11-26：Designboom http://www. designboom. com/architecture/glass-bottomed-sky-pool-embassy-gardens-legacy-buildings-london-hal-architects-arup-08-20-2015/

图 11-27：张婷，肖闻达，*Zug*十Nr.1，第 19 页至第 22 页

图 11-28：高云庭，《人文视域下的老建筑可持续设计价值研究》，第 95 页

图 11-29：Renzo Piano Building Workshop http://www. rpbw. com/project/lingotto-factory-conversion

图 11-30：高云庭，《人文视域下的老建筑可持续设计价值研究》，第 95 页

图 11-31、图 11-32：Renzo Piano Building Workshop http://www. rpbw. com/project/lingotto-factory-conversion

表 12-1：作者自绘

表 12-2：作者自绘

参 考 文 献

［1］谢思思,褚冬竹.可持续建筑设计思路与方法实践[J].工业建筑,2019,49(8)：54-59.

［2］宋晔皓,孙菁芬,陈晓娟.可持续建筑审美刍议[J].装饰,2018(7)：20-26.

［3］张军,徐畅,戴梦雅,等.生态文明视域下可持续设计理念的演进与转型思考[J].生态经济, 2021,37(5)：215-221.

［4］石晓宇,王巍.可持续发展战略下绿色技术在建筑施工中的应用[J].建筑经济,2021,42(1)： 15-18.

［5］羊烨,李振宇,郑振华.绿色建筑评价体系中的"共享使用"指标[J].同济大学学报(自然科学 版),2020,48(6)：779-787.

［6］Ulrich Pfammatter.全球可持续建筑设计资料集：为变化的文化与气候而建造[M].北京： 中国建筑工业出版社,2014.

［7］埃迪·克雷盖尔,布拉德利·尼斯.绿色 BIM：采用建筑信息模型的可持续设计成功实践 [M].高兴华,译.北京：中国建筑工业出版社,2016.

［8］大卫·伯格曼.可持续设计[M].徐馨莲,陈然,译.南京：江苏凤凰科学技术出版社,2019.

［9］中国城市科学研究会.中国绿色建筑 2020[M].北京：中国城市出版社,2020.

［10］中华人民共和国住房和城乡建设部.绿色建筑评价标准：GB/T 50378—2019[S].北京：中 国建筑工业出版社,2019.

［11］夏云.生态可持续建筑[M].2 版.北京：中国建筑工业出版社,2013.

［12］于文杰,毛杰.论西方生态思想演进的历史形态[J].史学月刊,2010(11)：103-110.

［13］佩德·安克尔.从包豪斯到生态建筑[M].尚晋,译.北京：清华大学出版社,2012.

［14］宋晔皓.欧美生态建筑理论发展概述[J].世界建筑,1998(1)：67-71.

［15］詹姆斯·斯蒂尔.生态建筑：一部建筑批判史[M].孙骞骞,译.北京：电子工业出版 社,2014.

［16］王国光.基于环境整体观的现代建筑创作思想研究[D].广州：华南理工大学,2013.

［17］林宪德.绿色建筑：生态·节能·减废·健康[M].2 版.北京：中国建筑工业出版社,2011.

［18］海德格尔.荷尔德林诗的阐释[M].孙周兴,译.北京：商务印书馆,2000.

［19］海德格尔.人,诗意地安居：海德格尔语要[M].郜元宝,译.2 版.桂林：广西师范大学出版 社,2002.

[20] 安东尼亚德斯.建筑诗学与设计理论[M].周玉鹏,张鹏,刘耀辉,译.北京:中国建筑工业出版社,2011.

[21] 丹尼尔·威廉姆斯.可持续设计:生态、建筑和规划[M].孙晓晖,李德新,译.武汉:华中科技大学出版社,2015.

[22] 阿摩斯·拉普卜特.建成环境的意义:非言语表达方法[M].黄兰谷,等译.北京:中国建筑工业出版社,2003.

[23] 刘先觉,等.生态建筑学[M].北京:中国建筑工业出版社,2009.

[24] 朱馥艺,刘先觉.生态原点:气候建筑[J].新建筑,2000(3):69-71.

[25] 徐卫国.数字建构[J].建筑学报,2009(1):61-68.

[26] 奥德姆.生态学基础[M].孙儒泳,钱国桢,林浩然,译.北京:人民教育出版社,1981.

[27] 马丁·海德格尔.演讲与论文集[M].孙周兴,译.北京:三联书店,2005.

[28] 西安建筑科技大学绿色建筑研究中心编.绿色建筑[M].北京:中国计划出版社,1999.

[29] 杨经文.设计的生态(绿色)方法(摘要)[J].建筑学报,1999(1):8-9.

[30] 关剑.自然环境与室内环境设计关系初探[D].重庆:重庆大学,2008.

[31] 卢旭珍,邱凌,王兰英.发展沼气对环保和生态的贡献[J].可再生能源,2003(6):50-52.

[32] 韩冬青.建筑师何以失语[J].新建筑,2012(6):11-13.

[33] 钱俊生,余谋昌.生态哲学[M].北京:中共中央党校出版社,2004.

[34] 余谋昌.生态哲学[M].西安:陕西人民教育出版社,2000.

[35] 卡斯腾·哈里斯.建筑的伦理功能[M].申嘉,陈朝晖,译.北京:华夏出版社,2001.

[36] 高云庭.建筑环境的可持续之人文反思[J].湘南学院学报,2019,40(3):94-97.

[37] 罗珍妮.基于脆弱性的绿色建筑经济性研究[D].成都:西南交通大学,2018.

[38] 田潇濛.可持续发展视角下的动态建筑设计美学研究[D].徐州:中国矿业大学,2019.

[39] 陈志华.外国建筑史[M].4版.北京:中国建筑工业出版社,2009.

[40] 莫里斯·梅洛-庞蒂.知觉现象学[M].姜志辉,译.北京:商务印书馆,2001.

[41] 吴良镛.21世纪建筑学的展望:"北京宪章"基础材料[J].华中建筑,1998(4):1-18.

[42] 西恩·莫克松.可持续的室内设计[M].周浩明,张帆,农丽媚,译.武汉:华中科技大学出版社,2014.

[43] 汪正章.建筑美学:跨时空的再对话[M].2版.南京:东南大学出版社,2014.

[44] 朱光潜.西方美学史[M].2版.北京:人民文学出版社,1979.

[45] 刘素芳,蔡家伟.现代建筑设计中的绿色技术与人文内涵研究[M].成都:电子科技大学出版社,2019.

[46] 荆晓梦.宜居生态社区构成系统与建设研究[D].北京:北京交通大学,2018.

[47] 于晓娜.基于可持续技术的当代建筑形态解析[D].济南:山东建筑大学,2016.

[48] 胡塞尔.伦理学与价值论的基本问题[M].艾四林,安仕侗,译.北京:中国城市出版社,2002.

[49] 诺伯舒兹.场所精神:迈向建筑现象学[M].施植明,译.武汉:华中科技大学出版社,2010.

[50] 诺伯格·舒尔兹.存在·空间·建筑[M].尹培桐,译.北京：中国建筑工业出版社,1990.

[51] 拉斯姆森.建筑体验[M].刘亚芬,译.北京：知识产权出版社,2002.

[52] 阿恩海姆.建筑形式的视觉动力[M].宁海林,译.北京：中国建筑工业出版社,2006.

[53] 徐千里.创造与评价的人文尺度：中国当代建筑文化分析与批判[M].北京：中国建筑工业出版社,2000.

[54] 布莱恩·布朗奈尔.建筑设计的材料策略[M].田宗星,杨轶,译.南京：江苏科学技术出版社,2014.

[55] 胡孝权.走出西方生态伦理学的困境[J].北京航空航天大学学报(社会科学版),2004(2):6-10.

[56] 玛丽·古佐夫斯基.零能耗建筑：新型太阳能设计[M].史津,张洋,康帼,等,译.武汉：华中科技大学出版社,2014.

[57] 陈向明.质的研究方法与社会科学研究[M].北京：教育科学出版社,2000.

[58] 曾永成.文艺的绿色之思：文艺生态学引论[M].北京：人民文学出版社,2000.

[59] 亚历山大·楚尼斯,利亚纳·勒费夫尔.批判性地域主义：全球化世界中的建筑及其特性[M].王丙辰,译.北京：中国建筑工业出版社,2007.

[60] 褚冬竹.可持续建筑设计生成与评价一体化机制[M].北京：科学出版社,2015.

[61] 陆邵明.空间·记忆·重构：既有建筑改造设计探索：以上海交通大学学生宿舍为例[J].建筑学报,2017(2):57-62.

[62] 阿尔诺·施昌特,亚当·雷萨尼克,韩冬辰.基于下一代可持续建筑的协同系统设计[J].建筑学报,2017(3):107-109.

[63] 温素彬.绩效立方体：基于可持续发展的企业绩效评价模式研究[J].管理学报,2010,7(3):354-358.

[64] 林萍英.适应气候变化的建筑腔体生态设计策略研究[D].杭州：浙江大学,2010.

[65] 杰弗里·斯科特.人文主义建筑学：情趣史的研究[M].张钦楠,译.北京：中国建筑工业出版社,2012.

[66] 徐照.BIM技术与建筑能耗评价分析方法[M].南京：东南大学出版社,2017.

[67] 张国强,尚守平,徐峰.集成化建筑设计[M].北京：中国建筑工业出版社,2011.

[68] 廖小平,成海鹰.论代际公平[J].伦理学研究,2004(4):25-31.

[69] 朱小雷.建成环境主观评价方法研究[M].南京：东南大学出版社,2005.

[70] 伦纳德·贝奇曼.整合建筑：建筑学的系统要素[M].梁多林,译.北京：机械工业出版社,2005.

[71] 邓波.海德格尔的建筑哲学及其启示[J].自然辩证法研究,2003(12):37-41.

[72] 刘易斯·芒福德.技术与文明[M].陈允明,王克仁,李华山,译.北京：中国建筑工业出版社,2009.

[73] 托马斯·库恩.科学革命的结构：第4版[M].金吾伦,胡新和,译.2版.北京：北京大学出版

社,2012.

[74] 冯·贝塔朗菲.一般系统论:基础·发展和应用[M].林康义,魏宏森,等译.北京:清华大学出版社,1987.

[75] 顾孟潮.建筑哲学概论[M].北京:中国建筑工业出版社,2011.

[76] 陈冰,康健.英国低碳建筑:综合视角的研究与发展[J].世界建筑,2010(2):54-59.

[77] 加斯东·巴什拉.空间诗学[M].龚卓军,王静慧,译.北京:世界图书出版公司,2016.

[78] 西安交通大学,西安建筑科技大学,长安大学,等.中国传统建筑的绿色技术与人文理念.北京:中国建筑工业出版社,2017.

[79] 牧口常三郎.价值哲学[M].马俊峰,译.北京:中国人民大学出版社,1989.

[80] 翟俊.走向人工自然的新范式:从生态设计到设计生态[J].新建筑,2013(4):16-19.

[81] 李立新.设计价值论[M].北京:中国建筑工业出版社,2011.

[82] 吴良镛.广义建筑学[M].北京:清华大学出版社,1989.

[83] 勃罗德彭特.建筑设计与人文科学[M].张韦,译.北京:中国建筑工业出版社,1990.

[84] 黄厚石.设计批评[M].南京:东南大学出版社,2009.

[85] 程大金,伊恩·夏皮罗.图解绿色建筑[M].刘丛红,译.天津:天津大学出版社,2017.

[86] 彼得·布兰登,帕特里齐亚·隆巴尔迪.建成环境可持续性评价:理论、方法与实例[M].薛小龙,杨静,译.2版.北京:中国建筑工业出版社,2017.

[87] 维特科尔.人文主义时代的建筑原理[M].刘东洋,译.6版.北京:中国建筑工业出版社,2016.

[88] 亨宁·拉森建筑事务所,等.建筑情感:从宗教到世俗[M].杜丹,于风军,孙探春,等译.大连:大连理工大学出版社,2016.

[89] 中国城市科学研究会.中国绿色建筑2019[M].北京:中国建筑工业出版社,2019.

[90] 陈宏,张杰,管毓刚.绿色建筑模拟技术应用[M].北京:知识产权出版社,2019.

[91] 张彤,鲍莉.绿色建筑设计教程[M].北京:中国建筑工业出版社,2017.

[92] 理查德·帕多万.比例:科学·哲学·建筑[M].周玉鹏,刘耀辉,译.北京:中国建筑工业出版社,2005.

[93] 隈研吾.场所原论:建筑如何与场所契合[M].李晋琦,译.武汉:华中科技大学出版社,2014.

[94] 哈里森·弗雷克.生态社区营造——可持续的一体化城市设计[M].张开宇,译.南京:江苏凤凰科学技术出版社,2021.

[95] Guy S, Farmer G. Reinterpreting sustainable architecture: the place of technology[J]. Journal of Architectural Education, 2001, 54(3): 140-148.

[96] Zhu Y X, Lin B R. Sustainable housing and urban construction in China[J]. Energy and Buildings, 2004, 36(12): 1287-1297.

[97] Fan L, Pang B, Zhang Y R, et al. Evaluation for social and humanity demand on green

residential districts in China based on SLCA[J]. The International Journal of Life Cycle Assessment, 2018, 23(3): 640-650.

[98] Tarne P, Lehmann A, Finkbeiner M. Introducing weights to life cycle sustainability assessment — how do decision-makers weight sustainability dimensions?[J]. The International Journal of Life Cycle Assessment, 2019, 24(3): 530-542.

[99] Pearson D. New organic architecture: the breaking wave[M]. Berkeley: University of California Press, 2001.

[100] Scarpa L. Portable construction training center: a case study in design/build architecture [J]. Journal of Architectural Education, 1999, 53(1): 36-38.

[101] Jones D L. Architecture and the environment: bioclimatic building design [M]. Woodstock, N.Y.: The Overlook Press, 1998.

[102] Bharathi K. Engaging complexity: social science approaches to green building design[J]. Design Issues, 2013, 29(4): 82-93.

[103] Yoshino H, Yoshino Y, Zhang Q, et al. Indoor thermal environment and energy saving for urban residential buildings in China[J]. Energy and Buildings, 2006, 38(11): 1308-1319.

[104] Almusaed A. Biophilic and bioclimatic architecture: analytical therapy for the next generation of passive sustainable architecture[M]. Dordrecht: Springer Science & Business Media, 2010.

[105] Vellinga M. Anthropology and the challenges of sustainable architecture[J]. Anthropology Today, 2005, 21(3): 3-7.

[106] Altomonte S. Environmental education for sustainable architecture[J]. Review of European Studies, 2009, 1(2): 12.

[107] Owen C. The Green field: the sub culture of sustainable architecture[D]. Melbourne: The University of Melbourne, 2003.

[108] Almusaed A, Almssad A. Biophilic architecture: the concept of healthy sustainable architecture [C]//PLEA2006 – The 23rd Conference on Passive and Low Energy Architecture, Geneva, Switzerland, 6-8 September 2006. Universite de Geneve, 2006: 383-387.

[109] Asah S T. Post-2015 development agenda: human agency and the inoperability of the sustainable development architecture[J]. Journal of Human Development and Capabilities, 2015, 16(4): 631-636.

[110] Allam Z. Sustainable architecture: utopia or feasible reality?[J]. Journal of Biourbanism, 2012(2): 47-61.

[111] Petrișor A I. Multi-, trans-and inter-disciplinarity, essential conditions for the sustainable development of human habitat[J]. Urbanism. Arhitectură. Construcții, 2013, 4(2):

43-50.

[112] Nagy Z, Rossi D, Schlueter A. Sustainable architecture and human comfort through adaptive distributed systems [C]//2012 IEEE International Conference on Pervasive Computing and Communications Workshops. March 19-23, 2012. Lugano, Switzerland IEEE, 2012: 403-406.

[113] Jones L. Environmentally responsible design: green and sustainable design for interior designers[M]. Hoboken: John Wiley & Sons, 2008.

[114] Oktay D. Human sustainable urbanism: in pursuit of ecological and social-cultural sustainability[J]. Procedia-Social and Behavioral Sciences, 2012, 36: 16-27.

[115] Yüksek I. The evaluation of architectural education in the scope of sustainable architecture [J]. Procedia-Social and Behavioral Sciences, 2013(89): 496-508.

[116] Gulgun B, Guney M A, Aktas E, et al. Role of the landscape architecture in interdisciplinary planning of sustainable cities[J]. Journal of Environmental Protection and Ecology, 2014, 15(4): 1877-1880.

[117] Olivier B. 'Sustainable' architecture and the 'law' of the fourfold[J]. South African Journal of Art History, 2011, 26(1): 74-84.

[118] Asadi S, Farrokhi M. The challenges of sustainable development and architecture[J]. International Journal of Science, Technology and Society, 2014, 3(2-1): 11-17.

[119] Contal-Chavannes M H, Revedin J. Sustainable design: towards a new ethic in architecture and town planning[M]. Berlin: Walter De Gruyter, 2013.

[120] Wasfi A. Architecture as a second nature[J]. Journal of Sustainable Architecture and Civil Engineering, 2014, 7(2): 3-9.

[121] Bakri M B. Sustainable architecture through islamic perspective[C]//Aricis Proceedings, 2017: 491-499.

[122] Mahdavi A. Sustainable buildings: some inconvenient observations [C]. International Conference on Architecture and Urban Design, 2013.

[123] Gu Y, Frazer J H. Adaptive modelling of sustainable architecture design in entropy evolutionary[C]//Proceedings of The 12th Asia-Pacific Symposium on Intelligent and Evolutionary Systems. Clayton School of Information Technology, Monash University, 2008.

[124] Wise J A. Human factors & the sustainable design of built environments[C]//Proceedings of the Human Factors and Ergonomics Society Annual Meeting. Los Angeles: SAGE Publications, 2001, 45(10): 808-812.

[125] Altomonte S, Rutherford P, Wilson R. Human factors in the design of sustainable built environments[J]. Intelligent Buildings International, 2015, 7(4): 224-241.

[126] Ivanova Z I, Yudenkova O V. Sociological methods for sustainable urban design[J]. Applied Mechanics and Materials. 2015, 737: 909-912.

[127] Wright F L, Wright F L, Wright F L, et al. The future of architecture[M]. New York: Horizon Press, 1953.

[128] Aydn D, Yaldz E, Buyuksahin S. Sustainable hospital design for sustainable development [C]//Proceedings of the 8th International Conference on Urban Planning, Architecture, Civil and Environment Engineering, Dubai, UAE. 2017: 21-22.

[129] Gamage A, Hyde R. A model based on biomimicry to enhance ecologically sustainable design[J]. Architectural Science Review, 2012, 55(3): 224-235.

[130] Jauslin D, Drexler H, Curiel F. Design methods for young sustainable architecture practice [C]//SASBE 2012: 4th CIB International Conference on Smart and Sustainable Built Environment, Sao Paualo, Brasil, 28 - 30 June 2012. CIB (International Council for Research and Innovation in Building and Construction), 2012.

[131] Shrivastava P, Ivanaj V, Ivanaj S. Sustainable development and the arts[J]. International Journal of Technology Management, 2012, 60(1/2): 23-43.

[132] Bothos E, Mentzas G, Prost S, et al. Watch your emissions: persuasive strategies and choice architecture for sustainable decisions in urban mobility[J]. PsychNology Journal, 2014, J(3): 107-206.

[133] Mazuch R. Salutogenic and biophilic design as therapeutic approaches to sustainable architecture[J]. Architectural Design, 2017, 87(2): 42-47.

[134] Asefi M. The creation of sustainable architecture by use of transformable intelligent building skins[C]//Proceedings of world academy of science, engineering and technology. World Academy of Science, Engineering and Technology, 2012(63).

[135] Radjiyev A, Qiu H, Xiong S P, et al. Ergonomics and sustainable development in the past two decades (1992—2011): Research trends and how ergonomics can contribute to sustainable development[J]. Applied Ergonomics, 2015, 46: 67-75.

[136] Giné-Garriga R, Flores-Baquero Ó, de Palencia A J F, et al. Monitoring sanitation and hygiene in the 2030 agenda for sustainable development: a review through the lens of human rights[J]. Science of the Total Environment, 2017, 580: 1108-1119.

[137] Attaianese E. Human factors in design of sustainable buildings [C]. Advances in ergonomics is design and usability and special population part III, USA: AHFE, 2014: 392-403.

[138] Navaei F. An overview of sustainable design factors in high-rise buildings[J]. International Journal of Science, Technology and Society, 2015, 3(2-1): 18-23.

[139] Manzano-Agugliaro F, Montoya F G, Sabio-Ortega A, et al. Review of bioclimatic

architecture strategies for achieving thermal comfort[J]. Renewable and Sustainable Energy Reviews, 2015(49): 736-755.

[140] Martek I, Hosseini M, Shrestha A, et al. The sustainability narrative in contemporary architecture: falling short of building a sustainable future[J]. Sustainability, 2018, 10 (4): 981.

[141] Yan W, Asl M R, Su Z, et al. Towards multi-objective optimization for sustainable buildings with both quantifiable and non-quantifiable design objectives[M]//Sustainable Human-Building Ecosystems. Reston: ASCE Press, 2015: 223-230.

[142] Lechner N. Heating, cooling, lighting: Sustainable design methods for architects[M]. Hoboken: John Wiley & Sons, 2014.

[143] Pérez-Gómez A. Architecture and the crisis of modern science[M]. Cambridge, Mass: MIT Press, 1983.

[144] Xie H J, Clements-Croome D, Wang Q K. Move beyond green building: a focus on healthy, comfortable, sustainable and aesthetical architecture[J]. Intelligent Buildings International, 2017, 9(2): 88-96.

[145] Guimaraes M V T. A precedent in sustainable architecture: bioclimatic devices in alvar aalto's summer house[J]. Journal of Green Building, 2012, 7(2): 64-73.

[146] Jin L. The balance between technology and culture in sustainable architecture[D]. Ottawa: Carleton University, 2004.

[147] Weber E U. Breaking cognitive barriers to a sustainable future[J]. Nature Human Behaviour, 2017, 1(1): 0013.

[148] Yang K, Cho S B. Towards sustainable smart homes by a hierarchical hybrid architecture of an intelligent agent[J]. Sustainability, 2016, 8(10): 1020.

[149] Heybroek V. Textile in architecture[D]. Delft: Delft University of Technology, 2014.

[150] Rossi M, Charon S, Wing G, et al. Design for the next generation: incorporating cradle-to-cradle design into herman miller products[J]. Journal of Industrial Ecology, 2006, 10 (4): 193-210.

[151] Gumuchdjian P. Gumuchdjian architects: selected works[M]. London: Eight Books Ltd., 2009.

[152] Mark D, Brown G Z. Sun wind and light: architectural design strategies[M]. 3th ed. Hoboken: John Wiley & Sons, 2014.

[153] Sharon B, Fleming R, Karlen M. Sustainable design basics[M]. Hoboken: Wiley & Sons, 2021.

[154] Scott L, Dastbaz M, Gorse C. Sustainable ecological engineering design: selected proceedings from the international conference of sustainable ecological engineering design

for society (SEEDS) 2019[M]. Dordrecht:Springer Science & Business Media,2020.

[155] Chen S,Cui P,Mei H. A sustainable design strategy based on building morphology to improve the microclimate of university campuses in cold regions of China using an optimization algorithm[J]. Mathematical Problems in Engineering,2021,6:1-16.

[156] Shan J,Huang Z,Chen S,et al. Green space planning and landscape sustainable design in smart cities considering Public green space demands of different formats[J]. Complexity, 2021(1):1-10.

后　　记

完成这本拙作,我长长地舒了一口气,几年来的思考和心血终于付梓,唯有感恩、欣慰和喜悦。同时,我的心绪也是非常之复杂的。我在小店做过导购,在市场上推销过产品,从事过工业设计,也上过工厂流水线;从事过景观设计,也下过建筑工地;做过办公室白领,也做过商业活动主持人;在各种餐厅做过服务生,也在酒吧做过驻唱歌手,还做过国际海员(海上大型船舶驾驶员)。我从事过许多职业,其中一些还非常的小众或冷门,也和普通的劳动人民一起生活过,涉足的部分领域是多数人一辈子也不会接触的,但从未想过,我会动笔写点什么,更没想过要写完一本书,对于我走上学术研究的道路,身边人也都十分诧异。今天,我有机会完成个人的第一本书,真有恍如隔世之感,高兴之余,不禁感慨系之,我深深地感觉到自己是幸运的。

从研究生阶段起,我就比较关注设计中的可持续问题,这是我系统性涉足的第一个研究领域。参加工作以后,依托我在大学开设的"绿色环境艺术设计"本科专业课程,以及多个可持续设计方向的科研项目经历,最初打算写一本可持续建筑设计方面的书,可作为实践参考,亦可作为高校教材,难易适中且更具有推广价值。但总觉得这颗果实不够饱满,也始终找不到满意的逻辑铺排方式做完形之升维,我的所思所感内容不能得到客观的切当表达。渐渐地,我意识到,或许从另一个视角写一本关于可持续建筑的书会更有意义。本书是我多年从事考察、研究、教学、设计实践的一次成果总结。基于本人12万余字的硕士学位论文,结合三年来的逾尺札记和研究记录,以及一些最新的思考与观察,我对论文做了必要的修改和调整,并完善补充了许多内容。从最初的几点发现和见解,到后来的几篇小论文,再到后来的几篇万字长文,最终,我决定将思考继续下去,尝试去初步构建一个理论体系。在这一过程里有无数次的酝酿、调整、推翻重来,我利用设计教学和工作之余倾力而为,最终将其凝结为今天的内容。

写作中遇到了许多的困难和疑惑,其间甘苦自知,亦是人生之财富,现在回味起来,更是别有一番滋味。这与在诗歌创作过程中所体会到的那种随心而为、令人愉快之感是截然不同的。面对这本书稿所展开的对未知世界探索的不确定性,我很难将之形容为一种愉快的体验。奔走在研究与教学之间,奔走在哲思与建筑之间,奔走在美学与技术之间,奔走在未来与现实之间,奔走在书案与田野之间,奔走在工作与生活之间,奔走在行政琐事与学问之间……坦率地讲,确实有感到疲惫的时候,但从未有过放弃的念头,即使是在最困难的时候,因为我心里似乎总有一个声音,它从未消退,在催促着我走下去,我始终觉得自己应该去做这件事情,就这样一路热情地坚持了下来。

需要申明的是,我在本书中阐述的一些基础性观点,以及所借用的部分材料,得益于诸多同道中人的研究成果,没有他们的辛勤工作,我的思考和研究恐怕也没有生长的土壤,这些成果已经尽可能地在注释和参考文献中列出,另外还有一些我曾听到的说话,读到的字句,都极有意义,但愚钝之大脑已无从考证这些有益之言的出处,故无法一一列出,唯留深深的歉意,对于他们曾给予我的启发和帮助,在此一并深表感谢!

随着研究的展开,写作的推进,我深感本书的探索仅仅是研究生涯的起点,太多的问题需要梳理,很多未知的事物需要去探索,即使现在总结出的一些观点,也需要去细化和提炼。本书所涉及的许多问题和思考未果的困惑,还可以做更深入、更广泛、更细致的研究。目前所完成的工作更多地应该是属于定性研究,定量研究仍处于初级阶段。在日后的研究、教学和实践过程中,我仍希望有机会可以把这本书中的内容做更为详细深刻的解读,并将之独立成书。但我更希望有人在我之前完成或开启这些工作,毕竟,全社会对建筑健康发展的关心,才能真正换来建筑的健康发展。

未来一定是高度智能、数据为王、万物互联的时代,虽然它的模样我们还未看到,但已经可以听到它的脚步声,并且越来越近。我们的城镇发展仍存在不均衡问题,未来还有数亿人要进城。新冠疫情改变了日常工作、交流、娱乐、休闲的发生方式,也改变了我们对空间环境的认知。人们对美好生活的向往不断升级,人文内容也日益丰富。建筑可持续化正在进行中,它的体系还没有完善,却又要适应新的快速变化的世界。当今建筑发展的现状与趋势呼唤新思维、新理论、新方法,我们必须在更高的层面上,以更为广阔的视角去认真而理性地研究和实践。设计师和研究者们都应该以大设计的整合、集成思维,打通更多的领域,具备更精深的专业能力,涉猎更广泛的相关知识。虽然全球许多国家目前面临着疫情、气候、衰退、冲突等困难,但中国的发展总体向好,世界的发展也一定会有转好的时刻,全球互融共通的程度只会越来越高,时代流变的步伐只会越来越快,这种新的复杂形势既充满着建筑蜕变的机遇,也充满着可持续设计的挑战,惟当承守人居理想,重识设计,至诚行健,砥砺履远——让我们共同期待、共同创造、共同奋进,为了那个更加美好的明天,贡献服务当下又构建未来的一份力量!

高云庭

2021 年 8 月 13 日于广州云梅斋